国家科学技术学术著作出版基金资助出版

人体热舒适的气候适应基础

杨 柳 闫海燕
茅 艳 杨 茜 著

科学出版社
北 京

内 容 简 介

全书共分为五章，系统介绍了人体热舒适与热适应的关系以及人体热适应的调节机理，阐述了热适应现场调查及数据分析方法；通过大量实测与问卷调查研究，建立了我国典型地域气候作用下的热适应模型，以及不同建筑调节模式下的气候适应规律。

本书可为建筑学、建筑技术科学、暖通空调领域的科学研究及工程设计人员，以及高等院校相关专业的师生提供参考。

图书在版编目(CIP)数据

人体热舒适的气候适应基础/杨柳等著. —北京：科学出版社，2017.6

ISBN 978-7-03-052658-8

Ⅰ. ①人… Ⅱ. ①杨… Ⅲ. ①气候影响-建筑设计-研究-中国 Ⅳ. ①TU119

中国版本图书馆 CIP 数据核字（2017）第 094327 号

责任编辑：童安齐 王杰琼 / 责任校对：刘玉靖
责任印制：吕春珉 / 封面设计：耕者设计工作室

科学出版社 出版
北京东黄城根北街 16 号
邮政编码：100717
http://www.sciencep.com

北京中科印刷有限公司印刷
科学出版社发行 各地新华书店经销
*
2017 年 6 月第 一 版 开本：B5（720×1000）
2020 年 6 月第二次印刷 印张：13 3/4
字数：260 000

定价：98.00 元

（如有印装质量问题，我社负责调换〈中科〉）
销售部电话 010-62136230 编辑部电话 010-62137026

序

人类营造建筑的首要目的是创造舒适的室内环境，因此，协调处理好建筑与气候、建筑与人的关系是建筑设计的永恒话题。然而，现代建筑获得舒适的室内热环境往往需要消耗大量的采暖空调能耗。近年来，随着人类社会可持续发展的需要以及全球气候变化的影响，研究如何在消费最少能源与资源的前提下，创造舒适、健康的室内热环境成为建筑环境学科前沿的热点问题。

地域气候不仅是影响建筑室内热环境与建筑能耗的重要因素，同时也对人体的热舒适感产生影响。大量的实验测试结果表明：人体的实测热感觉并非呈现统一且稳定的舒适标准，而是与人们长期居住地的年平均温度，也就是一个地区的主导气候特征呈现明显的正相关性。导致这种结果的直接原因是因为人对变化的环境具有主观能动的适应能力。

人体的热适应性是指通过行为、生理和心理的调节来逐渐减弱由于热环境改变给以人体自身的刺激。其中，行为适应是指所有有意识或无意识地采取改变自身热量平衡的行为，如个人调节（穿衣、减衣）、技术调节（开、关空调等）及生活习惯（如午睡以降低新陈代谢率）；生理适应是指通过人的遗传适应（两代之间的）或环境适应（个体生命周期内的）等生理改变使人体逐渐适应热环境的改变；心理适应是根据过去的热经验或期望而导致感官反应的改变，从而导致个人的最佳舒适温度和相应的温度设定值存在很大差异。因此，人体的热舒适度是一个边界不清楚的模糊集合，要对某一适当的热环境和人体的热舒适感觉做出准确评价，不仅需要了解该环境中人的年龄、性别、衣着、饮食及休息习惯、行为方式与服饰爱好等文化和社会背景，还要了解人们在室内及室外所习惯了的热体验及个人的适应能力与变化能力。

我国地域辽阔，气候多样，各地区居民的生活习惯、地区之间的经济发展水平和经济承受能力均有不同，导致人们对变化的热环境的行为反应、生理反应的适应性和心理期望值有很大差异。巧妙地运用人体的适应能力创造动态变化的热环境设计，不仅能提高居住者的热舒适感，还有利于降低建筑能耗，减少建筑成本。因此，低能耗建筑设计不仅需要考虑建筑对气候的适应能力，同时也需要考虑人的适应能力。而且，这种同时考虑建筑的调节性能和人的主动适应能力的建筑设计理念，改变了传统的基于机械调节的恒温环境设计思维，为建筑热环境和建筑空调系统设计带来革命性的变革，有利于促进建筑的可持续发展。

由此，以绿色建筑可持续发展为背景，以提高人体热舒适度、节约建筑能耗为目标，杨柳教授及其研究团队在 Humphrey 和 de Dear 等国际学者所提出的适应性热舒适理论的基础上，在国家杰出青年科学基金等项目及国家科学技术学术著作出版基金的支持下，以中国气候环境和中国人群为研究背景，对中国 20 多个主要大中城市，进行了长达 10 余年的现场基础实验调查，细致研究了不同气候区人群的服装热阻分布频率，人体热感觉、热满意度、热的可接受度，以及热中性温度分布规律，并建立了中国人群的适应性热舒适模型。

祝贺《人体热舒适的气候适应基础》的出版。该书不仅对我国热环境设计中室内舒适标准的确定奠定了重要的科学基础，同时也有力支撑了国际热舒适标准数据库的建设工作。

是为序。

刘加平

2017 年初春

于古城西安

前　言

热舒适标准深刻影响着建筑的性能质量和能耗总量，特别是在我国经济和民用建设的高速发展时期，建筑室内环境舒适与否以及用多大代价获得怎样的舒适水平，更是影响建筑能耗总量和人民生活水平的基础，因而也是关系国计民生和国家用能安全的重要基础研究领域。

室内热环境由建成建筑的室内空气温湿度、气流速度以及建筑内表面温度等热物理环境参数综合体现，是由建筑师和暖通空调工程师协作设计的建筑热工性能决定的，是一种客观存在；室内热环境舒适与否，则是由使用人员来判断的，是人们对所处热环境是否满意的一种意识状态，是一种主观评价。因此，热舒适研究的难点是如何建立客观物理环境和人体主观评价之间的科学联系。而且，由于人们对热舒适的感知受到物理环境、生理和心理状态，甚至社会习俗和文化背景等多种复杂因素的影响，因而提出准确的热舒适预测评价模型一直是困扰国际热舒适研究领域的难题和研究前沿。

目前，国际上对热舒适的评价一直采用两种方法。一是基于热平衡方程的预计平均热感觉指标（PMV）物理模型，一是基于大量现场实验结果的统计模型。从使用结果看，前者更适用于暖通空调设备系统控制下的热环境评价，后者则可对自然通风房间给予较为准确的描述。

针对 PMV 模型在评价自然通风建筑热环境的不足，国内外学者自 20 世纪 70 年代就开始展开了系统研究，并提出了运用热适应理论来解释两者之间的差异。在自然调节环境中，人们可以借助生理、行为和心理等调节方式主动地与周围环境进行交互作用从而达到热舒适（即适应性热舒适)。相对于实验室的稳态热舒适研究方法，这种基于现场调研的方法又被称为适应性热舒适研究方法。适应性观点认为，人在热环境中的感受不仅受其自身与环境间的热平衡制约，还与建筑所处的气候条件有关。在同样的气候条件下，相比于全年集中空调的建筑，居于自然通风建筑的使用者有更高或更低的中性温度，能接受更大的温度变化范围。因此，适应性热舒适通过人对气候的适应，扩大了人们感觉舒适的区间，从而减少采暖或制冷设备的运行时间或运行峰值负荷，降低了建筑能耗和温室气体排放。由于气候变暖的驱动及节约能源的持续需求，热适应研究也成为热舒适研究领域关注的热点。

与发达国家采用全天候空调的建筑运行模式不同，我国地域辽阔，气候多样。建筑室内热环境设计既有着北方地区的冬季集中采暖模式，也有着南方地区的夏季空调模式，还有着长江流域冬季既不供暖、夏季也不空调的自然运行模式。但无论怎样的设计模式，在实际使用过程中，都是基于需要时段，即当室内热环境超出了人体感知的热舒适区时，会启动相应的采暖和降温手段，也就是说我国的大部分建筑都是自然通风与采暖空调间歇运行的热环境控制模式，因而如何提出基于中国气候背景和热环境现状的热舒适的预测评价模型和热舒适评价标准是我国热环境研究领域面临的关键科学问题。

我国气候自南向北，跨越热带、亚热带、温带和寒带四个气候带，每个气候带太阳辐射、温度、湿度、风速风向、降水、气压等存在显著差异，且每一地区的气候与辐射条件又呈现季节性的年变化和周期性的日变化。地区气候的差异性造成了我国不同地区人们的适应能力、热舒适需求及室内热环境保障设计的差异要求。因此，对于建筑室内热湿环境的舒适度评价标准，应根据地域特征、气候特点以及人们的生活习惯做综合考虑。而目前我国现有的热舒适评价标准和规范中，主要以温度作为衡量室内热舒适的指标，不能反映我国多样化的气候特征，没有充分考虑多种气候及热环境因素对室内热舒适的影响。出现以上问题的主要原因是因为温度、湿度、太阳辐射等气候各因素耦合作用下人体生理和心理适应的调节机理尚不明确，热舒适的气候适应理论框架和预测模型尚不完善。因此，从节能和舒适出发，探讨我国典型气候特征对人体热适应的作用机理，重视人体对气候的适应性反应，考虑人体顺应气候变化所需室内热环境的要求，对于降低建筑能耗，营造低碳、健康、舒适的室内热环境具有重要意义。

自 2003 年起，本书作者及其研究团队就人体热舒适的气候适应机理开展了持续的研究工作，并得到了国家杰出青年科学基金项目“建筑热环境”（项目编号：51325803）、青年基金项目“建筑气候分析方法与应用”（项目编号：50408014）、国家科技支撑计划项目“可再生能源应用与建筑节能设计基础数据库研发”（项目编号：2014BAJ01B01）的资助。项目内容涉及建筑学、建筑气候学、建筑环境工程等学科交叉领域。全书内容共分为五章：第一章是绪论部分，介绍热适应的产生与发展背景；第二章阐述适应性热舒适的理论基础，包括热适应机理、影响因素等；第三章介绍热适应现场调查及数据分析方法；第四章建立我国典型地域气候条件下人体热舒适的气候适应模型；第五章阐述我国不同环境调节模式下人体的热适应规律。

本书由杨柳担任总策划，确定各章内容架构和主要内容，并对全书内容进行审定，西安建筑科技大学的博士研究生闫海燕（现任职于河南理工大学）参与全书的撰写工作；博士研究生茅艳（现任职于河南理工大学）、硕士研究生杨茜（现任职于中铁一局集团有限公司）分别参与第三章和第五章的撰写工作。

由衷感谢科学出版社的支持，使本书得以顺利出版。衷心感谢国家自然科学基金委、科技部、省部共建西部绿色建筑国家重点实验室（培育基地）和国家科学技术学术著作出版基金的立项资助。

特别感谢西安建筑科技大学绿色建筑研究中心的翟永超、林宇凡、郑武幸博士以及任艺梅、司凌燕、庞春美、高斯如等硕士研究生为本书图表的绘制和校对付出的辛勤工作。在本书的撰写过程中还参考了大量国内外学者的研究资料和文献，在此对原作者一并表示真挚的感谢！

由于著者水平有限，书中难免存在疏漏和不足，恳请读者和同行批评指正。

杨　柳

2017 年春节

于西安建筑科技大学工科楼

目　　录

第一章　绪　　论

1.1　人体热舒适研究

热舒适问题是建筑科学领域中最早研究的课题之一。早在 1733 年，Arbuthnot 便指出空气的流动具有驱散身体周围热湿空气的降温效应。关于辐射效应问题，Treadgold 在 1824 年提出：当人置身于辐射源中时，为使人体的舒适程度保持不变，则需要较低的空气温度。19 世纪初，人们认识到空气过于干燥或过度潮湿都是不可取的。1913 年，Hill 提出头宜凉、脚宜热、辐射热与气流应有变化、相对湿度要适中的人体舒适标准的建议。

因空调工业的迅速发展急需有关舒适标准的资料，特别是空气温度和湿度的相互作用对人体热感觉影响的资料，1919 年，美国采暖通风工程师协会（American Society of Heating and Ventilating Engineers，ASHVE）的匹兹堡实验室以室内气候对人体热舒适的影响研究作为开端，通过实验研究确定了以空气温、湿度为函数的静止空气状态下半裸体男子的等舒适曲线，并提出有效温度 ET。为了考虑辐射热的影响，Vernor 和 Warner（1932）用黑球温度代替空气温度，从而产生修正有效温度指标 CET（corrected effective temperature）。同时在英国，Bedford 继续了由工业疲劳研究会所开创的研究工作，他通过对工厂的热环境所做的广泛调查得出了当量温度标度。在第二次世界大战期间，研究工作大部分集中于军队中热病（heat illness）防治方面，战后一段时期所提出的大部分热应力指标至今仍被普遍采用，在这期间也引进了心理学的研究方法。

从 20 世纪 60 年代开始，热舒适的研究从关注单一环境参数对人体的影响，发展到分析综合参数的影响，大量热舒适模型被提出，其中应用最广的是 Gagge 的二节点基础传热模型[1]和丹麦 Fanger 的 PMV（predicted mean vote）稳态模型[2]。Gagge 在二节点基础传热模型基础上，首先分析了温度、湿度对穿标准服装和坐着工作的人群热舒适的影响，得到新有效温度 ET^*（new effective temperature），该指标被美国采暖、制冷与空调工程师协会（American Society of Heating Refrigerating and Airconditioning Engineers，ASHRAE）采用来定义热舒适区的边界[3]。随后 Gagge 又综合考虑了不同的活动量水平和服装热阻的影响，提出了标准有效温度 SET（standard effective temperature）[4]。丹麦技术大学的 Fanger 教授根据 ASHRAE 堪萨斯州立大学环境试验室研究得到的数据，建立了人体热舒适方程和 PMV 稳态模型，综合考虑了空气的温度、湿度、空气流速和平均辐射温度、人体活动量和服装热阻 6 个因素，并以主观热感觉等级为出发点兼顾了人生理和心理的影响，该模型被国际标准化组织（ISO）采用，成为制定 ISO 7730 热舒适标准的依据。

实验室研究可以在保证其他变量不变的前提下，研究一两个变量的变化对受试者的影响，因而备受青睐。然而将实验成果推广到外部真实的环境时问题重重，例如，PMV 方程对于空调用房中坐着工作和标准着装的人体热感觉预测结果较好，但对非空调用房中其他衣着和活动量情况预测不太准确。不同的学者对此有不同的解释，其中以 Fanger 为代表的学者认为这主要是非空调环境下人们对环境的期望值低造成的，并提出了修正 PMV 的方法[5]，而以 Humphreys 和 Nicol[6]，Brager 和 de Dear 为代表的学者则提出了适应性热舒适模型[7]。建立在现场研究数据库基础上的热适应模型后来成了美国 ASHRAE 55—2004，2010，2013[8-10]和欧盟（European norm）EN 15251—2007 自然通风（或自由运行）建筑的热舒适标准[11]。

1.1.1　人体热舒适与室内热环境

室内环境的舒适与否很大程度上取决于房间的冷热状态。房间的冷热状态受室外气候影响，并通过建筑的围护结构（门、窗、墙壁及屋顶、地面的总称）进入室内，使得室内的温湿度等物理环境发生变化，进而对人体热感觉产生影响。建筑可以看作是环境的过滤器，通过适当的设计，建筑能通过调节室外热环境来提供良好的室内热环境，满足不同的使用要求。当然，这种影响也因为建筑设计的好坏而产生很大的差异，因而室内热环境由室外气候和建筑的热性能决定（图 1.1）。

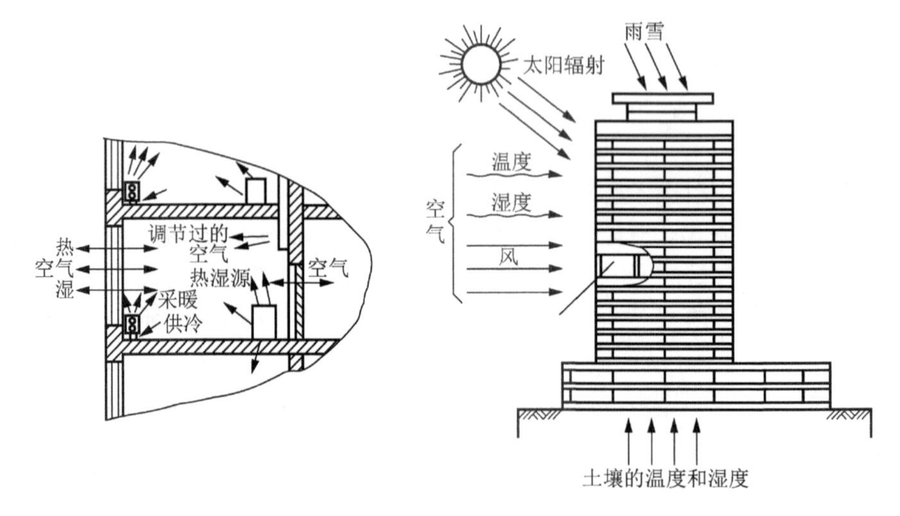

图 1.1　影响室内热环境的因素

人体冷热感是人体与周围环境进行热交换的结果，人体的新陈代谢产热与周围环境放热之间的平衡决定式为

$$\Delta q = q_m \pm q_c \pm q_r - q_e - q_w \tag{1.1}$$

式中：Δq 为人体感热量（J），即人体得失热量（J）；q_m 为人体新陈代谢过程的产热量（J）；q_c 为人体与周围空气的对流换热量（J）；q_r 为人体与周围壁面的辐射换热量（J）；q_e 为人体蒸发散热量（J）；q_w 为人体做功消耗的热量（J）。

由公式（1.1）可以看出，人体与周围物理环境的换热量主要取决于三个方面：①人体与周围空气的对流换热量；②人体与周围壁面的辐射换热量；③人体的蒸发散热量。因而，可以看出决定人体热舒适感的室内物理因素有：室内空气温度、风速、周围壁面的辐射温度以及空气的相对湿度。人的热平衡即人体新陈代谢产生的热量必须与蒸发、辐射、导热和对流的失热量代数和相平衡，对人体而言，与周围环境的辐射、对流以及导热是得热或失热过程，而蒸发则完全是失热过程。

另外，除这些物理环境因素之外，人体热感觉与自身的活动量和衣着习惯也有关系。

1.1.2 人体热舒适影响因素

在 ASHRAE 55 标准中，人的热舒适被解释为“在此环境中人们表示满意的一种心理状态”。在生理学上认为人处于舒适状态时，人体的热调节机能处于最低活动状态。人体热舒适是一个复杂的不确定因子，它受到许多不可测量和随机因素的影响，但主要的影响因素有物理因素（空气温度、平均辐射温度、空气流速和空气的相对湿度）、个人因素（人的活动量及服装热阻），除此之外还有一些其他的影响因素，如瞬时热的影响、非热因素的影响等。

1.1.2.1 物理因素

1. 空气温度

房间内空气温度是由房间内的得热和失热、围护结构内表面的温度及通风等因素构成的热平衡所决定的，它也直接决定人体与周围环境的热平衡。空气温度和平均辐射温度通过对流和辐射的热交换影响着人体。在水蒸气压力及气流速度恒定不变的条件下，人体对环境温度升高的反应主要表现为皮肤温度的升高与排汗率的增加。周围温度的变化改变着主观的温热感（热感觉）。而对于工程设计者来说，主要任务在于使实际温度达到室内计算温度，因此，室内空气温度是关乎舒适与节能的重要指标。

空气温度几乎可用任何一个温度计来测得，但是要得到一个精确的读数却需要采取一定的措施。因为这些仪器实际上测出来的温度并不是室内空气温度，而是介于空气温度与平均辐射温度之间的一个值。为了减少辐射所造成的误差，把传感器做得尽可能的小，或者提高空气的相对流速，使对流换热系数增大；或者把传感器屏蔽在低发射率金属制成的防辐射罩内，以减小辐射换热的影响。

2. 平均辐射温度

温度在绝对零度以上的一切物体都发出热辐射。人处于室内，室内各物体表面跟人体之间存在辐射热交换，平均辐射温度即室内与人体辐射换热有影响的各表面温度的平均值，可用黑球温度计测量并换算求得。Houghten 等进行的研究发现，平均辐射温度每改变一摄氏度，平均相当于有效温度改变 0.5℃，或相当于气温变化 0.75℃[12]。

自然对流时平均辐射温度 t_{mrt} 的计算为

$$t_{mrt}=\left[(t_g+273)^4+0.4\times10^8(t_g-t_a)^{5/4}\right]^{1/4}-273 \tag{1.2}$$

强迫对流时平均辐射温度 t_{mrt} 的计算为

$$t_{mrt}=[(t_g+273)^4+2.5\times10^8\times V^{0.6}(t_g-t_a)]^{1/4}-273 \tag{1.3}$$

式中：t_g 为室内黑球温度（℃）；t_a 为空气温度（℃）；V 为空气流速（m/s）。

由上式可以看出，平均辐射温度不仅与空气温度和黑球温度有关，还与空气流速有关。

3. 相对湿度

相对湿度是指在一定的温度和大气压力下，湿空气的绝对湿度（单位体积空气中所含水蒸气的重量），与同温同压下的饱和水蒸气量之比。在建筑工程中常用空气的实际水蒸气分压力与同温同压下的饱和水蒸气分压力之比，以百分数表示。空气的湿度对施加于人体的热负荷并无直接影响，但它决定着空气的蒸发力因而也决定着排汗的散热效率，从而直接或间接地影响人体舒适度。在极端条件下，湿度水平限制着总蒸发力从而决定着机体耐受界限。相对湿度过高或过低都会引起人体的不良反应，对于人体冷热感来说，相对湿度的升高就意味着增加了人体的热感觉。通常认为应该避免湿度极高或极低的环境条件，但从热舒适的观点来说，并无证据证明这一点，不过极端条件能引起其他一些不希望出现的副作用，如在高湿度时产生的“潮湿感”及低湿度时出现的黏膜干燥现象。

通常在一个房间内各点的水蒸气分压力都是一样的，所以我们在房间内测量空气的相对湿度时只需在房间内选取一点测量即可。

4. 空气流速

空气流速从两个不同的方面对人体产生影响。首先，它决定着人体的对流换热；其次，它影响着空气的蒸发力从而影响着排汗的散热效率。当空气温度高于皮肤温度时，增加气流速度会由于对流传热系数的增大而增加人从环境的得热量。因此，在高气温时，气流速度有一个最佳流速值，低于此值，由于排汗率的降低导致热量增加而产生不舒适；高于此值，对流得热量又会抵消蒸发散热量，甚至增加热量。在寒冷环境中，增加气流速度会增加人体向环境的散热量。此结论不适用于有高温辐射源的情况。

人体各部分对周围空气流速的感觉是不同的，人的前额和脚裸是人体最敏感的部位，因而在此处测量更能代表人体的感觉，对于坐姿的人，为高于地板以上0.1m和1.1m处。

1.1.2.2　个人因素

1. 新陈代谢率

人体进行一定的活动就会在体内产生热量，因此人体的能量代谢率直接影响人体与周围环境的热交换。人体的能量代谢率受多种因素的影响，如肌肉活动强度、环境温度高低、进食后时间长短、神经紧张程度、性别、年龄等。将新陈代谢量表示为单位面积的量，且以58W/m²，定义为1met，作为测量人体活动量的基本单位，表示人体坐着时单位体表面积的新陈代谢率，任何活动量都可除以58W/m²换算为met单位。

2. 服装热阻

在皮肤和人体最外层表面着装之间的热传递是很复杂的，它包括介于两者之间的对流和辐射过程，以及通过衣服本身的热传递，因此服装热阻也是影响人体热舒适性的重要因素。为方便计算，Gagge[1]引入服装热阻的概念用以说明着装人体通过皮肤向衣服外层散热的总传热阻力。当人坐在椅子上或躺在卧榻上时，有效热阻值要大于站立姿势的服装热阻。

1.1.3　其他因素的影响

1. 瞬态热

人从室外进入室内或从一个房间进入另一房间，就是瞬态热感觉问题。麦金泰尔指出，当人体把最初的热不舒适或冷不舒适的环境调整为舒适环境时，最初的调整量往往超过中性点的位置，但经反复调整，每次的幅度越来越小，最终会达到稳定的、接近中性点的调整量。当环境温度迅速变化时，热感觉的变化比体温的变化要快得多。Gagge指出[13]，瞬态热在由中性点向冷环境或热环境改变时，正像稳态条件下一样，热感觉变化与实际皮肤温度和出汗率有关。如果按相反的方向进行改变，即由冷环境或热环境向中性点进行改变时，热感觉的变化更快些，即在必需的生理改变充分完成以前，已感觉到舒适了，在这种情况下，热感觉先于体温变化。人从热的室外环境进入空调房间时的突然变化有时被认为会对人体健康产生有害的热冲击，但是最近研究证明，人体长期处于中性稳态的热环境中并非对人体健康有利，人体接受适当的刺激是有益于健康的。

2. 局部不舒适[14]

环境影响舒适的最重要特征就是它的总体温暖感，而利用室内热环境的综合评价指标即可对其加以预测。但是，还有一些其他的环境特性也会影响人体舒适，特别是像吹风、温度梯度、不对称热辐射等均可能造成局部的不舒适。

（1）辐射吹风感：当人体附近有诸如窗一类的冷表面时，不对称的辐射可能造成不舒适感。如果某个人靠近该冷表面的身体一侧所增加的辐射热损失足以引起局部冷感和不舒适，这种感觉称为“辐射吹风感”。McIntyre 等[15]研究结果表明，衣着标准的人在低风速的普通室内条件下，假定室内主要部分是舒适的，那么若平面辐射温度下降到比假定的令人舒适的房间里其余部分的平均辐射温度低 8℃以上，则人在冷表面附近会感到不舒适。

（2）辐射的不均匀性：大多数辐射采暖系统所造成的辐射环境的温度或多或少都有些不均匀，不均匀度太高会使室内的人感到很不舒服。在居住建筑、办公室、餐馆等建筑物内引起辐射吹风感的主要原因是安装辐射采暖系统造成的。McIntyre、Fanger 等对由于不对称热辐射所造成的不舒适性进行了实验研究。研究发现人体对于头顶上的热表面所引起的不对称辐射的敏感程度要比由于垂直冷表面引起的不对称辐射的敏感程度大。但如果位于头顶上的是冷表面或垂直的是热表面的话，那么它们对人体的影响就小多了。

（3）地板温度：由于脚部与地板直接接触，所以过热或过冷的地板都有可能引起脚部的局部不舒适，而且地板的温度对房间的不均匀辐射温度的影响很大。冷的地板是热不舒适的潜在根源，尤其对坐着工作的人，由于缺少活动，脚的温度将逐渐降低至空气温度从而感觉不舒适，这样人们就有可能通过提高室内空气温度来补偿，这在采暖季节无疑会增加能耗。通过辐射直接加热地板是解决脚部冷的有效方法。

（4）垂直空气温度差：在大多数的建筑空间里，空气温度随着离地板高度的增加而增大，如果温度梯度足够大的话就有可能引起头热或脚凉，造成人体的局部不舒适。实验发现如果头部的空气温度比脚踝处的空气温度低的话，对受试者的热舒适影响并不大。

（5）局部强吹风感：一个人虽然在整体上可能感觉身体处于热中性，但是由于空气流动而引起的局部冷却也会使人感到不舒服。较强的局部吹风感不仅存在于自然通风建筑中，而且也存在于乘坐汽车、火车、飞机等交通工具时。如果当人体感觉到有局部强吹风感时，势必会提高室内温度或停止运行自然通风系统，从而使建筑物的能耗增加。

3. 非热因素[14]

人们对现实生活环境的热感觉受许多复杂的非热因素的影响，这一些非热因素的影响在稳态热平衡模型中并没有被考虑。这些非热因素包括有人口统计学方面的（如性别、年龄、文化、经济等因素）、研究的背景（建筑设计、建筑功能、季节、气候等）、环境的交互感觉（如声、光、房间的色彩，室内空气的质量等）。

研究表明，色彩对人的热损失虽然没有影响，但其从心理上影响了人的热感觉。有实验表明，不同性别之间在中性温度方面并无显著差异，但女性对温度的变化通常更为敏感；Mc Intyre 曾研究发现，受试者对由中性温度的温度下降比温度上升变化更为敏感。

综上所述，影响舒适的因素有很多，而人体与环境之间是在不停地进行能量交换的，所以环境气象条件、人的生理调节、心理影响、卫生等因素都会影响人体的热感觉，因而热舒适是一个综合作用的结果。

1.1.4 人体热舒适的评价[14]

由于人体热舒适受多种因素的综合影响，有必要把环境参数中的若干变量综合成一个变量来评价室内热环境。热环境要素对人体的热平衡均有影响，且很大程度上各要素间的影响是可以互换的，某一要素的变化可为另一要素相应的变化所补偿，这就是综合环境指标和舒适度指标的理论基础。

对热环境的评价可根据三类不同的标准进行：

（1）生存标准：由于人的体温影响体内化学反应速度，尤其是酶系统的最佳工作状态的维持只允许体温在很窄的范围内波动，机体内热调节系统的首要任务是使人在休息时能保持体温恒定在 37℃ ± 0.5℃，超过或低于标准体温 2℃时，在短期内还可以忍受，但如持续时间太长时，就会损害健康，甚至危及生命。

（2）舒适标准：人可生存、适应的热环境往往并不一定使人感到舒适，在人类赖以生存的热环境范围内，只有一个较小的范围可定义为热舒适区域，使人体热感觉愉快状态，且人体的热调节机能处于最低活动状态时的那个条件范围。

（3）工作效率标准：热环境会影响人的敏感、警觉、疲乏、专注和厌烦程度，通过上述作用对体力劳动和脑力劳动的效率产生影响。为了更好地完成工作所需要的热条件不一定会和舒适条件一致。工作需要的条件有更明确的规定，而且这种条件范围可能与舒适条件部分有关，或者完全没有关系。

目前用于综合评价室内热环境的指标按前述不同标准可分为三类：

第一类是根据环境物理因素测定而制订的，如湿球温度、黑球温度等。湿球温度表示气温和湿度综合作用的结果；黑球温度表示气温、辐射和气流速度综合作用的结果。这类指标简单易行，但没有考虑到机体的反应，目前已较少单独使用，而常作为其他综合指标的组成部分。

第二类是基于热平衡的指标，如新有效温度 ET^*、标准有效温度 SET、预计平均热感觉指标 PMV、热应力指标 HIS（heat stress index）等。

第三类是根据机体生理反应与环境之间热交换的指标，如风冷却指数 WCI（wind chill index）、不快指数 DI（discomfort index）、热应激指数等。

目前用于评价热舒适的主要指标见表 1.1。

表 1.1　热环境评价指标

指标		提出者	适用范围
物理测试指标	卡他冷却力	Hill，1914	风速不大，且风向不重要时
	当量温度 t_{eq}	Dufton，1932	供暖的房间，$8<t_{eq}<24$℃，$v<0.5$m/s
经验指标	风冷指数 WCI	Siple，1945	$v<20$m/s
	有效温度 ET	Houghton，Yaglou，1923	1℃<ET<43℃，0.1m/s<v<3.5m/s
	不快指数 DI	美国气象局，1957	由气温和湿度的组合评价闷热的环境
基于热平衡的指标	新有效温度 ET*	Gagge，Stolwijk，Nishi，1971	坐姿工作，轻装的情况
	标准有效温度 SET	Gagge，Stolwijk，Nishi，1971	适用于未发生寒颤的温度范围
	热应力指标 HSI	Bedling Hatch，1955	21℃<t_a<60℃，0.25m/s<v<10m/s
	预计平均热感觉指标 PMV	Fanger，1972	主要预测接近热中性时的冷热感

1.1.4.1　PMV-PPD

在以上几种指标中，应用最广泛的是被编入国际标准 ISO 7730 的预计平均热感觉指标 PMV 和预计不满意者的百分数 PPD（predicted percentage of dissatisfied）评价指标，它是在大量实验数据的统计分析基础上，结合人体的热舒适方程提出的表征人体热舒适的一个较为客观的指标。该指标综合考虑了人体活动程度、服装热阻、空气温度、平均辐射温度、空气湿度和空气流动速度六个因素，并从心理、生理学主观热感觉的等级为出发点，是迄今为止，考虑人体热舒适感诸多因素中最全面的评价指标，其计算为

$$\mathrm{PMV}=[0.303\mathrm{e}^{-0.036M}+0.028]L \tag{1.4}$$

式中：L 为人体热负荷。

$$\begin{aligned}L=&(M-W)-3.05\times[5.733-0.007(M-W)-P_a]\\&-0.42(M-W-58.15)-0.0173M(5.87-P_a)-0.0014(34-t_a)\\&-3.96\times10^{-8}f_{cl}[(t_{cl}+273)^4-(t_{mrt}+273)^4]-f_{cl}h_c(t_{cl}-t_a)\end{aligned}$$

式中：M 为新陈代谢产生的总热量（W/m^2）；W 为人体所做的功（W/m^2）；P_a 为蒸气分压力（mmHg）（1mmHg=1.33322×10^{2}Pa）；t_a 为空气温度（℃）；t_{cl} 为衣服表面的平均温度（℃）；t_{mrt} 为平均辐射温度（℃）；h_c 为对流换热系数[W/(m^2·℃)]；f_{cl} 为服装面积系数，$f_{cl}=1+0.3I_{cl}$。

Fanger 教授指出人体要达到热舒适状态要满足三个条件[2]：①人体要处于能量平衡状态；②满足一定要求的皮肤表面温度；③除了在静止等活动量很小的状态下，为了达到舒适状态，应该有一定的排汗率。PMV 的计算公式非常复杂，精确计算 PMV 并不太容易，往往要借助计算机才能准确得出。

PMV 指标采用了 ASHRAE 55 指标的 7 级分度，见表 1.2。

表 1.2 PMV 指标分度级别

热感觉	冷	凉	稍凉	中性	稍暖	暖	热
PMV 值	−3	−2	−1	0	+1	+2	+3
ASHRAE 55 指标	−3	−2	−1	0	+1	+2	+3

PMV 指标代表了同一环境下绝大多数人的热感觉，但是人与人之间存在生理差异，因此 PMV 指标并不一定能够代表所有个人的热感觉。因此 Fanger 又提出了预计不满意者的百分数 PPD 指标来表示人群对热环境不满意的百分数，并给出了它与 PMV 的定量关系为

$$PPD = 100 - 95\exp[-(0.03353PMV^4 + 0.2179PMV^2)] \tag{1.5}$$

图 1.2 表示了 PMV 和 PPD 之间的定量关系。使用 PMV-PPD 曲线，可以获得人对热环境的评价。从图 1.2 中可以看出，由于每个人的生理差异和对环境的喜好，即使是 PMV 等于 0（舒适温度）时，仍然有 5%的人感觉不满意。ISO 规定 PMV 在−0.5～+0.5 为室内热舒适，即不满意程度在 10%以内认为是舒适的。这一指标，只有舒适性空调建筑才可以达到，有学者推荐，对于我国大量的自然通风房间，PMV 范围在−1～+1 认为是较合适的。

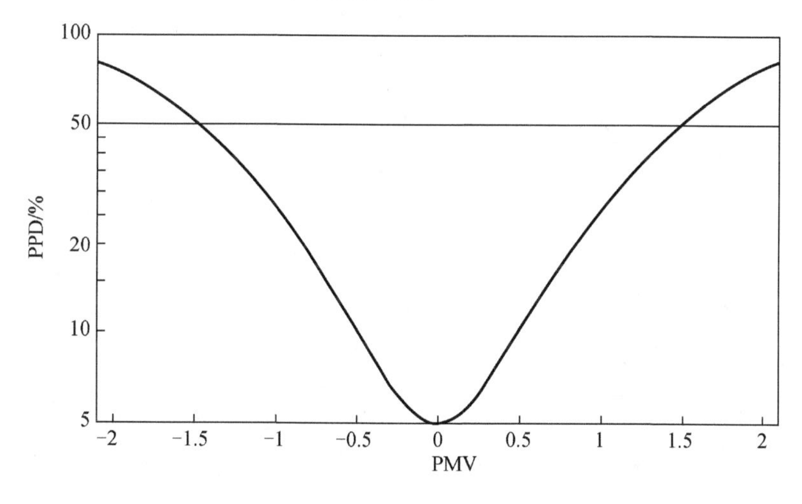

图 1.2 PMV 与 PPD 关系图

1.1.4.2 有效温度指标

此外，与 PMV 模型相似的还有 Gagge 教授提出的新有效温度（ET^*）[3]和标准有效温度（SET）[4]。所谓有效温度[16]，是将空气的干球温度、湿度及流速对人体的热感觉效应综合成一个单一空气温度表示的热感觉指标。它在数值上等于产生相同感觉的、静止的、饱和空气的温度。它意味着在实际环境中与具有和饱和空气环境中相同的人的衣着和活动强度，且假定平均辐射温度等于空气干球

温度的环境热感觉相同。有效温度通过人体实验获得。由于有效温度过高地估计了湿度在低温下对凉爽和舒适状态的影响，被新有效温度 ET*所代替。Gagge 等把皮肤湿润度的概念引进 ET*，将室内气候因素（干球温度、湿球温度、风速）对身着薄服的人所产生的热感效应（反映为皮肤温度和皮肤湿润度）用相对湿度为 50%的、基本静止的空气温度表示，并假定空气温度与室内平均辐射温度相等。该标准提供了一个适用于穿标准服装（0.5 clo）和坐着工作的人（1.2 met）的舒适标准［clo 是服装绝热值的单位（服装热阻）；met 为人体坐着时单位体表面积的新陈代谢率，为活动的单位］。ASHRAE55—74 舒适标准是以新有效温度为基准建立的。

1.1.4.3 标准有效温度 SET[15]

在新有效温度的基础上综合考虑了不同的活动水平和服装热阻，形成了通用的舒适指标——标准有效温度（SET）。标准有效温度所定义的状态系用平均皮肤温度和皮肤湿润度来表示。它被定义为某个空气温度等于平均辐射温度的等温环境中的温度，其相对湿度为 50%，空气静止不动，在该环境中身着标准热阻服装的人若与他在实际环境和实际服装热阻条件下的平均皮肤温度和皮肤湿润度相同时，则必将具有相同的热损失。表 1.3 给出了标准有效温度与人体热感觉的对应关系。

表 1.3　标准有效温度与热感觉及生理反应

SET/℃	热感觉	人在坐态时的生理反应
＞37.5	很热，极不舒适	热调节功能失效
34.5～37.5	热，很不舒适	大量出汗
30.0～34.5	暖和，不舒适	出汗
25.6～30.0	稍暖，稍不舒适	轻度出汗，血管舒张
22.2～25.6	舒适，并令人满意	适中
17.5～22.2	稍凉，稍不舒适	血管收缩
14.5～17.5	冷，不能接受	身体慢慢变冷
10.0～14.5	很冷，极不舒适	冷颤

1.1.4.4 操作温度指标

此外，热舒适指标还有空气温度 t_a、操作温度 t_{op}（operative temperature）。操作温度 t_{op} 是综合考虑了空气温度和平均辐射温度对人体热感觉的影响而得出的合成温度，综合考虑了环境与人体的对流换热与辐射换热。

操作温度通常采用式（1.5）来计算[8]

$$t_{op}=A\times t_a+(1-A)\times t_{mrt} \tag{1.6}$$

式中：t_{op} 为操作温度（℃）；t_a 为空气温度（℃）；t_{mrt} 为平均辐射温度（℃）；A 为常数，其值与室内空气流速有关。

当室内空气流速<0.2m/s 时，A=0.5；

当室内空气流速在 0.2～0.6m/s 时，A=0.6；

当室内空气流速在 0.6～1.0m/s 时，A=0.7。

式（1.5）说明当空气流速较小（<0.2m/s）时，辐射换热对人体的影响要等于对流换热对人体的影响。当空气流速较大（≥0.2m/s）时，对流换热系数大于辐射换热系数，此时空气温度对人体热感觉的影响要大于辐射温度对人体的影响。

1.1.4.5　指标的选择

以上列举了主要的舒适感指标。不同国家的官方和专业机构推荐使用了不同的指标。在室内常见的物理变量的范围内，大多数指标给出的结果是类似的。其差异主要表现在较高的新陈代谢率和高温高湿情况下，表 1.4 总结了几种主要指标相互比较的结果[13]。

表 1.4　几种主要指标的应用范围

指标	变量	范围	备注
有效温度 ET	空气温度、相对湿度	0<ET<45℃ v<2.5m/s	主要指标，现已废除，过高地估计了湿度在低温下的影响
新有效温度 ET*	空气温度、相对湿度	只限于坐着工作穿轻薄服装	ASHRAE 用于室内舒适区
操作温度 t_{op}	空气温度、平均辐射温度、风速	$20<t_{op}<40$ V<3m/s	与 ET 相类似，但更准确
PMV-PPD	全部	舒适状态	对于坐着工作和穿着轻薄服装的人体可给出很好的结果
标准有效温度 SET	全部	规定区域的上限为冷颤	以生理反应模型为基础，最通用的指标

1.1.5　人体热舒适的标准

1.1.5.1　ASHRAE 55 热舒适标准

美国采暖、制冷和空调工程师协会标准 ASHRAE 55 认为人的热舒适满意程度与空气温度、辐射温度、空气流速、衣着、活动量等多种因素有关，所以它没有用单一指标量定义舒适度，而是考虑了所有环境变量情况下，利用空调工程常用的焓湿图，对于静坐情况下的成年人，定义了有 80%的人感觉满意的热舒适区，见图 1.3。考虑到冬、夏两季人们的着装习惯，分别规定了冬季和夏季舒适区。

该标准适用于以坐姿为主的轻体力活动（新陈代谢率 M≤1.2met），所穿着服装的热阻夏季为 0.5clo，冬季为 1.0clo，在此情况下给出了它的舒适区指标：

（1）冬季：当湿球温度为 18℃时，舒适区 t_{op}=20～23.5℃；当露点温度 t_{dp}=2℃时，舒适区 t_{op}=20.5～24.5℃。如果采用新有效温度来表示，则冬季舒适区温度范围为：ET*=20～23.5℃；平均风速 v≤0.15m/s。

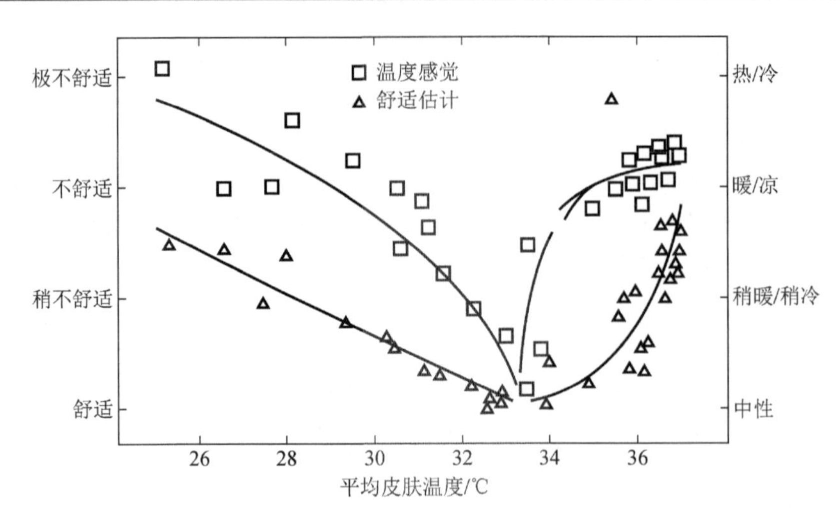

图 1.3 平均皮肤温度与感觉和舒适的关系

（2）夏季：当湿球温度为 20℃时，舒适区 t_{op}=22.5～26℃；当露点温度 t_{dp}=2℃时，舒适区 t_{op}=23.5～27℃。如果采用新有效温度来表示，则夏季舒适区温度范围为：ET^{*}=23～26℃；平均风速 v≤0.25m/s。

（3）由于人体的颈部和脚踝对温度比较敏感，较大的垂直温差可引起人体对环境的不舒适感。标准规定垂直温差 $t_{1.1}-t_{0.1}$≤3℃。

（4）垂直方向不对称辐射温差应不超过 5℃，水平方向不对称辐射温差不超过 10℃。

（5）地板的表面温度应控制在 18～29℃。

ASHRAE 55 标准是将室内环境变量与人体个体参数相结合，创造一个令 80%或更多的人可接受的室内热环境。然而，该标准没有明确定义“可接受性（acceptability）”。在热舒适的研究领域，通常将“可接受的（acceptable）”等同理解为“满意的（satisfied）”，而又将“满意的”同热感觉的“稍暖（slightly warm）”，“中性的（neutral）”和“稍凉（slightly cool）”联系起来。也就是说，在热感觉投票中，投票值为以上三项时，都认为室内热环境状况是令人满意的（或可以接受的）。

ASHRAE 55 标准用于评价非空调房间时，会带来一些问题，这是因为非空调房间人们可接受的舒适区域和空调房间存在很大不同；另一个问题是湿热地区的湿度和空气流速对人的舒适的影响，以及由于该地区人们对气候的适应能力和对高风速的忍耐性都要高，ASHRAE 55 舒适标准不能直接用来评价非空调房间的室内气候。

对非空调房间，居住者可接受的温度范围比空调房间宽，例如夏季，非空调房间室温可从早晨的 20℃升高到下午的 26℃，通风良好的房间，室内风速可达 2m/s 左右。居住者对这种变化是接受的，而 ASHRAE 55 的标准对空阔房间室内风速限制在 0.8m/s 以内。由于这两种房间居住者可接受的舒适范围的差异，在建立利用被动式气候调控方法调节室内微气候环境的评价标准时，不能直接运用 ASHRAE 55 空调房间的舒适标准。

1.1.5.2 ISO 7730 热舒适标准[17]

世界标准组织 ISO 对三种区域的热舒适做了研究，即炎热区、温和区、寒冷区。ISO 7730 舒适标准的适用条件是人员为坐姿、从事轻体力活动（新陈代谢率 $M \leqslant 1.2$met），所穿着服装的热阻夏季为 0.5clo，冬季为 1.0clo。

ISO 7730 标准和 ASHRAE 55 舒适标准非常类似，只是在 ISO 7730 标准中未规定湿度的界限。ISO 7730 标准以操作温度给出了热舒适区域。

（1）冬季：操作温度在 20～24℃，颈部和脚踝处的垂直温差 $t_{1.1}-t_{0.1} \leqslant 3$℃，地板表面温度通常控制在 19～26℃，但是地板供暖系统可以将值升至 29℃，垂直方向不对称辐射温差应不超过 5℃，水平方向不对称辐射温差不超过 10℃，同时，相对湿度应该介于 30%～70%，平均风速 $v \leqslant 0.15$m/s。

（2）夏季：操作温度在 23～26℃，颈部和脚踝处的垂直温差 $t_{1.1}-t_{0.1} \leqslant 3$℃，相对湿度应该介于 30%～70%，平均风速 $v \leqslant 0.25$m/s。相当于 ASHRAE 55 舒适标准中相对湿度为 50%时的操作温度。

除了 ISO 7730 标准外，还有 ISO 7726 标准[18]针对热环境的物理量测量方法及仪器；ISO 8996 标准[19]针对人类工程学新陈代谢量的确定；ISO 9920 标准[20]针对衣着的热特性估计等。

1.1.5.3 我国室内热舒适设计标准及综合评价

1. 空气调节室内热环境设计标准

我国现行《民用建筑供暖通风与空气调节设计规范》（GB 50736—2012）[21]对舒适性空调房间的设计参数提出了如表 1.5 所示的选用范围，其中温度对热舒适性、空调能耗等影响最大，一般高级建筑和长时间停留的建筑夏季取低值，冬季取高值，相对湿度的选取方法则反之。

表 1.5 舒适性空调室内设计参数

参数	冬季	夏季
温度/℃	18～24	22～28
风速/（m/s）	≤0.2	≤0.3
相对湿度/%	30～60	40～65

2. 自然通风气候条件下热舒适综合评价

当前我国城乡大量性的公共建筑（如学校、医院、幼儿园）与住宅夏季仍广泛采用自然通风，仅在房间过热的情况下才采用空调调节。因此，建筑设计仍然要求防止太阳辐射争取自然通风，要求采取综合的防热措施。

自然通风房间与空调房间的室内热环境的变化是有差异的，空调房间室内气候各因素的变化较为稳定，而自然通风房间室内气候各要素受室外气候各因素变化的影响和制约较大。自然通风房间热环境评价的基本准则：

（1）夏季室内气候应保证人体处于正常的热平衡和温热感。评价指标是改善当地住宅夏季室内气候的重要依据。

（2）夏季通风条件下室内气候是气温、气湿、气流和辐射等因素的综合影响。根据调查资料分析，夏季室内气候要素按一定规律相互结合。某种气温与一定范围的气流、气湿和辐射相结合后，仍有可能以气温为代表来表示按一定规律组合的气象因素，气温仍是一项重要的评价指标。

（3）各地室内气候评价标准的确定，应充分考虑当地气候的特征及不同地区居民对气候的适应性问题。

从建筑发展的趋势来看，创造舒适的热环境无疑是建筑师与工程师的一项重要任务。舒适是无负荷热平衡的一种状态，且这种热平衡是在正常散热条件下实现的，也就是休息中的典型人体的热反应处于热中性区。但是，一方面，由于经济原因，在一定时期内大量的建筑标准还不能太高；另一方面，在实践中自然通风房间很难保持室内气候稳定，保证长时间处于舒适的热环境中。同时，从生理上说，长期处于某种恒定的舒适环境中，将使人体降低对气候变化的适应能力，反而不利于健康。

为此，在考虑室内气候的评价指标时以争取“舒适”的热环境，允许“可忍受”的热环境。因此，一方面应当找出最适宜的气温指标下限，另一方面也应提出比较适宜的气温指标上限。

室内气候与人体感应关系很大。在室内气温的卫生指标中，考虑确定下限时，“凉爽”“舒适”感应占主要部分，“稍热”感亦可占一部分；确定上限时，可以“舒适”和“稍热”感占主要部分，而“较热”感基本上不允许，但在“上限”中可容许占一小部分，而“很热”或“过热”则不应出现在指标范围中。

根据上述原理，利用华南理工大学亚热带建筑研究室的研究成果，提出了自然通风房间室内气候评价指标，见表 1.6。

表 1.6　室内气候条件对人体舒适感影响的评价

空气温度/℃	25.1～27.0	27.1～29.0	29.1～31.0	31.1～32.0	32.1～33.0
黑球温度/℃	25.6～27.8	27.8～29.7	29.7～32.0	32.5～32.7	33.4～33.5
相对湿度/%	85～92	84～90	76～80	74～79	74～76
气流速度/（m/s）	0.05～0.1	0.05～0.2	0.1～0.2	0.2～0.3	0.2～0.4
人体温度/℃	36.0～36.4	36.0～36.5	36.2～36.4	36.3～36.6	36.4～36.8
皮肤温度/℃	29.7～29.9	29.7～32.1	33.1～33.9	33.8～34.6	34.5～35.0

续表

出汗情况	无	无	无	微少	较多
表现特征	工作愉快，可穿衬衣；有微风时清凉；无微风时仍适宜；吃饭不出汗；夜间睡眠舒适	可穿衬衣；有微风时舒适；无微风时微热，但不出汗；夜间睡眠舒适	感到稍热；有微风时工作尚可；无微风时出微汗；夜间不易入睡；蒸发散热增加	有风时勉强工作，但较干燥；有微风时出微汗；夜间难睡眠，主要靠蒸发散热	皮肤出汗家具表面发热；感觉闷热，工作困难；虽有风，工作仍费劲
生理感觉	凉爽	舒适	稍热	较热	过热
主观评价	愉快	合适	尚可	勉强	难受

由表 1.6 可见：当黑球温度 27.8～29.7℃；相对湿度 84%～90%；气流速度 0.05～0.2m/s；气温 27.1～29.0℃是感到舒适，且工作合适。当黑球温度 32.5～32.7℃；相对湿度 74%～79%；气流速度 0.2～0.3m/s 时，气温 31.1～32.0℃是感到较热，有微小出汗，工作勉强。

根据上述的居室气候评价的基本准则以及调查研究与实验验证资料，可确定我国南方亚热带、热带湿热气候区（如广州、汕头、湛江、韶关、海口等地区），当居室在辐射温度 30～32℃，相对湿度 80%～90%，室内风速 0.2～0.3m/s 时，以气温为代表作为评价的主要指标，具体数值是：气温的“下限”为 28～29℃（以“舒适”为主）；气温的上限为 30～31℃（以“稍热”为限）。

1.2　热感觉、热舒适与热适应

1.2.1　热感觉

热感觉顾名思义是人体对周围热环境是“冷”还是“热”的主观描述，属于心理学的范畴，热感觉是人体众多感觉中的一种，具有感觉的一般属性。

在高于及低于热中性条件下，热感觉与生理状态间的关系是各不相同的。生理学家所做的实验得出，动态环境下人体的热反应特点是在热刺激时人体的热感觉变化较慢，而在冷刺激时则较快，并当人体温度高于中性时，冷刺激会引起人体的舒适或愉快反应。当低于中性条件时，皮肤温度系随着环境温度的降低而稳定的下降，而平均皮肤温度是热感觉和不舒适感觉的良好预测器。如图 1.3 所示，当皮肤温度降至 33.5℃的水平以下时，冷感觉便迅速增加。但寒冷的不舒适感却上升很慢。当环境温度上升到高于中性条件时，皮肤温度也升高到中性点以上，温度感觉也就因此而增长。一旦开始有出汗反应，出汗反应就限制了皮肤温度的上升，此时皮肤温度就基本保持恒定，而温度感觉只是缓慢地上升。

尽管人们可以评价房间的“冷”和“暖”，但实际上人是不能直接感觉到环境温度的，只能感觉到位于自己皮肤表面下的神经末梢的温度。热反应并不是像温度那样的物理量，感觉的量测是无法直接进行。对感觉和刺激之间关系的研究学科称为心理物理学（psychophysics），是心理学最早的分支之一。热舒适研究大多以问卷调查的方式进行，通过直接用热感觉和环境温度之间的关系加以处理，且要求回答者能用某个等级来描述其热感觉，这一等级由许多等级标度组成，其目的是要能够以定量的术语反映人们的舒适度，即要求在研究时首先要对热感觉进行合理的分度。

热感觉等级标度早在1927年就已经被Yaglou所采用。1936年，英国Bedford在他的工厂环境调查中提出了著名的舒适标度（表1.7），这一调查并未将标度直接提供给回答者，而是采用由观察者询问回答者有关他的舒适状态的方式，将他们的回答按标度分类。然而，在之后的所有研究工作中的通常作法都是把标度交给受试者，让其勾出最能描述他感觉状态的用语。从那时起，无论是人工气候室的实验研究工作，还是现场调查都广泛采用了这种标度。

表1.7　Bedford和ASHRAE的七点标度

Bedford标度		ASHRAE标度	
过分暖和	7	热	7（3）
太暖和	6	暖	6（2）
令人舒适的暖和	5	稍暖	5（1）
舒适（不凉也不热）	4	中性	4（0）
令人舒适的凉快	3	稍凉	3（-1）
太凉快	2	凉	2（-2）
过分凉快	1	冷	1（-3）

美国采暖、制冷和空调工程师协会（ASHRAE）常采用的七点标度，也在表1.7中列出，其中括号内的为现在ASHRAE系列热舒适标准常用的数值。与Bedford标度相比，它的优点在于精确地指出了热感觉，而Bedford标度则分不清温暖和舒适。但实际上两个标度的特性非常相似，用它们得到的结果可以直接比较。

标度的分级是一些规定的数据，习惯上是从1～7，或由-3～0～+3。对称的分度是比较合乎逻辑的，但是早期的研究者为了避免负数的使用产生误解，常用1～7。七点标度用等级标度来划分，既可以明确地把热感觉的级别排列出来，是一种顺序标度。

1.2.2　热舒适

热舒适是一种对环境既不感到热也不感到冷的舒适状态，用来描述室内人员对热环境表示满意的程度。关于热舒适的定义，现在比较通用的是美国供暖制冷空调工程师学会标准ASHRAE 55标准中的定义——热舒适是人对热环境感到满意的一种心理状态。这一定义认为热舒适是人体对周围环境在主观心理上的一个感知过程。这个过程会受到很多因素的影响，这些因素分为热环境参数和人体参数两类：热环境参数包括空气温度、气流速度、空气湿度和平均辐射温度；与人体有关的参数包括新陈代谢率及服装热阻。

热舒适与热感觉是两个不同的概念，早在1917年Ebbecke就提出“热感觉是假定与皮肤热感受器的活动有联系，而热舒适是假定依赖于来自热调节中心的热调节反应”。也就是热感觉主要是皮肤感受器在热刺激下的反应，而热舒适则是综合各种热感受器的热刺激信号，形成集总的热激励而产生。它实质上是由人的神经系统的一系列活动在心理上引起的愉快感受，温度变化是影响热舒适的一个重要原因。Bedford在1936年提出热舒适7级评价指标，这一指标反映出对热舒适和热感觉是合二为一的。1949年，Winslow和Herrington开始提出将热感觉和热舒适指标分开，此后Gagge及Hardy等则采用两种评价指标。1966年，ASHRAE开始使用7级热感觉指标，但该指标并未涉及“舒适”或“愉快”与否的评价。1970年，Fanger在其《热舒适》[2]一书中的解释是“热中性和热舒适是一样的，且这两个概念后来以同义来对待”。Gagge解释热舒适为“一种对环境既不感觉热也不感到冷的舒适状态，也就是人们在这种舒适状态下会有‘中性’的热感觉”。Hense引证舒适的含义为满意、高兴和愉快。

有关研究表明，根据人内在状态的不同，相同的刺激可能带来舒适感，也可能带来不舒适感。

不舒适感并不随着温度感觉而来。Gagge等经大量实验研究指出：皮肤湿润度是热不舒适感的良好预测器。在炎热环境中，人体需要用以维持热平衡的排汗散热量。大气湿度的增加不会改变出汗量，但将减少最大理论散热量，从而将增加皮肤湿润度。一般情况下是由平均皮肤温度来确定冷的感觉；热感觉最初取决于皮肤温度，而后取决于核心温度；热不舒适感则视皮肤湿润度而定。

对于热舒适感的观点，有部分学者认为：热舒适并不在稳态环境下存在，它只存在于某些动态过程之中。在稳态条件①下，只能有无差别的状态，而不会有热舒适状态，只有在动态条件下②才可以有条件地使舒适和不舒适交替出现。换言之，没有不舒适就没有舒适。不舒适是产生舒适的前提，包含着对舒适的期望。舒适是忍受不舒适的解脱过程，是随着热不舒适感的部分消除而产生的，它不能持久存在，只能转化为另一不舒适过程，或趋于无差别状态。若长期处于“舒适”状态也就很难感到舒适了。从卫生学的观点，一些学者已经表示了对人体长期处于热中性是否有利的忧虑，并指出“在房间内实际的恒温状态对居住者的健康有害”。

---

① 稳态条件是指室内环境参数不随室外环境参数的变化而变化，或者变化很小，如空调建筑。

② 动态条件是指室内环境参数随室外环境参数的变化而变化，如自然通风建筑。

自然通风房间室内的环境参数是随室外的波动而动态变化的，在该环境下的热舒适又称适应性热舒适（adaptive thermal comfort），在动态热环境中，不适感是人体热适应的原始驱动力，人通过与环境的交互作用，通过生理和心理的反复调节，改变个人的行为方式，或者改变自己的期望同周围的环境相适应等方式，从而对环境表示满意的状态即为适应性热舒适。因此，适应性热舒适是热舒适的一种，具有时间性和动态性。

1.2.3　热适应

适应性在生物学中指生物体对所处生态环境的适应能力。生物界所有的生物都会通过调整自身的生理形态、组织功能等来应对外界环境的变化，以适应不断变化的生态环境。

世居或长期在偏热环境中生活、工作的人的热耐受能力，比非世居者或短期进入偏热环境者明显增强，这种生物学现象叫作热适应（thermal adaptation）。这是因为，机体经过若干代对热的适应性调整过程，对热气候条件已建立起巩固的协调关系。热适应不仅表现为多种生理功能的适应性变化，而且机体的外在形体、器官结构也发生了适应性变化，如皮肤的颜色、汗腺的分布和密度、汗腺对温度的敏感阈值、外周血管的分布和收缩能力及热损伤的临界阈值等，这些使适应者具有良好的体温调节能力。热适应者脱离高温环境一段时间后，对热的适应能力仍然存在；热适应具有明确的可遗传性和永久性的特点，因此，热适应是人体生理和心理对冷、热环境变化的适应能力[22]。

热习服（heat acclimatization）是指尚未适应热环境者反复暴露于高温环境，通过机体有关代偿功能，使生理性热紧张状态得到暂时改善，对热耐受能力提高的现象。热习服又称为获得性热适应或生理性热适应。随着热习服机制的建立，机体的泌汗阈降低，泌汗率增高，汗盐含量减少，泌汗功能增强，汗液蒸发散热率提高，水盐代谢趋于平衡；心血管功能改善，散热功能增强，热耐受能力提高。习服者一旦脱离热环境一段时间，已获得的热耐受能力可逐渐降低到习服前水平，即脱习服。

热适应和热习服都是机体对环境热刺激的一种保护性反应[23]。人体热适应观点认为，人不是给定热环境的被动接受者。在实际建筑环境中，人与环境之间应该是一种复杂的交互关系（give and take），人是其中的主动参与者。如果人对于环境感觉不舒适或不满意，并不是热反应的结束，而是适应性过程的开始，人体将主要以心理适应、行为调节、生理习服等形式，通过与环境之间的多重反馈循环作用，尽可能减小产生不适因素的影响，使自身接近或达到热舒适状态。

1.3 热舒适气候适应的产生与发展

关于热舒适的气候适应性早在1936年的ASHRAE手册中就有定性描述，“我们应该明确居于南方的人们由于其较多的产热及较弱的适应能力，热舒适区应比居于北方的活跃的人们多出几度范围”。近几年来随着可持续发展观念的深入人心和气候变暖的警示，越来越多的研究者开始关注人体的主动调节作用对气候环境的正面影响，从而使热舒适气候适应方面的研究进一步展开。

1.3.1 热舒适气候适应的产生背景

我国建筑能耗的高速增长，一方面，是人口增加与人均建筑面积增加的结果；另一方面，是空调采暖设备的迅速普及使用造成的。由于我国人民生活水平的不断改善，人们对于室内环境的要求也在逐步提高，这就导致了空调采暖设备的大量使用，造成单位建筑面积能耗的攀升。在我国，空调采暖系统的能耗已经占到建筑能耗的一半以上[24]。

在空调采暖系统的设计和使用过程中，至关重要的一个问题是：如何基于人体舒适性水平的需要确定适宜的室内环境参数，而这些环境参数对建筑能耗又有着决定性的影响。有研究者指出，以北京地区的一间普通朝南的办公室为例，若将夏季室内温度设定为 28℃，则室内最大冷负荷将比设定温度为 24℃时降低15%，整个供冷时间也将会缩短 22%[25]。目前，世界上影响最大的两个室内热环境评价标准 ASHRAE 55—2004[8]和 ISO 7730—2005[17]中对于室内温度的规定，都是基于传统的人工气候实验室研究、根据 Fanger 教授提出的 PMV 模型[2]计算得到的结果，将室内温度的控制目标限制在相当窄的范围内。

事实上，经过多年的实践和研究，人们逐渐意识到恒温恒湿的稳态空调环境存在严重的问题，主要表现在三个方面：①一部分人由于长期处于空调环境下而产生了空调适应不全症（即空调系统维持的相对低温环境使皮肤汗腺和皮脂腺收缩，腺口闭塞，导致血流不畅，发生神经功能紊乱等症候群）[26]；②空调单调的稳态环境使人产生了乏味、厌倦的心理，无法完全满足人对热舒适以及亲近自然的要求；③空调因维持较低的环境温度，消耗了大量能源，已成为建筑能耗的最主要部分[27]。随着我国城市化进程的加速，建筑能耗还将不可避免的大幅度增加，恒温恒湿的空调模式产生了不必要的能源浪费，在一定程度上已不具有可持续性。

自 20 世纪后期以来，世界上广泛采用 Fanger 教授提出的、建立在欧美人体热反应研究数据基础之上的 PMV 模型来预测人体热感觉。该模型用于评估空调房间人们的热感觉较为准确，但在自然通风建筑中，尤其是偏热或偏冷环境下，往往存在一定偏差。

Ealiwa 等[28]学者在利比亚开展了自然通风建筑的热舒适调研工作，研究发现 PMV 模型如果不经过修正就不能准确预测自然通风建筑中用户的热舒适；1976 年，Humphreys[29]系统性地汇总并分析了过去 50 年间在欧洲办公建筑中开展的 30 余次现场调查，其结果表明，自然通风房间的热舒适温度应不同于空调房间；在非空调采暖建筑中，人们能够在较宽的温度范围内感觉到舒适，人体中性温度可从 17℃变化到 32℃；1997 年和 1998 年夏季，de Dear 和 Brager[7]基于 ASHRAE RP—884 项目建立的现场调查数据库分析（该数据库涵盖了世界四大洲各种气候带 160 座不同的办公楼实测得到的大约 21 000 组原始数据），同样得到人们在自然通风建筑中的舒适温度范围远远超出 PMV 预测的结果；2001 年，作为 PMV 模型的创始人，Fanger 教授[5]汇总了 de Dear 教授等人在曼谷、新加坡、雅典和布里斯班自然通风建筑的现场调查结果，发现如图 1.4 所示的“剪刀差”现象：环境越热，人们的热感觉投票 TSV（thermal sensation vote）实测值与 PMV 的预测值偏差就越大。Busch[30]于 1995 年在泰国通过对空调环境和非空调环境进行现场调查发现，在同样的热舒适满意投票率下，非空调环境中人们可接受的空气温度范围更大，其上限为 31℃，而空调环境下工作人员可接受的空气温度上限仅为 8℃。

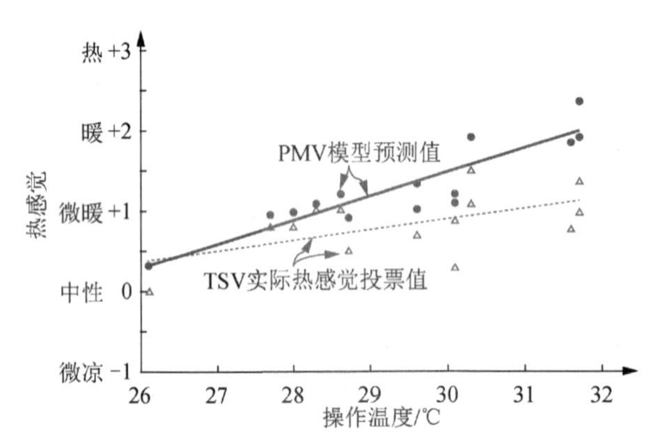

图 1.4　非空调建筑中现场调查结果与预测值的比较

在我国开展的非空调建筑的现场调查也得到了类似的结论。纪秀玲等[31,32]于 2000 年和 2001 年的夏季，对江浙地区非空调环境下的 1814 名不同年龄层次的人群进行了热感觉调查，结果显示，实测得到的 TSV 与 PMV 比较接近，80%的人可接受的热环境有效温度上限为 30℃，远高于 ASHRAE 推荐的空调设计温度上限值 26℃。江燕涛等[33]于 2004 年 1 月至 2005 年 1 月在湖南省长沙市对无空调、无采暖室内环境的人体热感觉进行了现场调查，受试者为当地某高校的 615 名大学生。实验结果发现，无论在偏冷还是偏热环境中，人们的 TSV 均比 PMV 接近热中性（图 1.5）。陈慧梅等[34]于 2008 年夏季在广州某高校的自然通风建筑中进行了 501 人次的热舒适现场调查，受试者为该校大学生。实验结果发现，受试者的 TSV 普遍低于 PMV 值，最大偏差达到 0.8。综上所述，PMV 在预测非空调建筑人体热舒适的时候，与实际测试结果存在较大的偏差，高估了非空调建筑居民在偏热环境下的热感觉，也低估了他们的室内舒适温度范围。

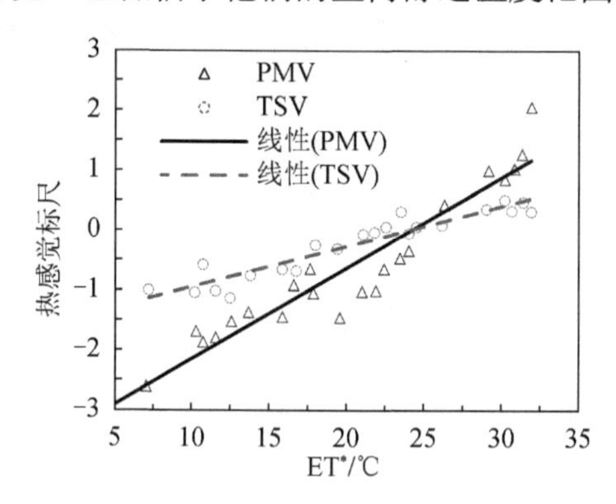

图 1.5 不同新有效温度 ET*下的 TSV 和 PMV

以上研究结果表明：①在偏离热中性的环境（或非空调环境）中，人们会体现出对环境较强的适应能力；②建成环境的实际热舒适温度比标准设定的恒定温度值要宽泛得多；③人体对自然变化的“动态”环境的接受度明显高于人工控制环境。为此，如何完善稳态热舒适理论体系成为热舒适领域研究的焦点。

实际上，在人类社会发展几千年的历史中，人们已经形成了一种与自然环境变化相协调的对应关系，即使不使用空调，也能通过自然通风、风扇等手段改善室内热环境，这种做法不仅在一定程度上满足了人们对舒适性和亲近自然的要求，同时也节约了建筑能耗，一直以来备受大多数居住者的偏爱。

20 世纪 70 年代末期，以 Humphreys[29,35]为代表的国际学者提出了新的“热适应”理论，认为人体对环境的变化具有“主动的”适应能力，并且通过行为、心理和生理等各种调节方式对变化的环境产生热适应[36,37]，使人体实际的热舒适范围比现行标准的预测结果宽广。随后对大量现场测试结果的统计分析，发现了室内舒适温度随室外平均温度变化的适应关系模型[35]，奠定了“热适应理论”的基础。从而将建筑热环境设计从“稳定、均匀、控制、耗能”的不可持续的“空调”设计方向，引向建筑应尊重人体对“适度变化”环境的基本需求的“自然通风”设计方向，进一步从热舒适理论层面，支持了被动式超低能耗建筑设计理论。这种同时考虑建筑的调节性能和人的主动适应能力的设计理念为建筑热环境和空调系统设计带来革命性的变革，改变了基于机械调节的恒温环境的设计思维，促进了建筑的可持续发展[38]。热舒适的气候适应观点及热适应模型的提出，对于气候环境在人体舒适性中影响的规律认知有很重要的意义，能够对今后建筑环境的节能设计提供指导。

1.3.2　热舒适气候适应的发展历程

适应性热舒适依赖于现场调研的结果，早期现场研究的数据来自于 20 世纪 30 年代，由 Bedford 在英格兰进行的对工厂工人舒适状况的开创性调查，通过仪器测量得到四个物理参数（空气温度、相对湿度、风速及平均辐射温度），问卷调查采用 Bedford 标度，并首次在热舒适调查中采用多元统计回归的方法，推导出当量温度[15]，并得到了舒适的最优温度为 18℃。

Bedford 在热舒适现场研究中所采用的基本模式在随后的研究中得以延续。Webb 从新加坡、巴格达（伊拉克）、鲁尔基（印度北部）、沃特福特（英国伦敦附近）的现场研究中获得一些数据，通过分析，他发现受试者在他们所经历的平均条件下感觉舒适，这表明了人们已经适应他们所经历的平均条件，平均温暖感依赖于偏离平均温度的程度而非平均温度本身。1965 年，在热舒适的现场调研中，他首次使用了电子数据自动记录仪和热舒适数据的计算机处理。因此，可以说，Webb 是热舒适适应性方法的创始人。

Nicol 和 Humphreys[39]通过对以往现场研究结果艰难的思考，指出热适应是人类自我调节适应系统，它包括生理和行为适应。之后，在 1990～2000 年，Nicol 和 Humphreys 开展了巴基斯坦现场调查，对每一个现场研究得出了舒适的最优温度、受试者对温度改变的敏感性。如果人们已经适应了他们所处的室内环境，舒适的最优温度应该与他们所经历的平均温度有直接的关系，相关系数达到了 0.95。巴基斯坦的现场研究表明，受试者的平均温热感在室内平均温度很宽的范围内变化很小，而且现场研究中中性温度的范围之广是 PMV 方程所不能解释的。

Humphreys[35]对 1975 年以前近 50 年中在世界各地所进行的 36 个现场调查结果进行了总结，并与实验室研究结果进行了对比，发现由实测回归模型得到的人体热中性温度比由 PMV 模型预测结果更符合人体实际热感觉，认为这与人对气候的适应性有关，并首次提出了“热适应”的概念，给出了在自然状态房间中人的热舒适中性温度和室外月平均空气温度存在线性关系，如图 1.6 所示。

$$T_n = 11.9 + 0.534\ T_0 \tag{1.6}$$

式中：T_n 为热中性温度（℃）；T_0 为室外月平均温度（℃）。

图 1.6 中空点代表集中供暖或供冷的建筑；实点代表自由运行的建筑；虚线代表热中性温度和平均室外温度相等的参考线（图中数据来源于 1975 年 Humphreys 所建立的全球数据库）。

图 1.6 表明：热中性温度与室外月平均温度具有显著相关性。通过 Humphreys 和 Auliciemes 的中性温度和室外平均温度的关系曲线可以推算中性温度。Humphreys 中性温度理论的提出代表了目前对热舒适研究的一种研究方法，该方法是用单一的温度变量作为热舒适评价指标，而不是一个综合指标，更便于在工程实践中的应用。

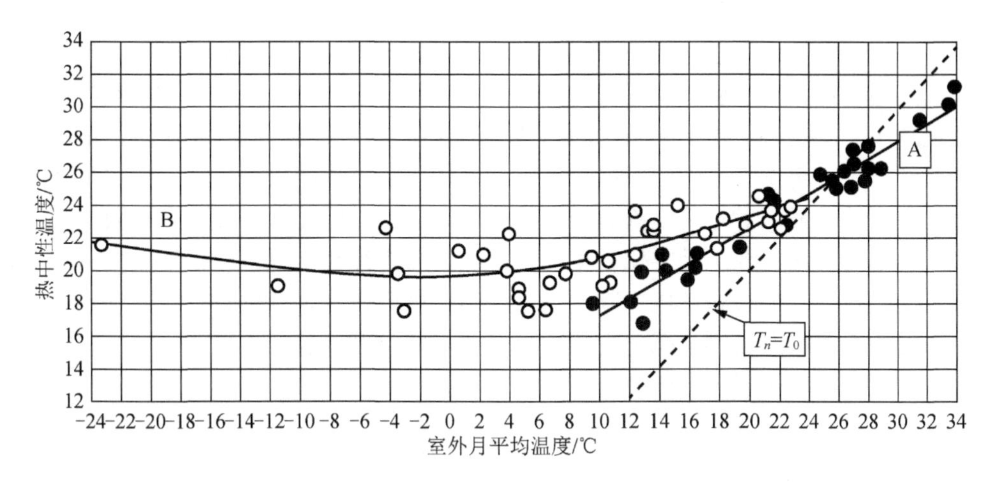

图 1.6 热中性温度与室外月平均温度的关系

1998 年，de Dear 与 Brager[36]依据全球气候区域的 21 000 个现场研究的样本数据，建立了空调房间和自然通风房间的适应模型。越来越多的实验室研究和实地测试结果表明，人体并非是外界环境的被动接受者，人体的各种适应性会对热舒适产生非常大的影响。在 1996～2000 年，Nicol 和 Humphreys 在欧洲范围内也开展了名为“SCAT 项目”的热舒适现场调研[40]，通过汇总欧洲热舒适现场研究的数据，得到了欧洲热适应模型的控制算法[41]。在两大数据库的基础上，分别于 2004 年和 2007 年促成了两大国际标准 ASHRAE 55—2004[8]和 EN15251—2007[11]自然通风建筑（或自由运行建筑）的适应性热舒适的颁布实施。此后，热舒适的适应性研究得到了国际学术界的广泛关注，多位学者开始此领域的探索工作。

1994 年在英国温莎召开了第一届国际热舒适大会，这次大会为热舒适适应方法奠定了基础，而在 2001 年，召开了第二届国际热舒适大会，该次会议对国际标准产生了很大影响[42]。自 2004 年起，以后每两年在温莎召开一次国际热舒适大会，2012 年 4 月 19 日召开的第七届会议的主题为“未知世界热舒适的可变文脉”，大会为热舒适研究领域提供广泛而深入的学术交流。

就目前适应性热舒适的研究现状来看，我国及亚非等发展中国家或地区以开展人工气候室研究和热舒适现场研究为主，为适应性热舒适积累前期观测数据；欧美等发达国家则在前期研究的基础上，关注热适应模型及标准的应用，尤其对于指导建筑设计、设备优化以及节能减排等方面的应用；欧美国家在工程实践方面的尝试和探索对我国热适应未来研究的发展具有一定的指导和借鉴意义[42]。

我国是一个有着多种气候的国家，各地居民的生活习惯、地区间的经济发展水平、人们的经济承受能力的不同，均导致人们对热环境的适应能力有很大差异。根据以往的研究结果显示：在我国不同建筑气候区，人体的服装热阻分布频率、室内空气流速与室外空气温度呈线性相关；而且，当人们有能力对环境进行控制时（如开、关窗），会更容易对环境满意。因此，自然通风建筑可通过加大室内的空气流速满足心理需要，居住者的舒适温度范围相应要宽一些；冬季实测的热中性温度比 PMV 预测的热中性温度低，夏季实测的热中性温度比 PMV 预测的热中性温度高，说明我国不同气候区居民都普遍适应了当地的气候，其耐热、耐冷能力比预测结果强，对热环境都有一定的心理适应性。因此，应提出适于我国不同气候区生活条件、经济及文化背景的热舒适温度指标和气候适应模型。依据气候适应模型制定一个动态环境控制的温度指标，以便在特定气候条件下允许建筑物内的居住者对室内气候具有一定的控制能力，并且可以被用作设计、运行和评价建筑的方法，从而建立既有利于人体舒适与健康，又能节约能源的室内热环境标准。

1.4　室内微气候与人体热舒适

以可持续发展为背景，以提高人体热舒适度、节约建筑能耗为目标，Humphreys 和 de Dear 等学者基于近几十年来的调查研究结果，提出了一种新的热舒适模型——人体热舒适气候适应模型，认为人体热感觉、热满意度、热可接受度是人们对特定的室内气候的期望和实际热环境的相互作用结果。

适应模型认为建筑用户对室内舒适度的期望会随室外温度的改变而改变，经过大量的数据统计，适应模型提出将室内最优的舒适温度和月平均室外温度（月平均最高温度和最低温度的代数平均值）联系起来，并得到一个线性回归公式。基于实地调查研究的气候适应模型，认为人是积极主动寻求最舒适状态的生物，热舒适是人体自调节系统的一部分，热舒适模型应考虑人的行为及生理、心理调节，从而使热舒适成为一个动态系统过程。

人体热舒适的气候适应的研究内容主要包括人体热舒适的气候适应基础、我国地域气候下的热适应模型和不同建筑调节模式下的气候适应规律三个方面。

1.4.1　热舒适的气候适应基础研究

适应泛指在反复的外界环境刺激下，生物机体反应逐渐减弱。热适应是适应的一种，是指对变化的热环境不断适应而逐渐减小的机体反应，也即人的生理和心理对冷、热变化的适应能力。热适应源于外界热环境的刺激，是人体与环境不断交互作用的结果。当环境偏离了中性状态而产生不舒适时，人们就会主动地采取生理和心理的调节来重新获得舒适的感受。人体能否适应环境的变化，则取决于环境变化的程度和人体的调节和适应能力。环境刺激量的强度、持续时间不同，生理适应和心理适应的能力不一样，适应温度的范围就会不同。人体的生理和心理调节会受到室外气候和建筑室内微气候（是由建筑围护结构设计以及及室内环境控制方式决定的微气候）的共同影响，在与环境的不断交互作用过程中逐渐形成适应，不适感随之减弱。在热舒适的气候影响因子中，虽然温度是最主要的影响因子，但温度、湿度、太阳辐射、风速、大气压力这几个要素总是相互作用相互耦合，共同作用于人体的热适应。

1.4.2 我国不同地域气候下人体热舒适的气候适应规律

我国幅员辽阔，气候多样，社会经济背景和生活习惯等巨大的地区差异，造成中国人群的热舒适需求既与国际人群显著不同，还存在明显的地区差异，因而热舒适标准既不能完全照搬国际标准，也不能采用全国统一的温度指标标准。通过对我国全部气候区 25 个城镇进行的室内微气候环境、人体主观热感觉与热舒适指标等测试和调查，分析两万余份有效样本，得出了不同气候区城市的室内物理参数、主观热感觉、热舒适计算指标等，统计分析了不同气候区人们的热舒适适应性行为，建立了我国不同气候区的人体热舒适的单因素和双因素气候适应性模型，并在该模型的基础上给出不同气候区的舒适温度范围，制定了被动式气候设计策略。

1.4.3 不同环境调节模式下人群的热舒适规律

热舒适不仅受室外气候影响，同时也与室内环境密切相关。我国农村地区受经济条件的制约及生活习惯的影响，室内环境控制方式与城市存在较大差异。城市以主动式设备调节为主，建筑的自然调节为辅，农村地区则恰好相反。长期的环境适应使农村人群热舒适规律与城市居民显著不同。研究发现：①农村人群可接受的温度范围更广，对变化环境的适应能力更强，尤以冬季更为突出；②自然条件模式下，热舒适温度受室外气候影响大于室内微气候的影响。以上成果为建立农村建筑室内热环境设计标准奠定了科学基础和理论依据。

参 考 文 献

[1] Gagge A P, Burton A C, Bazett H C. A practical system of units for the description of the heat exchange of man with his environment[J]. Science, 1941, 94(2445):428-430.

[2] Fanger P. Thermal comfort: analysis and applications in environmental engineering[M]. Copenhagen: Danish Technical Press, 1970.

[3] Gagge A P. An effective temperature scale based on a simple model of human physiological regulatory response[J]. ASHRAE Transactions, 1971, 77(1): 21-36.

[4] Gonzalez R R, Nishi Y, Gagge A P. Experimental evaluation of standard effective temperature: a new biometeorological index of man's thermal discomfort[J]. International Journal of Biometeorology, 1974, 18(1): 1-15.

[5] Fanger P O, Toftum J. Thermal comfort in the future-excellence and expectation[C]. The International conference Moving Thermal Standards into the 21st Century, Windsor, 2001:11-18.

[6] Humphreys M A, Nicol J F. Understanding the adaptive approach to thermal comfort[J]. ASHRAE Transactions, 1998, 104(1): 991-1004.

[7] de Dear R J, Brager G S. Developing an adaptive model of thermal comfort and preference[J]. ASHRAE Transactions,

1998, 104(1): 73-81.
[8] ASHRAE Standard 55—2004: Thermal environmental conditions for human occupancy[S]. Atlanta: American Society of Heating, Refrigerating and Air-conditioning Engineers, Inc, 2004.
[9] ASHRAE Standard 55—2010: Thermal environmental conditions for human occupancy[S]. Atlanta: American Society of Heating, Refrigerating and Air-conditioning Engineers, Inc, 2010.
[10] ASHRAE Standard 55—2013: Thermal environmental conditions for human occupancy[S]. Atlanta: American Society of Heating, Refrigerating and Air-conditioning Engineers, Inc, 2013.
[11] CEN. CEN Standard EN15251. Indoor environmental parameters for design and assessment of energy performance of buildings. Addressing indo or air quality, thermal environment, lighting and acoustics[S]. Brussels: CEN, 2007.
[12] Houghten F C, Gunst S B, Sucin J. Radiation as a factor in the sensation of warmth[J]. Heating Piping & Air Conditioning, 1941.
[13] Gagge A P, Stolwijk J D, Hardy. Comfort and thermal sensations and associated physiological responses during exercise at various ambient temperatures[J]. Environmental Research, 1967, 1(1): 1-20.
[14] 杨柳. 建筑气候学[M]. 北京：中国建筑工业出版社，2010.
[15] D.A. 麦金太尔. 室内气候[M]. 龙惟定，殷平，夏清，译. 上海：上海科学技术出版社, 1998.
[16] Houghton F C, Yaglou C P. Determining equal comfort lines[J]. American Society of Heating Ventilation Engineers, 1923, 29: 163-167.
[17] ISO. ISO 7730, Ergonomics of the thermal environment - analytical determination and interpretation of thermal comfort using calculation of the PMV and PPD Indices and local thermal comfort, International Standardization Organization[S]. Geneva, 2005.
[18] ISO. ISO 7726. Ergonomics of the thermal environment - Instruments for measuring physical quantities[S]. Geneva: ISO, 2001.
[19] ISO. ISO-8996. Ergonomics of the thermal environment - determination of metabolic rate[S]. Geneva: ISO, 2004.
[20] ISO. ISO-9920. Ergonomics of the thermal environment-estimation of thermal insulation and water vapour resistance of a clothing ensemble[S]. Geneva: ISO, 2007.
[21] 中华人民共和国国家标准. 民用建筑供暖通风与空气调节设计规范（GB 50736—2012）[S]. 北京：中国建筑工业出版社，2012.
[22] 陆耀飞. 运动生理学[M]. 北京：北京体育大学出版社, 2007.
[23] 邓树勋，陈佩杰，乔德才. 运动生理学导论[M]. 北京: 北京体育大学出版社，2007.
[24] 清华大学建筑节能研究中心. 中国建筑节能 2015 年度发展研究报告[M]. 北京：中国建筑工业出版社，2015.
[25] Zhao R Y, Xia Y Z, Li J. New conditioning strategies for improving the thermal environment[C]. Proceedings of International Symposium on Building and Urban Environmental Engineering. Tianjin: Tianjin University, 1997: 6-11.
[26] 戴自祝. 室内空气质量与通风空调[J]. 中国卫生工程学，2002, 1(1) : 54-56.
[27] 清华大学建筑节能研究中心. 中国建筑节能年度发展研究报告[M]. 北京：中国建筑工业出版社, 2011.
[28] Ealiwa M A, Taki A H, Howarth A T, et al. An investigation into thermal comfort in the summer season of Ghadames, Libya[J]. Building and Environment, 2001, 36(2): 231-237.
[29] Humphreys M A. Field studies of thermal comfort compared and applied[J]. Building Services Engineering Research and Technology, 1976, 44(1): 5-27.
[30] Busch J F. A tale of two populations: thermal comfort in air-conditioned and naturally ventilated offices in Thailand[J]. Energy and Buildings, 1992, 18(3): 235-249.
[31] 纪秀玲，戴自祝，甘永祥. 夏季室内人体热感觉调查[J]. 中国卫生工程学，2003, 2(3): 141-143.
[32] 纪秀玲，王保国，刘淑艳，等. 江浙地区非空调环境热舒适研究[J]. 北京理工大学学报，2004, 24(12): 1100-1103.
[33] 江燕涛，杨昌智，李文菁，等. 非空调环境下性别与热舒适的关系[J]. 暖通空调, 2006, 36(5): 17-21.
[34] 陈慧梅，张宇峰，王进勇，等. 我国湿热地区自然通风建筑夏季热舒适研究——以广州为例[J]. 暖通空调,

2010, 40(2): 96-101.

[35] Humphreys M A. Outdoor temperatures and comfort indoors[J]. Building Research Practice, 1978, 6: 92-105.

[36] de Dear R J. A global database of thermal comfort field experiments[J]. ASHRAE Transactions, 1998, 104: 1141-1152.

[37] de Dear R J, Brager G S. Thermal comfort in naturally ventilated buildings: Revisions to ASHRAE Standard 55[J]. Energy and Buildings, 2002, 34: 549-561.

[38] Yang L, Yan H Y, Joseph C L. Thermal comfort and building energy consumption implications-A review[J]. Applied Energy, 2014, 115:164-173.

[39] Nicol J F, Humphreys M A. Thermal comfort as part of a self-regulating system[J]. Building Research and Practice, 1973, 6 (3): 191-197.

[40] Mc Cartney K J. Nicol J F. Developing an adaptive control algorithm for Europe: results of the SCATs project[J]. Energy and Buildings, 2002: 34(6): 623-635.

[41] Nicol F, Humphreys M. Derivation of the adaptive equations for thermal comfort in free-running buildings in European standard EN15251[J]. Building and Environment, 2010, 45: 11-17.

[42] 张宇峰. 第 6 届英国温莎热舒适会议[J]. 暖通空调, 2010, 40(5): 63.

第二章　适应性热舒适基础

人体在外界冷热环境的不断刺激下，会通过自身的生理、行为及心理调节，对所处的外界环境产生热适应。本章着重阐述了人体热适应的调节机理及其影响因素，指出了热适应的两种研究思路，介绍了国内外的适应性热舒适标准。

2.1　热适应概述

2.1.1　热适应的定义

适应泛指在反复的外界环境刺激下，生物机体反应逐渐减弱。热适应是适应的一种，是指对变化的热环境不断适应而逐渐减小的机体反应，也即人的生理和心理对冷、热变化的适应能力。

这里的热适应还要和生理学上的热习服（也有译为热适应）（heat acclimatization）加以区分，两者都是机体对环境热刺激的保护性反应[1]。热习服是指人在热环境工作或生活一段时间后对热负荷的耐受性提高而产生对高温的适应状态，通常指机体的汗腺分泌、体温调节、心血管系统、水盐代谢、生理内分泌等许多生理机能得到改善。热习服的状态并不稳定，具有产生、巩固、减弱和脱失的特点，停止接触热一周左右机体仍返回到适应前的状况，即脱适应（heat deacclimation）。因此，热习服（热适应）强调的是生理适应，是热适应的其中一部分，而热适应除了生理适应外，还包括行为调节和心理适应。

2.1.2　热适应的方式

借助于与周围环境的生理调节和感觉调节，人体对长期所处的外界环境就会产生热适应。Nicol 指出："如果由于外界环境的变化使人们产生了热不舒适感，那么人们将会以某种方式做出反应以维持他们的舒适感"[2]，这里的"某种方式"是指人体对环境变化的生理调节和心理调节，由于对热环境的不断调节而逐渐减小的机体反应，人体就产生了热适应。热适应由三个部分组成，分别是生理适应、行为适应和心理适应，见图 2.1。

2.1.2.1　生理适应

生理适应广义上来讲包括所有为维持体温适应热环境而进行的生理响应，人们通过生理响应来减小热环境对人体形成的应力。人体对热环境的生理响应主要表现在体温调节、出汗机能、水盐代谢、心血管系统功能的适应性变化等方面[3]：

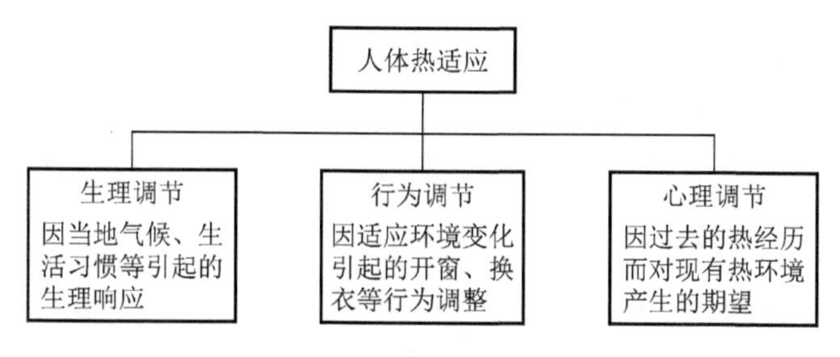

图 2.1　热适应的组成

体温调节。在热环境中从事体力劳动，人体热负荷增加，体温升高，体温设定点相应上移，体温调节功能增强。基础和劳动代谢率降低，产热减少，散热能力增强，这是机体热适应后耐受热环境的一个保护性机制，减轻了热应激时体温调节机能的紧张程度。

出汗机能。随着热适应的进展，机体出汗机能增强，出汗体温降低。热适应者出汗的潜伏期缩短，出汗速度增加，同一体温的出汗率可增加 20%～40%，并长期维持较高的出汗率。热适应后期，出汗率减少，出汗量与蒸发散热的需求基本相同。热适应过程中，皮肤温度降低幅度比直肠温度降低幅度大，使中心与体表的热梯度逐渐加大，加速了热交换，有利于体热由中心向体表转移，故热适应后，基础体温和体力活动体温均降低，存活时间延长。

水盐代谢。机体热适应后，血容量显著增高，热适应过程中机体饮水增加，主要表现为饮水次数增加，每次饮水量增多。机体热适应后，氯化钠的丢失量可降低到 3～5g • d^{-1}，热适应后期，机体保钾能力提高，防止了低血钾的发生。

心血管系统。热适应后，从整体上减轻了心脏负荷，最突出的是心血管系统紧张性和适应性的改善，心率下降，心输出量增加，这与体温尤其是皮肤温度的下降，外周静脉收缩维持了心室的充盈和压力有关。热适应者血液的稀释较未适应者强，静脉血容量增加，皮肤血流量减少。

生理适应包括对偏热或偏冷环境的生理响应。对偏热环境适应后，出汗的初始汗腺数目会下降，出汗的温度敏感度会上升，其皮肤调节速度和出汗率较快，胸足温差较小、出汗量较大，心率变异性较低，副交感神经活动兴奋（说明受试者的生理状态越接近于安静状态，感觉越舒适），血液中的热应激蛋白（HSP70）含量更高（细胞 HSP70 含量越高，所耐受的温度越高，在高温环境中生存的时间越长）[4]。对偏冷环境适应后，皮肤温度下降速度越快、胸足温差较小、肌肉紧张感和冷战发生率越低[4]。

2.1.2.2　行为适应

行为适应是指人体为适应偏热或偏冷环境而采取的热调节行为，主要包括个人调节、环境调节和生活习惯调节三个方面：个人调节，通过个人的调节来适应热环境，比如换衣服、改变活动量、喝冷饮或者热饮等；技术调节或者环境调节，在条件允许的情况下通过调控热环境满足热舒适的要求，如开关窗户、打开风扇或取暖器、应用空调等；生活习惯调节，行为习惯、午休的习惯、着装习惯等。

2.1.2.3　心理适应

心理适应是指人们由于自己的经历和期望而改变了对客观环境的感受和反应。人对热环境的热经历和热期望可以直接而又显著的降低人对环境的热感受。心理适应性随着时间和地点的变化，会改变人们对舒适温度的要求。越来越多的实地测试表明，在偏热或偏冷的实际建筑热环境中，心理调节在影响人体热感觉等方面起了重要的作用[5]。

2.2　热适应的起因

适应（adaptation）[6]最初是一个生物学上的概念，是指生理的形态结构和生理机能与其赖以生存的特定环境条件相适合的现象，是生物界普遍存在的现象，也是生命特有的现象之一。人类对冷热刺激的应激与生理调节功能是人类在大自然中经历数千万年的进化获得的适应自然的能力。这一能力保证了人体在受到冷热刺激的时候能够调节自己的身体以保证其具有正常的功能。

使用人员在实际建筑热环境的冷热刺激中也存在适应现象，分为生理、行为和心理适应，并统称为热适应。其中，生理适应是人们适应环境最根本的体现[4]；当环境变化超过人体的自主性生理调节范围时，人们通过行为调节来避免环境变化对人体可能造成的伤害[4]，其调节方式受气候、环境、社会、经济、文化等的限制；而人们对环境刺激的认知和接受过程就是心理适应，它是以生理适应为基础和前提的，以往的热经历和当前热经历的感知控制是影响心理适应的重要因素。

2.2.1　热应激与热适应

令人不愉快的刺激所引起的紧张反应称为应激（stress），引起应激反应的环境刺激称为应激物（stressors）。应激包括生理应激和心理应激。生理应激指人的生理指标如心率、血压、呼吸速度、肌肉紧张、皮肤出汗率等出现变化，心理应激包括人的情绪和行为的变化[7]。

人体对环境刺激的应激过程如图 2.2 所示。人体开始产生应激反应。必定是把某一刺激经认知评价为对自身构成威胁。也就是说，同样的刺激在某一情境中不会引起应激；而在另一情境中却可能引起应激，这些刺激本身未变，但个人是否把它评价为威胁却因人因时而异。个人的认知评价取决于两个方面，其一为个人心理因素，如智力、动机、知识或经验；其二为对特定刺激情境的认知，如对刺激的控制感、预见性、即时性（即离刺激发生还有多少时间）。个人对刺激的控制能力越强，把该刺激评价为威胁的可能性就越小，该情境引起应激的程度就越低；而个人的控制能力越低，把某刺激评价为威胁的可能性就越大，一旦把某刺激评价为威胁，人体生理上就会顺序发生警戒反应和抗拒反应。警戒反应是一个短暂的生理唤醒期，它使得躯体能够有力行动而做好准备。如果应激物持续作用，机体就会进入抗拒阶段，该阶段也是以一些自主反应机制作为开始。假设热是一个刺激源，就会产生流汗的反应；假设严寒是一个刺激源，就会出现颤抖的反应。另外，在抗拒阶段，许多应对过程也包含认知过程，进而使个体决定采取行动上的应对策略，如果抗拒阶段的应对未获得成功，则加剧了“把刺激评价为威胁”的倾向，这种认知应变过程常伴随不同程度的愤怒、恐惧、焦虑等情绪反应，不良的情绪反应必然引起不良的生理反应，导致对健康不同程度的危害，当全部应对能力消耗殆尽，人体就会出现衰竭征兆或能力耗竭，这也就进入了衰竭阶段。但是，如果抗拒阶段的应对成功抵抗了刺激，人体对它的反应就会越来越弱而变得适应。

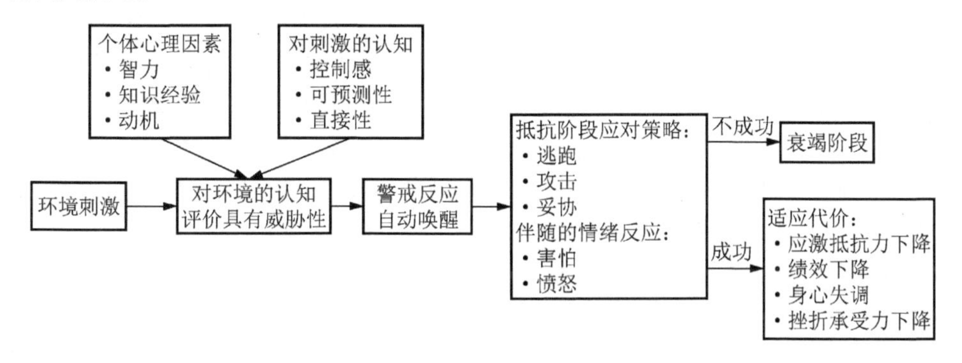

图 2.2　应激模型

从以上应激过程来看，人体要在多变的环境中生存下去，就必须要有适应环境变化的能力。如果人体适应不了环境的变化，则其生理功能会发生障碍，严重时不能恢复，甚至死亡。而人体能否适应环境的变化，则取决于环境变化的程度和人体的调节和适应能力。人体适应性可调节程度大于环境变化的程度，人体就能够适应；人体适应性可调节程度小于环境变化的程度，人体就无法适应（即在适应的过程中耗尽人体内能量而导致人体死亡）。也就是说，适应调节能否成功应对环境的变化是表示人体对环境能否产生适应的关键。

2.2.2　热适应的起因

人类发源于热带雨林[8]，在这个区域，人类不需要使用工具就可以生存。这主要是因为人类在经历数千万年的进化过程中，通过生理对热刺激的不断应激与调节，最终获得了对偏热环境的生理适应能力，如可以通过汗液的蒸发来达到降温的目的。随着人类从低纬度的热带雨林地区向高纬度的寒带地区逐渐迁徙的过程中，人体在生理上也逐渐形成了与寒冷气候相适应的机能，如通过加速血液循环、肌肉产热等措施来弥补热量损失。可以说，生理适应是人们适应自然最根本的体现。但是，在寒冷气候中，单纯依靠肌肉产热等方式来维持体温还远远不够，有关研究表明，如果将现代人裸体置于-5℃的环境中，不出多久就会濒临死亡边缘，因此，还需要其他补充方式。于是，人类开始利用生火取暖、衣服、建筑来躲避寒冷气候对人身的伤害。此后，人们在长期的建筑活动中，结合各自生活所在地的资源、自然地理和气候条件，就地取材、因地制宜，积累了很多设计经验来创造和改善自己的居住环境。随着科学技术的不断发展，人们开始主动地创造可以受控的室内环境，而空调采暖技术的普及，使人类完全摆脱了自然界的束缚，并且可以自由地创造出能够满足人类生活和工作所需要的室内物理环境，从而获得了更大的生存空间。由此可见，人类在生产活动中为了适应不同气候所采取的环境调控手段，都是人类适应与抗衡自然环境的体现。

随着研究者在热舒适现场调查中发现自然通风建筑人群中性温度与实验室研究结果存在的差异性，“热适应”的研究逐渐成了热舒适研究领域的一个重要方向。当一个人具有较强的热适应能力，则当其处于一定热舒适偏离的条件下也能够轻松应对，并不会感到显著的不舒适。从人体对环境刺激的应激过程和人类起源和发展来看，热适应确实包含生理适应、心理适应和行为调节三种模式，其中生理适应是人们适应自然最根本的体现，是热适应的本质属性；行为调节是人类抗衡自然最初的体现，是热适应的重要内容，当生理调节无法应对环境的变化时，人们可以通过行为调节手段避免环境变化对人体造成伤害，其与环境条件和科学技术发展有着紧密联系；心理适应是人们对于环境刺激的一种认知和接受过程，倘若生理调节和行为调节都无法与热环境刺激相抗衡，则人体在认知过程中会伴随不良的情绪反应，导致其对环境更不适应。因此，心理适应以生理适应和行为调节为基础和前提。

2.3　热适应机理

机体在正常状态时，人体的生理和行为调节方式都起作用，体温的自主性生理调节是最基本的调节，任何行为调节均须遵循生理调节规律[9]，体温的行为调节是以自主性体温调节为基础，反过来又作用于生理调节，是体温自主性调节的补充和保证，两者紧密相连，均以维持体温恒定为目的。

2.3.1　生理调节

人体与周围环境不断进行热湿交换，为了维持热平衡，就要借助于人体的热调节机能。当外界环境条件发生变化时，人会通过自身的生理调节机制，使机体恢复热平衡状态。生理调节是在体温调节中枢的控制下，通过肌肉收缩、血管收缩或扩张、汗液分泌等生理调节反应[4]，维持产热和散热过程的动态平衡，使体温保持在相对稳定的状态和水平。人的体温调节控制系统示意图见图 2.3。生理指标包括了皮肤温度、心率变异、脑电波等，通常是在实验室条件下对一定样本量的人体进行测试而得到的。

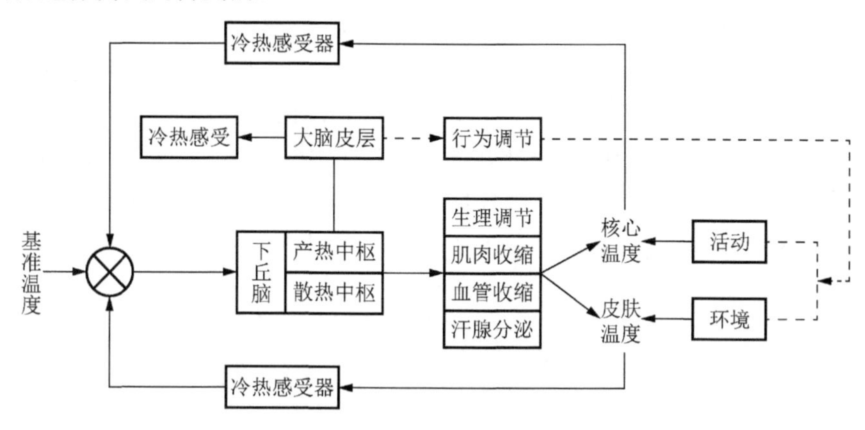

图 2.3　人体体温调节系统示意图

根据调节过程的时间长短，有三类生理调节比较具有代表性：第一类是因人体所处的微环境发生突变而引发的瞬时生理过程，如冬季从室外进入采暖房间，或夏季从空调房间走到室外，环境温度瞬间变化 10～30℃，机体需要一小时至几小时的时间来恢复热平衡状态；第二类是季节交替造成的影响，人在不同的季节，因对于偏离中性环境的耐受性不同，而使得在同样的室内温度下会给出不同的热感觉评价，这种情况下，人体的生理过程是随着室外温度的周期性变化而连续完成的；第三类是长期适应过程，引起此类生理适应的影响因素一般是生活环境的重大变化，例如搬迁至另一个气候区居住，一般需要一年甚至更长的时间来适应这种变化。

2.3.2　行为调节

人体用于维持舒适温度的生理手段是有限的，一个裸体者仅靠生理调节所能维持的温度范围在 25～40℃（新有效温度 ET*）[10]。因此，当人体处在偏离中性温度的环境中时，为了恢复自身的热平衡状态，人们还会有意识地采取一些行动，来改善自己的热感觉。而人的这种热感知系统具有预警功能，当人体感觉到冷或热刺激时，就会提前启动行为调节机制去应对。最原始和简单的行为调节是活动姿态的改变和场所迁移；其次，行为调节的一个重要工具是服装[11]，如在冷或热的环境中增减衣物，达到调节体温的目的，借此极大地增强了人类对大自然的适应能力；当然，还可以利用开启和关闭窗户、启动和关闭风扇或加热器等简单的技术设备方式，人为地改变人体与周围环境的换热量，从而达到调节体温的目的。

在大多数情况下，人体是借助于服装等行为调节来达到人体的热平衡。

已有研究结果表明[12]：在偏热环境下，通过开窗或使用电风扇，可以提高室内气流速度，以补偿因高温而造成的热不舒适感。例如，在广州地区的混合通风建筑中进行调查发现，人们会积极采用开窗通风和使用电风扇的方式来改善夏季室内热舒适状况，开窗通风的受试者比例为 77%，而使用风扇的比例更是高达 97%，室内平均风速最大值接近 0.6m/s，人们可以接受的温度上限达到 30.9℃。

Nicol 和 Humphreys[13-15]在巴基斯坦的办公建筑的调查显示，室内人员主要通过调节服装与使用风扇来改善热舒适感。在巴基斯坦的办公建筑中，对风扇的使用非常普遍，而对于服装的要求也有较大的机动性。由图 2.4 可见，行为调节的作用使得人体可接受温度范围非常宽，如果以 90%人群满意对应的温度范围来看，室内温度在 19～24℃都可以满足舒适要求。

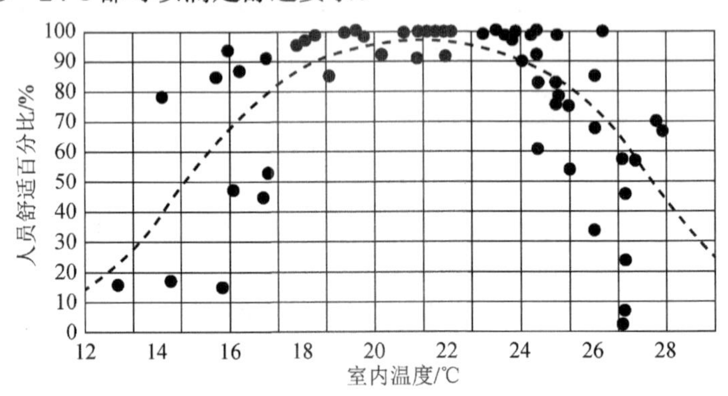

图 2.4　巴基斯坦办公建筑室内温度与人员舒适百分比的关系

2.3.3　感知调节

与可以客观度量的生理反应不同，主观的热感觉只能依靠人们在给定环境中的自我评价来确定。热感知包括显热感觉和显汗。

2.3.3.1　热感觉

所有的感觉都始于刺激，热感觉的形成受刺激的强度及温度感受器的特性影响。温度感受器可分为热感受器和冷感受器两种，存在于人的皮肤和下丘脑中，用于感受温度及温度变化的刺激，从而产生热感觉，并根据用途不同分为“热点”和“冷点”。当某一恒定强度的刺激持续作用于一个感受器时，感觉神经纤维上的动作电位的频率会逐渐降低，此现象被称为感受器的适应。温度感受器有较强的适应性，当遇到温度突然变化的时候，它受到强烈的刺激，但是这个刺激信号随着温度变化在一分钟内迅速衰减，直到达到一个稳定值。

热感觉并不仅仅是由冷热刺激的存在形成的，还与温度的变化频率、刺激的延续时间以及人体原有的热状态有关[16]。当皮肤的局部面积已经适应某一温度后，就有一个往两边延伸的温度范围，若温度的变化率和变化量在该范围内时则不会引起皮肤产生任何热感觉变化[16]，这一范围通常在 0.01～8℃。不同的人具有不同的温度适应范围，人体不同的部位也有不同的温度适应范围。

人体的冷、热感受器对环境的适应能力不同[17]。与温度变化量相比，热感觉对皮肤温度的变化速率更为敏感。当变化率在 0.1℃/s 以下时，皮肤温度只要升高 0.5℃，人体便会感觉温暖；而在 0.1℃/s 的变化率以上，皮肤温度升高 3℃，人体仍没有任何热的感觉（图 2.5）。图 2.6 反映了前臂皮肤温度变化改变引起的热感觉与适应温度变化之间的关系，对此受试者而言，中性区在 31～36℃的范围内。在 31℃以下，即便经过 40min 的适应期，仍然感到凉[16]；在 30℃时，人体感到持续的凉意，温度降低到 0.15℃以内不会引起感觉上的变化，而当温度升高 0.3℃也不会产生感觉上的变化，直到皮肤温度升高 0.8℃，人才会感到温暖；但是当皮肤处于 36℃适应温度时，冷却 0.3℃就会感到凉[16]。也就是说，对同一块皮肤，30.8℃时有可能会感觉到暖，35.7℃时却有可能感觉到凉，这便体现了温度感觉器的适应性[16]。

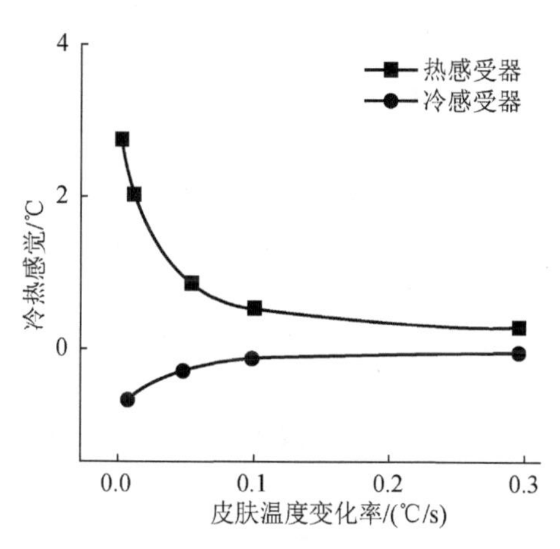

图 2.5　温度变化率对冷阈或暖阈的作用，皮肤的初始温度为 32℃

（图片来源：McIntyre,1980）

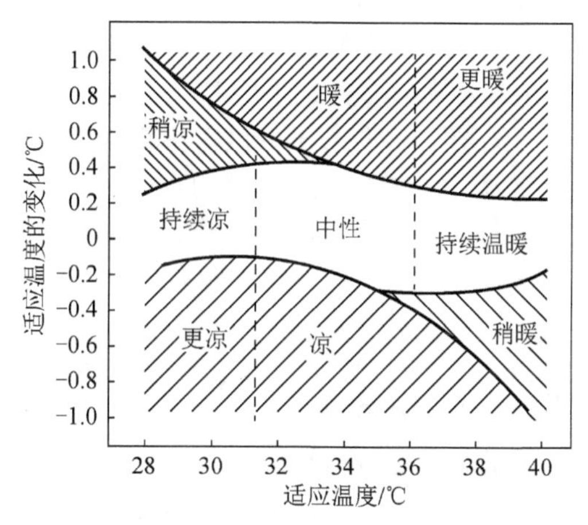

图 2.6　皮肤温度改变引起的感觉与适应温度以及变化量之间的关系

（图片来源：McIntyre,1998）

2.3.3.2　显汗（皮肤潮湿）

不管寒冷或炎热环境，人们都有热感觉反应，而显汗的反应则主要出现在舒适区的温热边，且环境的温度、湿度、气流速度及新陈代谢率等因素的不同组合对其都有影响[18]。当汗液分泌的速度超过空气的蒸发力时，汗珠在蒸发以前即分布在毛细孔之间的皮肤表面上，皮肤有“潮湿”的感觉，但皮肤潮湿程度并不总是和排汗率与热感觉相一致。如由热感觉或排汗率所显示的给定的热应力，可能为高温、低湿及强风条件下对流换热增强所致，也可能是在较低的气温、静风及较高的湿度条件下因排汗的散热效率降低的结果。在两种情况下，由排汗率或热感觉所表示的热应力可能是一样的，不过，前者汗蒸发很快，皮肤是干燥的；而后者，同样的汗量，蒸发较慢，皮肤则为潮湿的。

显汗受空气温度的影响很小，因为气温的增加会立即引起排汗率及空气蒸发力的增加，而从皮肤潮湿的观点来看，这两者部分地相互抵销了。与热感觉相比，显汗对湿度及气流速度特别敏感，并总是随着湿度的增加而提高，随气流速度的增加而减少[18]。

2.3.3.3　感知控制与心理适应

如果人们了解自己对于所处的环境有调控手段，则会提高其对于当前环境的心理承受能力。这种对于控制手段的了解状况，被称为感知控制（perceived control）。

Nikolopoulou[19]指出，如果对于产生不舒适的因素具有较高的控制能力，那么人能够接受较大的温度范围，也会在很大程度上减轻其负面情绪，即如果具备了环境控制能力，哪怕不使用，也能改善人的热感觉。Williams[20]在英国办公建筑、Tamara[21]在澳大利亚办公建筑中的调查结果均证实，当人们了解自己对于所处的环境有较多控制手段时，会表现出较高的满意度。

周翔[22]曾在人工气候室中设计心理学实验，受试者分别参加“无空调”“免费空调”“收费空调”工况的实验，几种工况的环境参数完全相同，仅控制手段不同，图 2.7 所示为不同工况下人体热感觉随室内空气温度的变化情况。可见，当受试者对温度不具备控制能力时，表现出焦虑和无助，其热感觉相比于“免费空调”和“收费空调”增加了 0.4～0.5 个单位，或者说，当受试者对环境没有控制能力时，因心理作用使其产生了额外的热感觉；此外，如果使用控制手段时需要收费，意味着受试者对于该控制手段的使用自由度在一定程度上被限制，这将对热感觉略微造成不利影响。

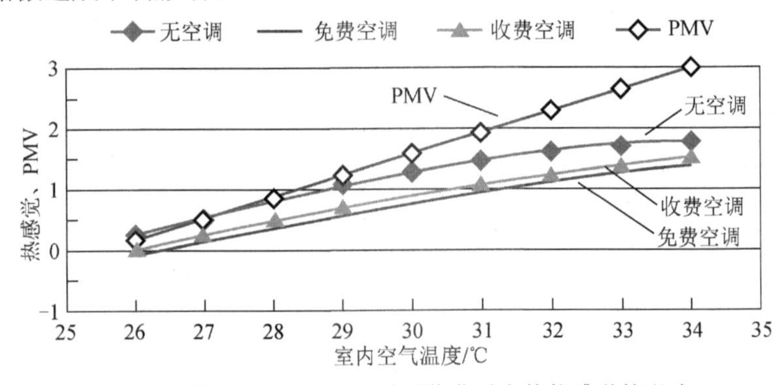

图 2.7　是否有空调及空调是否收费对人体热感觉的影响

当今，由于对建筑外立面效果的追求，很多高档写字楼都不具有可开启的外窗，使人们无法开窗通风；而且，因为采用中央空调系统，人们往往无法对工作区的温度和风速进行独立调节；此外，由于环境设计等级较高，往往对工作人员的衣着也会进行比较严格的要求，以正装的情况居多。在这样的环境条件下，人们的行为调节受到了严重的限制，会在很大程度上影响室内热舒适效果。

2.3.4　环境刺激与人体热适应

人体的生理、行为和感知调节是人体对环境刺激的本能反应。人体根据不同的环境刺激，采取相应的生理、行为和感知调节措施，从而达到适应环境的目的。图 2.8 给出了不同环境温度与人体体温、新陈代谢率及人的生理和心理适应的关系。根据冷热刺激的不同，可以将环境温度分为舒适温度区、适应温度区和不适应温度区，以上温度区分别对应不同的环境状态：舒适范围、适应范围和生存极限。这里仅探讨舒适温度区和适应温度区的关系。

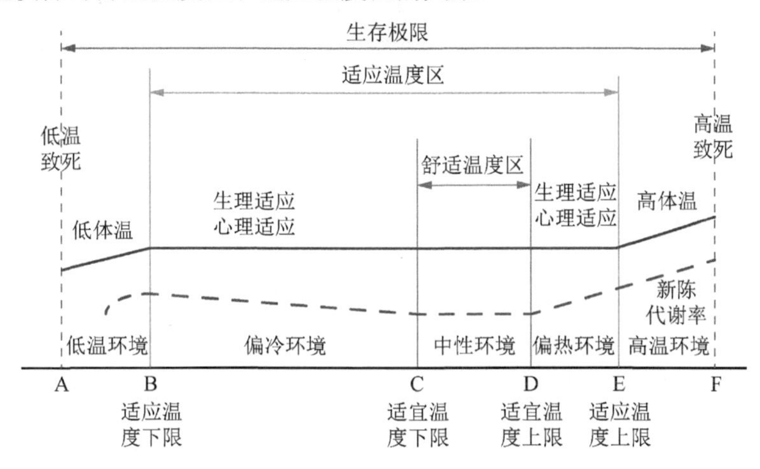

图 2.8　环境温度对体温和新陈代谢率的影响

2.3.4.1　环境温度与新陈代谢率及体温的关系

环境温度的变化会影响体温和新陈代谢率。图 2.8 中 C～D 区称为舒适温度区，在一定的进食、活动及着装条件下，新陈代谢率在该区内最小，并且人体可通过自身热调节系统的工作使新陈代谢率基本不变，该区内体温恒定[3, 23]。图中 C 点以下的区域表示环境温度较低的区域，为了维持体温恒定，新陈代谢率必须增加，增加的速率与显热散热方式、服装热阻等因素有关，有意识地运动可以使新陈代谢率增加。当环境温度降至 B 点以下时，人体核心温度也将下降，B 点对应的温度即为适应温度下限。图中 D 点以上的区域，新陈代谢率增加，人主要靠出汗来散热。当环境温度升到 E 点以上时，人的体温将上升，该点对应的环境温度称为适应温度上限。体温持续下降或上升都会带来危险。

2.3.4.2　人体对冷热刺激的热适应

当人们接受一定强度的环境刺激量并反复持续一段时间后，通过以上人与环境之间生理调节和心理调节的不断反馈，人的热适应能力就会增强。如长期生活在偏热环境下的人群，人体就会对热刺激产生生理适应和心理适应，对热的适应能力增加；同理，当人体长期经受偏冷环境的刺激时，人体就会对冷刺激产生生理适应和心理反应，对冷的适应能力增加；如果人体处于四季冷热的交替之中，冬季对冷刺激夏季对热刺激的适应能力均增加，全年的温度适应范围最大。

但人的生理适应和心理适应并不是无限增大，当环境刺激超过人的生理调节能力，产热和散热无法达到平衡时，人的体温就会降低或升高，如果低体温或高体温持续时间过长，就会危及人的生命健康，甚至导致死亡。

长期生活在舒适温度范围内，人体仅依靠耗能最少的血管运动就能够维持体温的相对恒定，而汗腺、骨骼肌等生理调节机能则会受到抑制[4]，由于其长期得不到锻炼，人体对冷或热刺激的生理调节能力和心理调节能力都将被逐渐弱化，最终导致人体感觉适宜的温度区间越来越小。因此，环境刺激量的强度、持续时间不同，生理适应和心理适应的能力不一样，适应温度的范围就会不同。影响人体热适应能力增强或减弱的关键是环境刺激的类型（冷刺激、热刺激）、强度和持续时间。

2.3.5　气候与人体热适应

气候是某个地区多年天气状况的总和，与人的舒适感相关的主要气候要素有室外温度、降水（风、雨、雪等造成的湿度不同）、风速、太阳辐射及大气压力[24]。以上因素对于人体的生理反应和热感觉均有一定的影响，特别是各种因素之间的相互影响。

2.3.5.1　人体热舒适与温度

在热环境的诸多要素中，室外温度的大小、变化强度、持续时间等对人的热适应能力有直接的影响，例如常年生活在寒冷气候区的人们，生理和心理上也逐渐形成了与寒冷气候相适应的机能，对冷刺激的耐受性增强，对寒冷的适应温度下限就会扩大。同理，长期生活在炎热为主导气候特征地区的人们，生理和心理上也逐渐形成了与炎热气候相适应的机能，对炎热气候的适应温度上限就会扩大，而对于长期生活在既有冬季又有夏季地区的人们来说，冬季冷适应能力较强，而夏季的热适应能力也较强，人们感觉舒适和可以接受的温度范围夏季较高冬季较低，即全年的适应温度范围最大。在温和气候区，环境温度变化较小，长期作用于人体的冷热刺激强度较小，冷热波幅不大，在人们生理调节机能的负荷之内，因此，几乎不需借助人工环境控制手段即可满足人们冬夏的热舒适需要。

如果室外温度过分严酷，寒冷或炎热程度超过了人们的生理及心理的调节及承受能力，这时必须要借助于设备的主动式供暖或制冷以及建筑的保温隔热措施等，使室内温度维持在一个较为稳定狭窄的范围，人们的适应能力和热舒适也限定在一个狭窄的范围。因此，室外温度是影响人体热适应最主要的因素。

2.3.5.2 人体热舒适与湿度

湿度常与温度等其他气候要素一起对人体热感觉产生影响。由于空气湿度决定着空气的蒸发力因而也决定着人体排汗的散热效率，进而影响人体的热舒适感。在舒适的温度范围内，湿度对人体温暖感无明显影响[25,26]，气温在接近 20～25℃的温和气候时，湿度水平对于生理反应和感觉反应均无影响，相对湿度在 30%～85%的变化几乎觉察不到，只有当空气接近饱和状态时才能明显地感觉到皮肤发黏和潮湿。而在极端炎热的条件下，湿度水平限制着总蒸发力从而决定着机体的耐久界限。决定着湿度作用的温度范围的界限取决于蒸发散热的总需要量，也取决于气流速度与衣着条件。因此，湿度对人体热舒适的影响主要表现在夏季。以下分湿热和干热气候来论述。

在湿热气候区，当气温高于 25℃时，随着温度的升高、湿度的增大以及人体活动量水平（即新陈代谢率）的提高，汗液的蒸发效率减弱，散热能力下降，皮肤潮湿度增加引起的人体温暖感和不舒适感增加，湿度对热舒适的影响作用变得非常明显。气流速度的增加会补偿湿度升高的影响，因而气流速度的增加可以提高对受湿度影响的生理反应及感觉反应的下限。

在干热气候区，只要皮肤是干燥的，空气湿度的变化就完全不会影响人体，加大气流速度，可以进一步提高汗液的蒸发力。因此，在干热气候区，因为湿度小，汗液分泌的蒸发散热效率较高，散热能力远大于湿热气候区，可以接受的生理反应和心理反应下限也大大提高，对高温的耐受力增加，可接受的温度上限也大大提高。

冬季，当空气温度较低时，室外空气的相对湿度即使达到 100%，其含湿量仍然很低，当空气进入室内并被加热，那么室内湿度将下降到较低水平。即便室内湿度处于较高水平，冷空气的相对湿度对空气的对流冷却力也没有任何明显影响，但被打湿后的衣服和鞋袜传热系数增大，整体热阻变小，同样温度同样服装热阻的条件下，湿度大的情况失热更多，如果有风就会由于蒸发而产生更严重的热损失，人的温暖感的降低与潮湿感的增加使人感觉不舒适，因此，“湿冷”比“干冷”更冷且使人更不舒适。

由以上分析可知，湿度总是和空气温度、风速共同作用从而影响人的热舒适[27]，“湿热”“干热”“湿冷”“干冷”气候下人对环境的适应性并不相同。

2.3.5.3　人体热舒适与太阳辐射

太阳辐射对人体的影响有两种途径，一种是太阳辐射直接作用于人体，另一种为通过建筑围护结构间接作用于人体。

太阳辐射对人体直接的热作用取决于人体相对于太阳的姿态、衣着、周围地表的反射率及风速等条件[24]。太阳辐射、新陈代谢率及衣着条件等各种作用之间的相互影响，通过实验所得到的结果列于表 2.1。人的姿态也会影响太阳辐射对人的作用，表 2.2 为一项实验结果，其中列出在不同的风速条件下，太阳辐射对于人在坐着或步行时所造成的排汗率增量。风速可降低太阳辐射的增热，而其作用量的大小则决定于衣着。表 2.3 给出太阳辐射、衣着及风速等作用之间的相互影响。其中按照衣着及风速条件列出了由于受太阳辐射而造成的人体失重（即排汗率）的平均增量（休息及工作时）的平均值。

表 2.1　太阳辐射对于衣着、工作条件有关的排汗率（g/h）提高量的影响

活动情况	半裸	穿衣	差值
坐着	324	132	192
工作	240	176	64
平均值	282	154	128

表 2.2　人的姿态对于因太阳辐射而造成的排汗增加量（g/h）的影响

风速/（m/s）	坐着	步行
1	341	259
2.5	306	220

表 2.3　与衣着及风速有关的、由于受太阳辐射所造成的排汗增加量（g/h）

风速/（m/s）	半裸	夏季薄衫
1	300	191
2.5	263	122
差值	37	69

太阳辐射对人体间接的影响是通过建筑的围护结构来实现的。建筑围护结构与外界环境的得热与失热，引起室内各个表面的平均辐射温度升高或降低，而辐射温度的升高或降低会对人体与环境的辐射换热造成影响，从而影响到人体的失热或得热。平均辐射温度的提高对于仅穿短衣的人在生理反应方面影响的研究表明，平均辐射温度每增加 1℃，可提高排汗量 11g/h。当平均辐射温度增加至高于气温（22℃）时，直肠温度平均可增加约 0.6℃，脉搏平均每分钟可增加 15 次。在较高的气温中，平均辐射温度提高的作用特别明显。Houghten 等对平均辐射温度的变化对于其热感觉的影响做了研究，结果表明，当人穿着标准的冬季衣服时，

平均辐射温度每改变 1℃，平均相当于有效温度改变 0.5℃，或相当于气温变化 0.75℃[24]。

因此，平均辐射温度对人的生理和热感觉的影响，使得人的舒适温度在原有基础上增加或减小，辐射温度和空气温度对人体热感觉的共同影响，可通过操作温度来体现。

2.3.5.4　人体热舒适与气流速度

气流速度从两个不同方面对人体热舒适产生影响。第一，它决定着人体的对流换热；第二，它影响着空气的蒸发力从而影响着排汗的散热效率。空气流速对前者的影响取决于室内的温度高低，而对后者的影响又与空气中水蒸气分压力有关。当空气温度低于皮肤温度时，气流速度的增加总是产生着散热效果，温度越低，此效果越明显。由于冬季室外温度较低，人们通常很少开窗，室外即便有风，室内风速也较小。

当空气温度高于皮肤温度时，气流速度的两种影响在不同的方向起作用。当皮肤潮湿而排汗的散热效率低于 100%时，增加气流速度，对于排汗效率的影响大于对对流换热的影响。此时，较高的气流速度可减少由于皮肤发湿而产生的主观不适感。但气流速度的这种作用仅延续到皮肤变干为止。皮肤干燥以后，进一步增加气流速度对于排汗的散热效率不再能起作用，但其对流换热的影响仍在继续。所以，高气温时，气流速度有一最佳值，达到此值，空气的运动产生最高的散热力。低于此值，就由于排汗效率降低而产生不舒适及造成增热；超过此值，即造成对流加热。这一最佳气流速度并非恒定不变，而是取决于气温、湿度、新陈代谢水平及衣着条件[24]。在其他条件相同的情况下（温度、新陈代谢率及衣着等），要想维持同样的热应力感觉，湿度高的地方所需的风速更大，故干热地区风速加大对人们生理适应能力的加强效果比湿热地区更明显，干热地区人们适应的温度范围要大于湿热地区。因此，风速对人体热舒适的影响与空气温度和湿度相互耦合。

2.3.5.5　人体热舒适与大气压力

在标准大气压±30%的范围内，大气压力对人体热舒适影响可不予考虑[28]。但对于低压缺氧的高原气候下，由于海拔较高，环境压力低于正常海拔大气压力，空气密度随之降低，水分的蒸发扩散增加，使得自然对流换热和强迫对流换热引起的干热损失都有较大幅度减弱[29,30]，但低气压下的人体的蒸发散热量却会增大。因此低压下人体与外界的热量交换特性发生明显改变，这样的热质转移可能引起身体的热损失进而影响人们的热舒适感觉[28]。另外由于空气中氧浓度降低使人体内血氧浓度降低，这对人体新陈代谢率产生较大的影响。

张英杰等通过模拟低压舱的正交试验得出，低压下压力对人体平均热感觉的影响仅次于温度[31]；在其他环境参数不变的情况下，人体皮肤温度和人体热感觉均随压力降低而降低[32,33]。男女热中性温度随压力的降低而升高，压力越低，两者差值越大，但女性热中性温度高于男性热中性温度的趋势保持不变[34]。Hideo等[35]用减压舱实验室研究证明，低气压环境中人的生理调节机能、人体与周围环境的散热特性及人的热感觉都随压力的降低而不同于常压条件。因此，高原低压缺氧气候条件下的室内外环境参数及人们的热反应呈现出与常压下不同的特性。

综上所述，在热舒适的气候影响因子中，虽然温度是最主要的影响因子，但温度、湿度、太阳辐射、风速、大气压力这几个要素总是相互作用相互耦合，共同作用于人体的热适应。

2.3.6　热适应的调节机理

热适应是人体与环境不断交互作用的结果。从图 2.9 可以看出，该图不仅包含了静态热平衡理论为基础的 PMV 模型，也将两种热调节机制及影响适应性的各种因素包含在内，通过生理适应和心理适应两种方式的反馈过程反映出来。

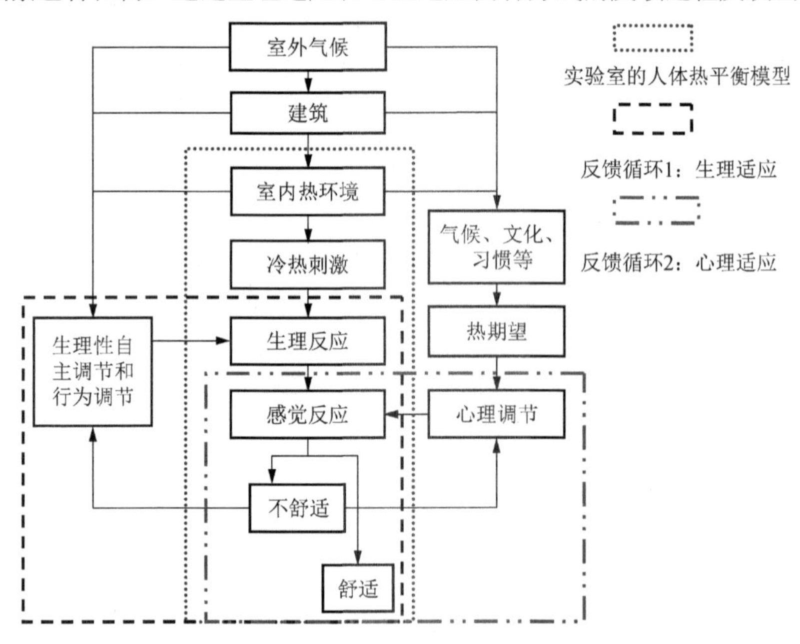

图 2.9　热适应的影响机制

人体对当前室内热环境的感知是通过“物理刺激—生理反应—热感知”的传递过程，在稳态条件下，物理刺激和热反应之间是一一对应关系，人对环境的感知结果是舒适和不舒适两种情况，如图 2.9 中虚线所示。在真实环境中，室内热环境受室外气候和建筑设计、围护结构做法及环境控制方式的影响而与实验室环境有所不同，但人体对室内热环境的感知依然遵循以上过程，当感知结果舒适时，人们就对当前的室内热环境表示满意，不需要再通过任何调节方式来改变此时的状态；当感知结果是不舒适时，人们就会通过生理和心理的反馈与环境进行多种交互作用，使自身逐渐恢复到舒适的状态，因而可以说，不适感是人体热适应的驱动力。这两种反馈循环分别是：

1. 生理调节反馈（反馈循环 1：以体温恒定为目的的自主调节和行为调节）

与静态热平衡模型中将不舒适或者不满意作为反馈结果相比，适应性热舒适理论将不舒适看作是一个反馈的起点。除了生理调节，行为调节也是对热环境反应最快的一个反馈，当人感到不舒适或者不满意时，会采取相应的行为措施，最常见的如变换着装、改变姿势以及改变通风装置等。人们在这种长期经历的特定的热环境的作用下，形成了对该环境的适应能力，并且能够协助机体进行积极地生理调节[4]，特别是在偏冷或偏热环境下显著改善人体的不舒适感，增强人体对变化环境的适应能力。

2. 心理调节反馈（反馈循环 2：以热期望和热经历为主的心理调节）

心理适应受过去热经历和未来热期望的影响而显著不同，人们根据过往长期的热经历和对未来环境的热期望，在心理上建立了对当前热环境的某种舒适标准认知或期望值。当主观感知结果与期望值趋向一致时，人们更容易获得舒适和满意感[4]。

在热适应的两个反馈循环的输入要素中，人体的生理和心理调节会受到室外气候和建筑室内微气候（是由建筑围护结构设计以及室内环境控制方式决定的微气候）的共同影响，在与环境的不断交互作用过程中逐渐形成适应，不适感随之减弱。

2.4 热适应的影响因素

de Dear 和 Brager[36]指出，热平衡理论和热适应理论之间最本质的区别是：前者的热舒适是借助于即刻影响能量交换的热平衡的结果决定的，而后者需通过大范围的背景因素来预测热舒适。在真实环境中，Humphreys 最早发现气候、建筑和中性温度之间具有密切关系[37]，并得到 de Dear 和 Brager 的进一步确认。所有的适应都需要时间去完成，因此，这里把气候、建筑和时间作为热适应最主要的影响因素进行讨论。

2.4.1 气候

Auliciems 早在 1969 年就指出，室内温度的高低和使用者的热期望在很大程度上依赖于室外气候[38]。在不舒适时可以采取一些手段来改善热感觉，最终同样可以达到热舒适感。这些行为调节让人对环境变化有一定的适应能力。当温度变化时，人们可以加减衣服、使用风扇或打开窗户等，使得其对舒适温度的实际投票结果比理论预期结果宽广很多。

气候对人体热适应的影响有如下两个方面。

2.4.1.1 对生理和心理的影响

不同地域的人有不同的体表特征，这些特征多是为了适应当地环境而逐渐形成的，这反映了人体在生理方面具有很强的气候适应性。温度较高时，人们的皮肤调节速度和出汗率较快，加快身体向外散热；温度较低时，人们的皮肤调节速度减慢，减少机体向外散热，从而减少热不舒适感。

不同地域的人对环境的期望值也有所不同。长期居住在炎热或者寒冷地区且没有空调和采暖的人，觉得自己注定要生活在较热（或较冷）的环境中，从心理上就做好了承受室内较高或较低温度的准备，并且当人们能够对引起不快的因素加以控制时，不快的程度将会减弱，因而对热（或冷）的心理承受能力更强。因此，生活在热带的人更能适应较高的温度，生活在寒带的人对冷的适应能力明显增强。

2.4.1.2 气候对人行为的影响

室外气候对服装、开窗、使用风扇、加热器或空调等适应行为的影响已得到了广泛和系统的研究[39-42]。1993～1994 年，Nicol 等[43]在巴基斯坦的热舒适调查中给出了开窗、风扇、取暖器和增、减服装的百分比随室外空气温度或室内黑球温度的变化规律，在室内温度高于 30℃后，风扇的使用率达到了 90%以上，开窗通风的比例超过 50%；2004 年，Nicol[44]通过对现场研究中各种环境控制手段与室内外温度的关系分析后指出，加热或制冷设备的使用比例和室外温度的关系比和室内温度的关系更为密切。当室外温度超过 15℃时，人们一般不再使用加热设备，当室外温度在 25℃的时候，有人开始使用制冷设备。其他控制行为与室外温度的关系如图 2.10 所示。

Fishman（1982）早期的研究中，在英国的一个办公建筑中对 26 名人员的着衣习惯进行一年的观测，发现服装热阻很大程度上取决于室外气候和季节（特别是对于女性），而且根据回归模型室外周平均温度升高 1℃，则着衣量相应的减少 0.02clo[45]。这项研究论证了该假设：人体中性温度与室外温度具有统计显著性，部分源于行为调节对人体热平衡的直接影响。Carli 等[46]研究了加、减衣服等适应性行为与室内外气温的关系，研究表明在自然通风环境下衣服的选择主要是受室外气温的影响，早晨 6:00 的室外气温对人们选择衣服的影响最大。美国加州大学伯克利建筑环境研究中心的 Stefano[47]通过对 ASHRAE RP—884 和 RP—921 数据库的再分析，建立了服装热阻与早晨 6:00 的室外空气温度之间的函数关系。

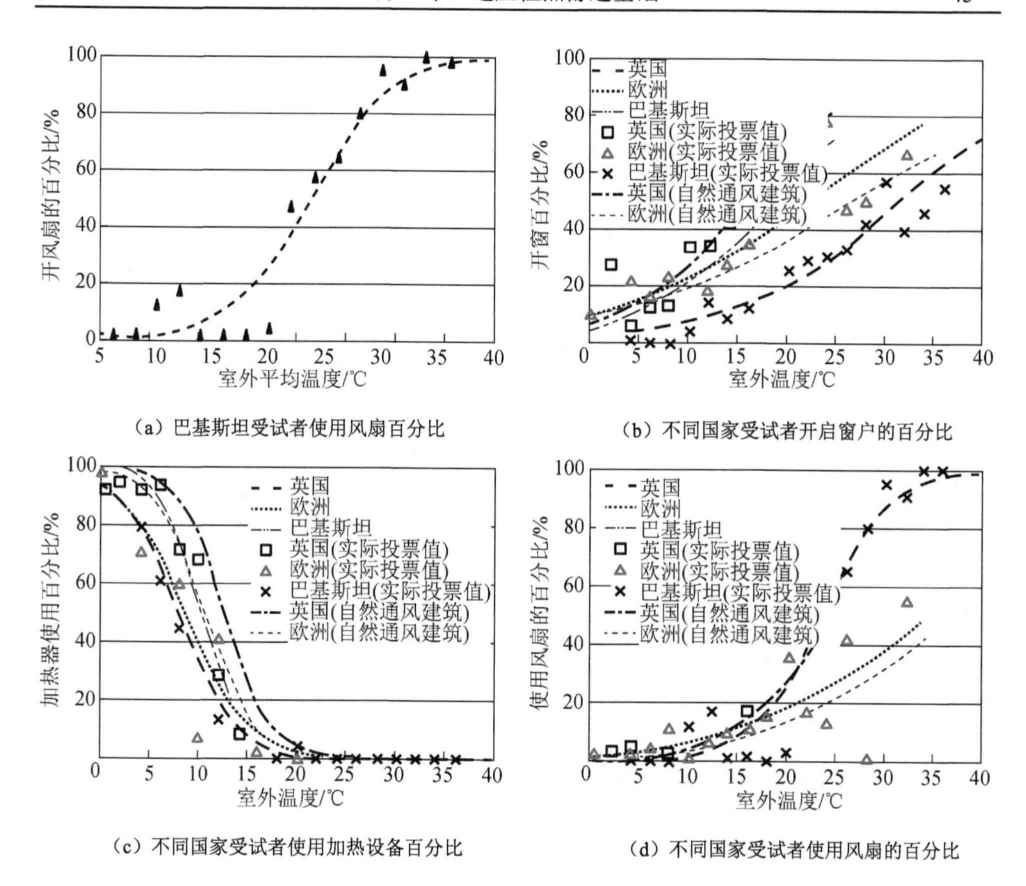

（a）巴基斯坦受试者使用风扇百分比

（b）不同国家受试者开启窗户的百分比

（c）不同国家受试者使用加热设备百分比

（d）不同国家受试者使用风扇的百分比

图 2.10　使用控制的行为比例与室外温度的关系

（图片来源：Nicol,1999）

国内在开窗行为、使用设备的行为以及服装调节等适应行为和室外温度之间也展开了类似的研究，如湖南大学的陈伟煌[48]、华南理工大学的陈慧梅等[49]，研究表明，适应行为与室外温度之间具有强烈的相关关系。

因此，在不同气候和建筑类型中的人，其热反应因热适应作用的不同会有所不同。相对于极端或恶劣的气候条件，温和气候条件下倾向于为使用者提供更多的适应机会，生活在热带的人更能适应较高的温度，生活在寒带的人对冷的适应能力明显增强。因此，不同的室外气候类型，将会形成不同的适应水平。

2.4.2　室内微气候

室外气候通过建筑作用于室内，不同的建筑形式和环境控制方式产生了不同的室内微气候。采暖空调建筑的室内温度一般控制在人体的中性温度附近，以保证室内人员用于体温调节所消耗的能量最少。由于缺少偏离中性环境的刺激，长期停留在采暖空调环境里的人对冷热刺激的生理调节能力逐渐被削弱，对室内温度的要求就较为严格。对于自然通风建筑，室内温度随室外天气和季节的变化而波动，人们通过生理、行为和心理适应其所处环境，从而达到如图 2.8 所示的适应温度区。在该区内，室内人员通过扩张或收缩的血管运动来促进或抑制散热，当这种最基本的生理调节不能够维持体温的恒定时，机体就会通过体温调节中枢神经系统，刺激汗腺或骨骼肌等进行物理性蒸发散热调节或化学性蒸发产热调节，在经过寒冷和炎热环境的反复刺激作用后，人体对冷热的生理调节能力逐渐得到加强，对多变的热环境逐渐产生了适应，感觉适宜的温度区间也因此能够维持在一个较大的范围。

实验研究证明，长期在自然通风建筑中工作、生活的人群对偏热偏冷环境的生理性体内适应能力（如自然通风建筑中人群的皮温调节速度较快、胸足温差较小、夏季出汗量较大，冬季肌肉紧张感和冷战现象发生强度较低等）要强于长期在人工控制环境下工作、生活的人群[4]；现场研究表明，相对于采暖空调建筑，自然通风建筑中人们的行为调节内容更加丰富，即“适应机会”更多[50]，如开关门窗，加、减衣服，喝冷、热饮料，运动或者静止等，也包括人们在工作场所对着装的限制。如果使用者有更多控制建筑的机会，他们就会更乐意接受所处的热环境[51]。因此，国内外的现场研究均表明，自然通风建筑人们的舒适温度比空调建筑更为宽泛[52-58]。

除了建筑的运行模式外，建筑类型也可能影响到人们的适应性，如 Brager 和 de Dear 通过综述后发现[59]，英国住宅的平均温度比办公建筑要低，住宅的中性温度和偏好温度也显著低于办公室，这是因为英国居民为减少供热费用，积极利用适应机制从而在较低的温度中也可以维持舒适。另外，建筑设计还会影响到适应机会，如窗户的尺寸和位置、能否开启，使用者距离窗户多远，是否有遮阳设备，遮阳设备是否可受使用者控制，建筑的内部布局是独立办公单元还是开放式的办公布局，制冷或加热设备是每个工位可控还是小范围内可控等，都会影响到人们的适应机会，中性温度也可能会不同。

因此，即便在相同的室外气候条件下，不同的建筑运行模式和建筑类型，其所创造的室内气候也截然不同，人们的适应能力也存在差异。

2.4.3　适应时间

人类天生喜欢自然变化的环境。在自然通风建筑中，室内的热环境随时间不断变化，人们为了与这种可变的室内环境相适应，将会不断地采取一系列措施，包括通过如姿势、衣着的自主调节来适应变化的环境，最终达到一种新的舒适状态，从而形成了随室外气候连续变化的舒适温度[51]。这种在反复不断的外界环境的刺激下产生了生理适应和心理适应，而且随着外界环境刺激的强度和持续时间的不断调整，都需要时间去完成[52-59]，从而形成日周期、5 日周期和季节周期的变化规律。因此，时间是反映气候与热适应关系的重要因素。由于不同的行为适应需要的时间并不相同，如开窗仅需要一点时间，而服装从冬到夏的变化则需要更长一些的时间，因而每一层面的适应都有它自己的“时间常数”(time constant)，它的确定方法还需要进一步研究。

de Dear 等认为，人类的热感知系统具有预警功能，当人们感觉到冷或热刺激时，就会提前启动行为调节机制去应对。行为适应是在若干时间尺度上进行的，Nicol 和 Humphreys[51,60]建议采用指数权重连续平均温度来反映舒适温度和服装热阻的时间常数。Morgan 和 de Dear[61]通过研究指出过去两三天内的室内日平均温度对服装行为的影响占到 50%，人们的服装行为反应相对于室外日平均温度的延后模式可以被认为是适应性热舒适机制时间尺度上的代名词，即服装行为是对过去热经历的一种判断，也是对未来热环境的一种心理期望。因此，对于深层次的自主性生理适应过程来讲，服装行为的时间常数相对较短。

生理适应也即热习服[62]。当热强度较大，体力活动较强时，第 4～5 天有 80%的人会产生生理适应，1 周内则完全可以适应。在自然气候条件下完成热适应所需的平均时间一般为 2 周左右。热适应能力可保持一段时间，离开环境 1～2 周后，适应逐渐消失，即脱适应现象。各人脱适应速度不同，大部分在 1 个月或 6 周内完全消失[63]。Brager[59]在对热适应时间的文献综述中指出，通过对过热着装和日常热作业的实验表明，当热暴露的强度大到可提高核心温度，从暴露的第一天热习服就开始出现，在第三天或第四天即达到完全发展。对于冷习服，如果是以每天坐姿活动的方式被动经历的热暴露，冷习服则可能需要更长时间，在南非的办公人员，对季节正常变化过程的被动暴露，热习服的时间尺度可能在周到月的数量级上。

遗憾的是，目前还没有找到研究心理适应反应时间尺度的文献，原因可能是没有研究者把心理适应从其他适应过程中分离出来。

2.4.4 其他因素

适应性热舒适除受以上三个主要因素影响外，还受社会制度、生活习惯、经济条件、性别和种族等的影响。如建筑内部的使用情况，雇员是否整天待在同一工作地点，建筑使用者的着装标准是严格规定还是随意选择，用于控制热环境的初始投资和运行费用，人们使用设备调节设备时是否付费等，着装部分受社会礼仪的限制（如婚礼），姿势受任务的限制，窗户的开启可能受室外的噪声和烟尘的影响，以上因素均会影响到人们的适应水平，进而影响到热舒适。Humphreys 通过研究发现对于在相同的衣着、活动量的情况下，同一个人在办公室、家里、气候实验室等不同环境下对暖的感觉有显著差异[64]。张慧等认为个人的生理差异会影响人在环境中的舒适感觉[65]。Nakano 等对同一地方不同种族的热舒适进行了研究，发现日本与非日本工人之间的室内环境热感觉存在着显著性差异[66]。Madhavi[67]通过对印度自然通风住宅的调研后指出，年龄、性别和对住宅的拥有权对热舒适影响不大，然而女性、年老者以及拥有房产的人的热可接受度较高，受试者的经济水平对热感觉、热偏好、热可接受度以及热中性都有显著的影响。Parsons[68]通过实验室研究了性别、热习服、调整服装的机会以及身体是否残疾对热舒适要求的影响。研究表明，在热舒适、温度期望和使用温度调节装置上男女存在显著的性别差异[69]；冬季在同样的环境条件下，女性比男性感觉更温暖更不满意，女性受试者冬季的工作满意度、冬夏两季的对室内环境的可感知控制能力与工作场所的舒适感觉是呈正相关的关系[21]。

2.5　热适应的研究思路

通过对不同地区、不同建筑（尤其是自然通风建筑）的大量的热舒适现场调研，发现了人体中性温度的多样性，在较宽的温度范围内出现的舒适感（图 2.11）、以及与室外气候特征紧密联系的相关关系（图 2.12）。如此丰富的中性温度变化，大大超出了稳态热舒适理论所建立的预测方法和热舒适标准所划定的较为狭窄的温度范围。对此，国内外学者力图从热适应角度寻求合理解释，建立了热适应理论基础，形成了两种具有代表性的 PMV 修正模型和热适应模型的研究思路。

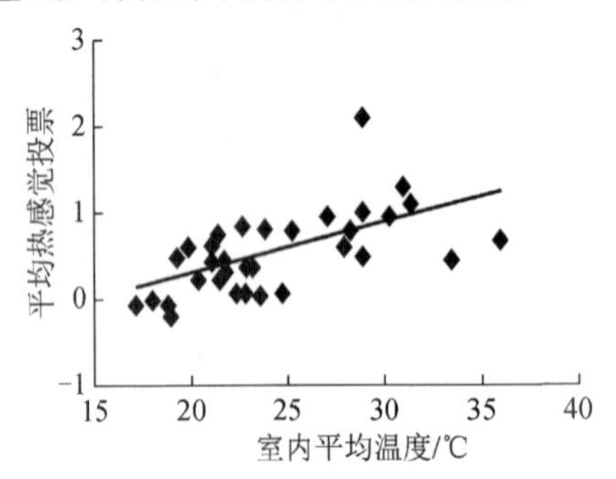

图 2.11　较宽温度范围内的舒适感

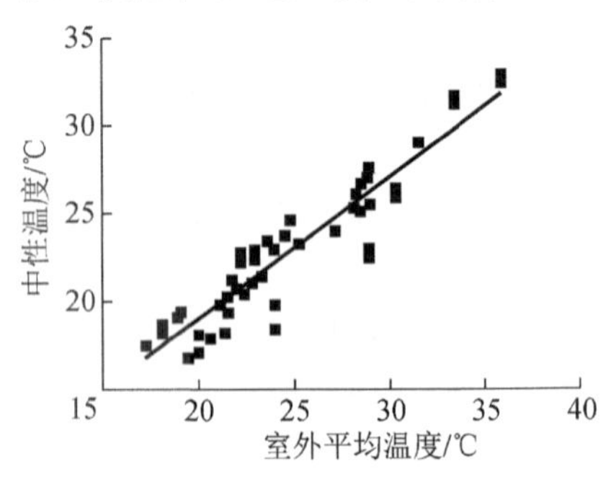

图 2.12　中性温度与室外平均温度的紧密关系

2.5.1　PMV 修正模型

2.5.1.1　Fanger 的期望因子

作为稳态热舒适理论 PMV 模型的创始人，Fanger 认为[70]，在非空调环境下，PMV 模型没有考虑人对实际环境的期望和心理适应，是造成 PMV 模型误差的主要原因，从而提出了采用“期望因子”（expectation factor）e 来修正 PMV 模型的方法，即用 PMV 值乘上一个相应的热期望因子，即

$$\mathrm{PMV}_e = e \times \mathrm{PMV} \tag{2.1}$$

影响期望因子 e 的两个关键因素分别为气候和建筑，即全年炎热天气的持续时间以及非空调建筑与当地空调建筑的对比。初步估计值见表 2.4。

表 2.4　热气候自然通风建筑的期望因子[71]

期望	建筑分类	期望因子
高	自然通风建筑所在地区的空调建筑很普遍，热的时段在夏季短暂出现	0.9～1.0
中	自然通风建筑所在地区有一些空调建筑，夏季炎热	0.7～0.9
低	自然通风建筑所在地区很少有空调建筑，热天气贯穿所有季节	0.5～0.7

Fanger 和 Toftum 以及后续的研究学者[70,72-76]在泰国、新加坡、希腊、澳大利亚、中国等国家的非空调建筑中提出了不同的期望因子如表 2.5 所示。

表 2.5　不同城市或地区的期望因子

城市地区	期望因子	参考文献
泰国曼谷	0.6	[77]
新加坡	0.7	[77,78]
希腊雅典	0.7	[77]
澳大利亚布里斯班	0.9	[77]
上海	0.64	[79]
长沙	0.8	[80]
广州	0.7	[81]

在 Fanger 和 Toftum 提出的热适应模型[70]中，热期望被认为是解释 PMV 模型高估热气候中非空调建筑人群热感觉的恰当因素。模型提出了期望因子以预测实际的热感觉，并假定其与全年热天气的持续时间和自然通风建筑是否可与当地其他空调建筑相比这两个因素相关。模型由 Fanger 和 Toftum[70]及其他研究者[79-81]通过与热气候下自然通风建筑的现场观测结果相比较而得到部分验证。

2.5.1.2　姚润明的自适应系数

根据现场调查发现室内热舒适温度与室外月平均温度有着较好的回归关系，重庆大学姚润明[82]以此为出发点，把这种现象用自动控制理论当中的“黑箱”理论加以描述，考虑了诸如气候、文化、社会、心理和行为适应，建立了热舒适的理论适应模型，该模型被称为适应性预测热感觉投票模型 APMV（adaptive predicted mean vote)，提出了反映影响热感觉的各种适应因素的适应系数 λ，建立了实验室研究和现场研究的两者之间结合的关系，提出的模型具有与期望因子不同的形式，模型被描述为

$$\mathrm{APMV}=\frac{\mathrm{PMV}}{1+\lambda^{*}\mathrm{PMV}} \tag{2.2}$$

姚润明[82]和 Manoj Kumar Singh[83]采用最小二乘法，基于现场调研的结果，分别得到了重庆和印度不同地区自适应系数 λ 的不同季节的取值，温暖气候条件

下 λ 取值为正，寒冷气候条件下 λ 取值为负。重庆地区冬季 λ 的取值为−0.125，夏季 λ 的取值为 0.293，印度三个不同气候区不同季节的取值各不相同。

2.5.1.3　清华大学的修正 PMV 模型

以赵荣义和朱颖心为核心的清华大学热舒适研究小组，长期进行动态热环境下人的热反应研究。研究表明，除了气流的平均速度存在差异外，自然通风环境和空调环境在气流的功率谱密度、湍流强度等动态特征方面也存在着差异，而这些气流的动态特征能有效改善人在偏热环境下的不适感。PMV 模型基于气候室实验建立，其气流动态特征与空调环境相近，由此造成 PMV 模型在自然通风环境中出现偏差。偏热环境下，富含动态特征的自然风能有效改善人体不适感，从而形成较高的中性温度[84-86]。

人体对气流动态特征的感知被认为与适应有关，人作为自然界的产物，更加适应于富于变化的自然风气流。相对于空调环境，自然通风环境除了平均风速强度、气流的动态特性不同外，还存在以下不同，如环境温度、湿度的差异，人的自我调节行为（服装及调节设备的使用）的差异等。周翔等[87]通过实验室的研究表明，当环境偏离热中性后，室外日平均温度 $T_{out,d}$、室内操作温度 t_{op}、平均风速 v 均会影响到预测热感觉投票 PMV 和实际热感觉投票 TSV 之间的偏差，即 ΔPMV，而服装热阻对两者的偏差影响不明显。在此基础上，通过多元线性回归提出了包含以上影响因素的修正 PMV^* 关系式为

$$PMV^* = PMV - \Delta PMV$$

$$\Delta PMV=6.961-0.26\times t_{op}-0.262\times T_{out,d}-5.104\times V+0.01\times t_{op}\times T_{out,d}+0.21\times T_0\times V \quad (2.3)$$

式中：ΔPMV 为修正 PMV；t_{op} 为操作温度（℃）；$T_{out,d}$ 为室外日平均温度（℃），v 为室内风速（m/s）。

式(2.3)的修正 PMV 模型在以下环境参数范围内适用：室外日平均温度 10～32℃，室内操作温度 26～32℃，平均风速≤1.4m/s。经修正后的 PMV^* 模型能够反映偏热环境下不同室内外环境参数对热感觉的影响，具体表现在修正值 ΔPMV 的差异。

2.5.2　热适应模型

Humphreys 第一次对全球热舒适现场研究的数据进行系统整理，他发现人们的中性温度与室外气候条件有关，还首次提出了利用室外温度来预测中性温度的方法，建立了热适应模型，即中性温度与室外温度之间的线性关系式[37]。

$$T_{comf}=0.33\times T_{a,out\_av}+18.8 \quad (2.4)$$

式中：T_{comf} 为舒适温度（℃）；T_{a,out_av} 为室外月平均空气温度（℃）。

该模型的意义在于：

（1）拓展了热舒适的研究方法，使热舒适的研究从单一的实验室研究方法转向实验室和现场研究相结合的方法，所得结果更切合实际情况。

（2）提出一种新的研究思路，实验室的 PMV 模型是在给定的环境参数组合下预测人们的热感觉，而热适应模型则是预测人们在什么样的室内温度条件下可能达到舒适。

（3）适应模型考虑了人对气候的适应性，扩展了人们感觉舒适的温度范围，减少使用采暖空调的时间和能耗，因而可以达到节约能源的目的。

因此，为解释实际观测结果，建立具有普适性的基本关系式而提出的热适应模型是建筑环境人体热适应研究中最为标志性的成果之一。

2.5.2.1　Humphreys 和 Nicol 的热适应模型

Humphreys 和 Nicol 收集现场研究结果，与人体热平衡模型指标进行了对比，最早提出了热适应模型以解释两者的差异。在自然通风建筑中，人们感觉舒适的温度与室外平均温度呈强烈的线性关系。其热适应的原则表示为“如果像产生不适感这样的变化出现，人们以维持舒适的方式加以反应”。其中的反应即指适应，包含所有生理、心理、社会、技术、文化和行为上可能出现的适应性反应。各种适应性反应受到诸如气候、富裕程度、文化、工作条件和社会背景等因素约束，由此呈现不同的适应形态。约束较少、适应机会较多的环境中，适应发挥强有力的作用，中性温度趋近于实际环境温度；相反，约束较多的环境适应机会不足，适应不充分或不完全（中性温度偏离实际环境温度）。

在 Humphreys 和 Nicol 的热适应假设中，人不再视为感受的被动接受者，而是处于与热环境主动交互的动态平衡中[88, 89]。人与其周围的物理和社会环境被视为动态系统，舒适和不适感具有动态特征，时间在热适应模型中发挥着重要作用。

在 1996～2000 年，Nicol 和 Humphreys 在欧洲范围内也开展了名为“SCAT（the smart control and thermal comfort project）项目”的热舒适现场调研[52]，通过汇总欧洲热舒适现场研究的数据，采用 Griffiths 常数确定中性温度，指数权重连续平均温度作为室外温度的指标，得到了欧洲热适应模型的控制算法[90]，并成为欧洲自由运行建筑适应性热舒适标准[91]的基础。

2.5.2.2　Brager 和 de Dear 的热适应模型

Brager 和 de Dear 通过综述和参考环境学与心理学文献[59]，第一次系统地提出了建筑环境人体热适应模型。模型的两个基本前提是“人不再是给定热环境的被动接受者，而是通过多重反馈循环与人—环境系统交互作用的主动参与者”和“通用术语‘适应’泛指在反复环境刺激下机体反应的逐渐减弱”。其中，反馈视为适应发生机制的重要特征，并将适应明确分为三种方式，即行为调节、生理习服和心理适应。根据模型的概念性描述，人们感知到的热不适可通过热适应三种方式的反馈循环作用在一定程度上得到减弱。

Brager 和 de Dear 认为，只有将热平衡方法与适应方法的特征相结合，才能最终掌握实际建筑中所有影响人体热反应的因素[59]。据此，他们尝试用 PMV 模型预测实际建筑的中性温度，而后将预测与实测间存留的差别用适应假设予以解释。行为调节反馈通过服装热阻和风速等参数的变化体现在 PMV 模型中，生理习服反馈经由气候室实验结果间的对比而忽略，心理适应反馈则被视为自然通风建筑中 PMV 模型出现偏离（图 2.13）最有可能的解释。

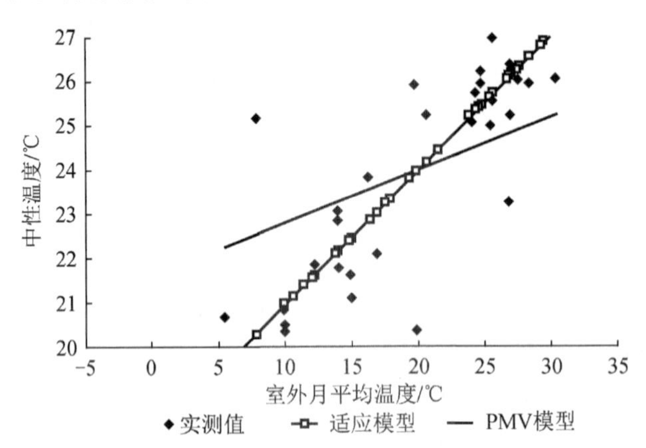

图 2.13　自然通风建筑 PMV 预测值与实测值的差异

Brager 和 de Dear 对心理适应机制的表述以期望为核心。心理适应是指由热经历和热期望引起的热环境感知或反应的改变，以往在建筑中的热经历形成了对此建筑未来热性能期望的基准，包括感知控制的大量背景因素可能影响到热期望和热反应[59]。

1998 年，Brager 和 de Dear 在全球范围内开展了有名的 RP—884 项目[92]，建立了 ASHRAE 现场研究世界数据库，通过对 21 000 套数据的观察和适应性分析，选用操作温度作为室内热环境指标，采用分组平均和按样本量加权回归的方法计算中性温度，以室外月平均温度作为室外气候指标，建立了自然通风建筑中性温度随室外平均空气温度变化的热适应模型，如式（2.5）所示，并将其纳入美国标准指导实际工程应用。

$$T_{comf}=0.31\times T_{a,out\_av}+17.8 \tag{2.5}$$

式中，T_{comf} 为舒适温度（℃）；T_{a,out_av} 为室外月平均空气温度（℃）。

2.5.2.3　国内外其他热适应模型

现场研究因富含实际建筑的真实性、人与环境的交互作用和各种适应机会，是热适应研究的重要组成部分。除了以上提到的较大规模的三次整合研究外，世界各国近年来都陆续开展了小规模的现场调研，如图 2.14 所示。

可以看出，国外的热舒适现场研究涵盖了世界上大范围的气候类型，包括办公楼、住宅和教室在内的 300 栋建筑。国内的热舒适现场研究始于 1993 年，谭福君[93]首次在我国严寒地区开展了办公建筑冬季室内热环境和舒适性的调查研究；1998 年清华大学夏一哉等在北京 88 户自然通风居民住宅进行了热舒适的现场测试和问卷调查[94]。随后，在我国东南沿海等地陆续开展了热舒适的现场研究，如图 2.15 所示，研究涵盖了我国东部的大部分地区，包括温带、亚热带和热带在内的所有季节性气候区，但对我国西部的大部分区域以及西部典型的温带大陆性气候及青藏高原高寒气候区，热舒适的现场调研仍较少。

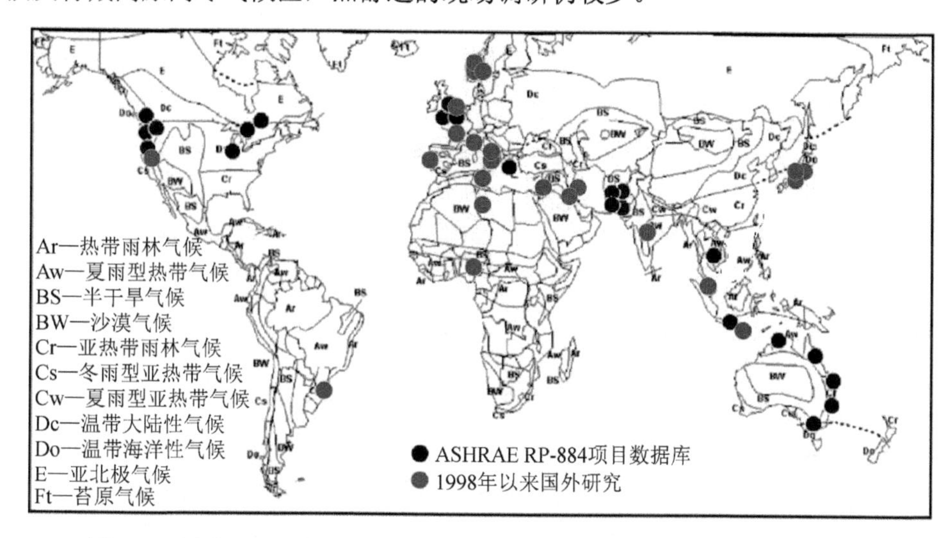

图 2.14　国外现场研究气候分布图（在 Rudloff 绘制地图的基础上修改而成）

（图片来源：张宇峰，2010）

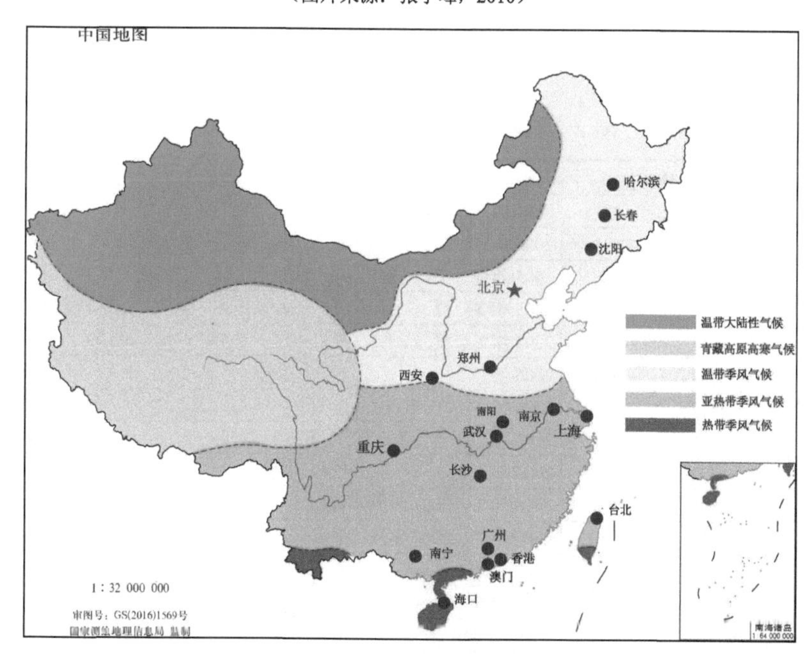

图 2.15　国内现场研究气候分布图[5]

（图片来源：张宇峰，2010）

各地区由于气候、地理、文化、技术以及人们生活习惯、生活水平、生理特点等各方面的差异，各地所得的热适应模型不尽相同，表 2.6 列出了国外部分学者得到的热适应模型。

表 2.6　国外热适应模型汇总

研究者	热适应模型	调研时间/年	调研地点	样本量
Humphreys[96]	T_n=0.534T_{a,out_av}+13.5	1976 年之前	非洲、美国、亚洲、欧洲、澳大利亚	200 000
Nicol[43]	T_n=0.38T_{a,out_av}+17.0	1993,1994	巴基斯坦(五个城市)（短期）	4927
Nicol[97]	T_n=0.36T_{a,out_av}+18.5	1995,1996	巴基斯坦(五个城市)（长期）	7112
de Dear[92]	T_n=0.31T_{a,out_av}+17.8	1997,1998	澳大利亚、加拿大、希腊、印尼、巴基斯坦、新加坡、泰国、英国、美国	21 000
Heidari[53]	T_n=0.36T_{a,out_av}+17.3	1998	伊朗（短期）	891
Heidari	T_n=0.292T_{a,out_av}+18.1	1999	伊朗（长期）	3819
McCartney	T_n=0.33T_{a,out_av}+18.8	2002	法国、希腊、葡萄牙、瑞典、英国	4500
Bouden[98]	T_n=0.68T_{a,out_av}+6.88	2005	突尼斯	2400

注：T_n为中性温度（℃），$T_{a,out\ ar}$为室外平均空气温度（℃）。

国内的现场研究大多遵循国外现场研究的传统方法，得到不同气候条件下所在城市或地区的中性温度、可接受温度范围。基于我国五个主要城市的调研，杨柳[95]于 2003 年开创性建立了基于我国人群的中性温度与室外空气温度的线性关系式，并成为各气候区考虑被动式设计时的设计基准。2007 年，茅艳[11]在我国四个不同气候区各选择了三个典型城市作为代表，在此基础上得出了不同气候区的热适应模型。表 2.7 给出了国内现场研究热适应模型的汇总。

表 2.7　国内现场研究的热适应模型汇总

研究者	热适应模型	调研时间	调研地点	样本量
杨柳[95]	T_n=0.30T_{a,out_av}+17.9	2001 年冬、夏	哈尔滨、北京、西安、广州、上海	不详
茅艳[11]	T_n=0.12T_{a,out_av} +21.5	2005 年冬、夏	严寒（哈尔滨、长春、沈阳）	30
茅艳[11]	T_n=0.27T_{a,out_av} +20.0	2005 年冬、夏	寒冷（北京、郑州、西安）	30
茅艳[11]	T_n=0.33T_{a,out_av} +16.9	2005 年冬、夏	夏热冬冷（南京、重庆、上海）	30
茅艳[11]	T_n=0.55T_{a,out_av} +10.6	2005 年冬、夏	夏热冬暖（南宁、广州、海口）	30
杨薇[99]	T_n=0.25T_{a,out_av} +16.6	2006 年春季	长沙	不详
李俊鸽[100]	T_n=0.61T_{a,out_av} +14.7	2006 年冬 2007 年夏	南阳	1596
叶晓江[18]	T_n=0.42T_{a,out_av} +15.1	2003、2004 年全年	上海	1768
杨薇[101]	T_n=0.32T_{a,out_av} +17.5	2006 年夏	长沙、武汉、九江、南京、上海	129
韩杰[102]	T_n=0.67T_{a,out_av} +10.3	2006 年冬，2007 年夏	长沙	101
韩杰[102]	T_n=0.44T_{a,out_av} +9.2	2006 年冬，2007 年夏	岳阳	131
刘晶[75]	T_n=0.23T_{a,out_av} +16.9	2005，2006 年	重庆	3621
郭晓男[103]	T_n=0.28T_{a,out_av} +20.4	2005 年 6 月	哈尔滨	135
毛辉[23]	T_n=0.73T_{a,out_av} +9.0	2009 年全年	成都	1737
Mui[104]	T_n=0.158T_{a,out_av} +18.3	2003 年	香港	55 栋办公楼

注：香港为空调建筑，其他冬季为集中供暖或非集中供暖建筑，夏季为自然通风建筑。T_n为中性温度（℃），T_{a,out_av}为室外平均空气温度（℃）。

2.5.3　关于以上两种研究思路的讨论

PMV 模型修正方法。PMV 修正模型是采用修正系数的方法，利用稳态热平衡理论预测得到的 PMV 值来建立非空调环境下人体的实际热感觉。不同研究团队所得到的修正方法不同，分别以“期望因子 e”“自适应系数 λ”，以及 PMV 和 TSV 的偏差“ΔPMV”来表示。从修正模型的产生机理上说，Fanger 和 Toftum 认为“以往的热经历是人们对未来建筑环境形成热期望的基础”[71]，而气候和建筑是产生心理期望的两个主要因素，因为他们认为行为适应的作用可由 PMV 模型完全解释，因此，在修正时，提出的“期望因子 e”考虑了气候和建筑的影响。姚润明的“自适应系数”是从心理和行为两个方面考虑的，但把心理和行为对热舒适的作用，仍采用静态热平衡理论从模型的输入和输出来建立两者之间的关系，是一种黑箱理论。

修正后的 PMV 模型与 PMV 模型之间以线性和非线性的关系存在，不同团队之间所得到的关系式有较大差异，修正因子也因地而异，在缺乏大量调查数据的前提下，对于未知的城市、地区，期望因子和自适应系数的确定是一件很困难的事情，因此，以上模型的实际应用受到很大限制。

热适应模型的思路是基于统计学方法下所建立的，人们的舒适温度或可接受的温度范围是随室外温度的变化而变化的模型，通过模型来预测人们在什么样的室外温度下感到舒适。这种模型的建立是基于充满现实背景的实地调研，强调大规模的数据收集和统计方法的运用，除了考虑各个环境参数对人的影响之外，还引入了丰富的行为、文化和社会学等因素。考虑了环境的动态变化特性，考虑了人与环境之间的交互作用；强调了地域气候对建筑、人的主导作用，强调了人对物理刺激的感知不是单纯的一一对应关系，而是受各种背景因素的共同影响，而且这些影响必须通过实际建筑的现场调研才可以获知。因此，相对于修正 PMV 模型的不确定性，基于大规模现场调研的数据统计方法研究受到越来越多的关注。

由于适应模型来源于现实生活的调查研究，一定程度上反映调研地区人们对气候的适应性，所得结果反过来又指导所在地区的室内热环境设计，相对于使用基于实验室研究结果建立起来的热环境标准来说，在该地区更具有准确性。此外，人类在长期的进化过程中，为了适应不同的气候条件所产生的生理上的适应以及所采取环境调控手段，是人类抗衡自然并与自然和谐相生的体现。适应性模型体现了人们的主观能动性，反映了人们追随自然的倾向，反映了一种时代的思想。而且适应模型形式简单，更便于工程实践的推广使用。

综上所述，本书在第二种研究思路的框架下，针对中国地域气候的背景，通过汇总国内现有热舒适现场研究的成果，采用热适应的研究方法，建立我国典型地域气候条件下的适应性热舒适模型及方法，为建筑气候分析和被动式设计提供热舒适基准。

2.6 热适应在标准中的应用

热适应理论从出现至今，最大的贡献莫过于对标准的指导和修订作用。最近10年，国际上组织了几场大规模的现场研究，建立了代表性热适应模型，并相继被各国的标准所吸纳，形成自然通风建筑（或自由运行建筑）可供参考的热舒适标准，成为PMV预测模型的补充，如ASHRAE 55—2004[105]、Dutch Adaptive Standard（2005）[91]、CIBSE Guide Section A1 2006[107]、欧盟标准EN 15251—2007[108]。国外最早制定的适应性热舒适标准是ASHRAE 55—2004，到2010年，又进行了第二版的修订。其次是欧盟的EN 15251，而荷兰的适应性热舒适标准是基于ASHRAE热舒适现场调研的数据库。而我国的适应性热舒适标准于2012年10月宣布实施。

2.6.1 ASHRAE适应性热舒适标准

能源使用引起的CO_2排放对全球气候变暖所造成的影响，受到全球的普遍关注。美国采暖、制冷和空调工程师协会（ASHRAE），开始反思自20世纪以来所追求的“稳定的热舒适”理论和观点。2004年，美国ASHEAE在全球首先宣布在国家热舒适标准中采用热适应模型[105]（图2.16），该标准是建立在Brager和de Dear的全球热舒适现场调研基础上的热适应模型，如式（2.5）所示。

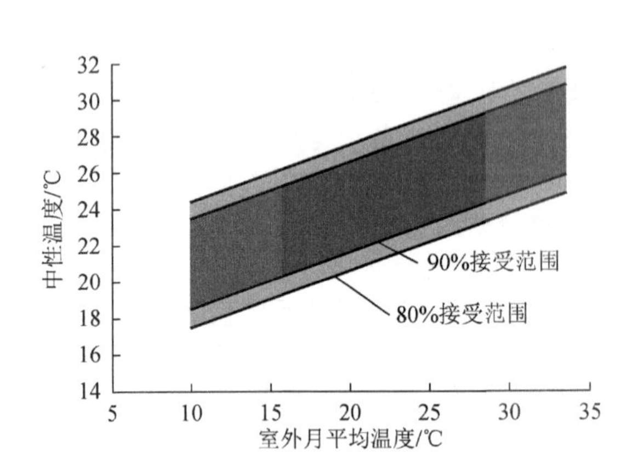

图2.16 ASHRAE 55—2004用于自然通风空间的可接受温度

（图片来源：de Dear, 2011）

这个标准适用于自然通风房间。图中中性温度的上下边界是按照热感觉投票来分别定义的80%和90%可接受温度的范围，其对应的热感觉投票值分别为±0.85和±0.5。通过计算得到80%可接受的温度范围为中性计算温度的±3.5℃，90%的可接受温度范围为中性计算温度的±2.5℃。该标准的使用条件是：室外空气温度范围在10～33.5℃；建筑是可以直接开启窗户的；使用者的新陈代谢率不超过1.3met。所得的可接受温度范围如图2.16所示。

2.6.2 欧盟适应性热舒适算法

欧盟在2000年前后，倡导的SCATs项目，目的是运用中性温度与气候相适应的热适应理论提出一种“适应算法”来建立一个可变的室内温度标准，在保证舒适感的同时，减少设备系统的能源使用。项目覆盖了法国、希腊、葡萄牙、瑞典和英国5个国家的26栋办公建筑，并建立了一个热适应算法（adaptive comfort algorithm, ACA），如式（2.6）所示。方程在室外温度在10～30℃时适用，且是过去7天内室外温度的指数权重相平均的结果。按照α=0.8来确定，其含义是室内中性温度将随室外温度的变化而随之变化，并在3.5天里完成一半的衰减，即半衰期为3.5天。

随后，欧盟的EN 15251标准吸收了基于SCATs数据库所得到的热适应算法，形成了现有的针对自由运行建筑的适应性热舒适标准[91]，如图2.17所示。

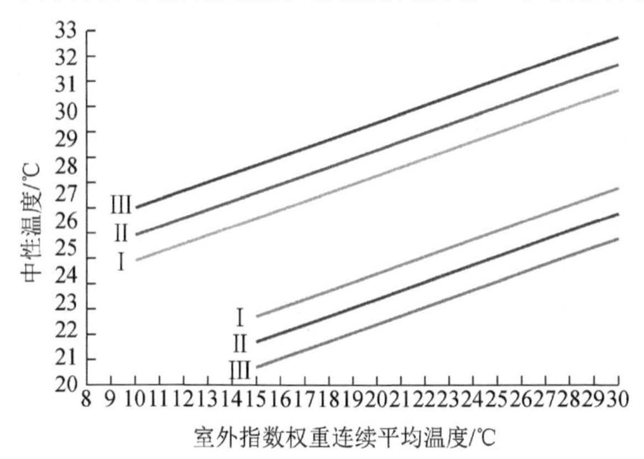

图2.17　欧洲标准EN 15251用于自由运行建筑的可接受温度[108]

（图片来源：Nicol，2010）

EN 15251还给出一个近似计算的方法，当α=0.8时，过去7天的平均温度为

$$T_{rm}=(T_{od\text{-}1}+0.8\ T_{od\text{-}2}+0.6\ T_{od\text{-}3}+0.5\ T_{od\text{-}4}+0.4\ T_{od\text{-}5}+0.3\ T_{od\text{-}6}+0.2\ T_{od\text{-}7})/3.8 \quad (2.6)$$

式中：T_{rm}为某个特定天的指数权重连续平均温度（℃）；$T_{od\text{-}1}$为该天的前一天的日平均温度（℃），$T_{od\text{-}2}$为该天的前两天的日平均温度（℃），$T_{od\text{-}3}$为前3天的日平均温度（℃）等。

图2.17中的Ⅰ、Ⅱ、Ⅲ分别对应可接受度的三个类别，按照不同的建筑类型所定义的三个可接受范围为：

等级Ⅰ，对应人们有高水平的期望（PPD<6%），推荐适用于非常敏感和脆弱的使用者，可接受温度范围为中性温度的±2℃；

等级Ⅱ，对应一般水平的期望（PPD<10%），推荐新建、改建或扩建的建筑，可接受温度范围为中性温度的±3℃；

等级Ⅲ，对应较低水平的期望（PPD<15%），推荐用于现有建筑，可接受温度范围为中性温度的±4℃。

此标准的使用条件是：仅用于夏季的评估；使用者的新陈代谢率水平不超过1.3 met；使用者可以自由开启窗户、改变着装，建筑没有空气调节HVAC（heating, ventilation and air conditioning）系统。

2.6.3　荷兰的适应性温度标准

在荷兰，运用 de Dear 和 Brager 的研究结果[106]来建立当地的舒适标准，又被称为“适应性温度标准”（adaptive temperature limit, ATL）[106]。室外参考温度为连续平均温度，即

$$T_{rm}=（T_{od}+0.8T_{od-1}+0.4T_{od-2}+0.2\ T_{od-3}）/2.4 \tag{2.7}$$

式中：T_{rm} 为某个特定天的指数权重连续平均温度（℃）；T_{od} 为特定天的室外平均温度（℃）；T_{od-1} 为该天的前一天的日平均温度（℃）。

依此类推，公式（2.7）从当前天开始，时间间隔为 4 天，该指标的应用仅限于设计阶段通过建筑模拟的分析，或者利用现场测试到的数据用于对建筑的评估。

相对于美国和欧盟的适应性热舒适标准，荷兰标准的主要特点是把适应方法应用到任何类型的建筑，不管该建筑是否使用空调。实际上，标准将所有的建筑分为两类，即 α 类和 β 类。是按照不同的“适应机会”（adaptive opportunity）来划分的。适应机会较多的建筑被划分为 α 类型的建筑，如环境控制的可用性，窗户和空调系统的可用性。该标准按建筑的实际应用作为划分标准，避免了传统区分自然通风和空调建筑时所产生的含糊不清，例如，空调建筑中可能也有可以自由开启的窗户，从而低估了空调建筑中使用者的适应潜力。

至于可接受温度范围，90%和 80%的限制参考 de Dear 和 Brager 的研究结果[108]，同时又增加了 65%的限制，如图 2.18 所示，三种等级的适用范围如下。

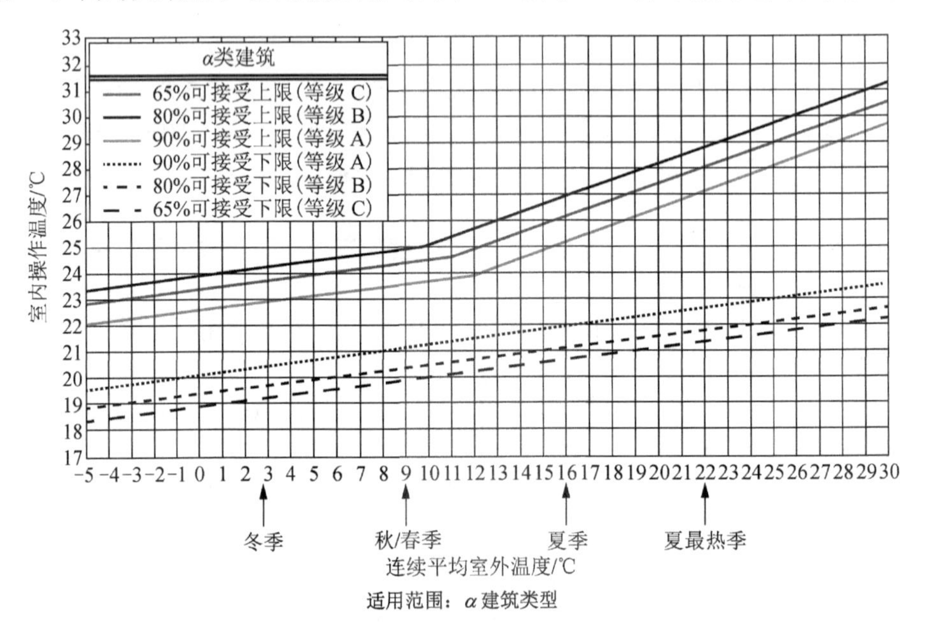

图 2.18　α 建筑中按照 ATL 指标计算的可接受温度范围[106]

（图片来源：Linden，2006）

等级 A（90%）代表室内环境条件非常好（very good），对建筑的使用者较为敏感或者对舒适有较高要求的建筑是合适的；

等级 B（80%）代表室内环境条件较好（good），对一般的办公建筑较为适用；

等级 C（65%）代表室内环境可以接受（acceptable），对于现有建筑较为合适。

由热适应模型所定义的舒适范围的上限如表 2.8 所示，从这些方程可以看出，当室外参考温度低于 12℃（如冬季），两种类型的参考方程是一样的，这种限制针对较低的适应潜力，这反映了这样一个事实，适应性在夏季更有效。

表 2.8　荷兰 ATL 指标所建议的舒适温度的上限　　　（单位：℃）

可接受等级	舒适温度	舒适温度（仅对 α 类建筑和 $T_{ext,ref}>12$）
A-90%	$T_n<0.11T_{ext,ref}+22.70$	$T_n<0.31T_{ext,ref}+20.30$
B-80%	$T_n<0.11T_{ext,ref}+23.45$	$T_n<0.31T_{ext,ref}+21.30$
C-65%	$T_n<0.11T_{ext,ref}+23.95$	$T_n<0.31T_{ext,ref}+22.00$

注：T_n 为室内温度（℃），$T_{ext,ref}$ 为室外参考温度（℃），α 类建筑是指有较多适应机会的建筑。

除了以上几个国家外，2008 年，芬兰室内空气质量协会也制定了芬兰适应性热舒适标准[109]。

2.6.4　中国适应性热舒适标准

2012 年 10 月，我国开始实施《民用建筑室内热湿环境评价标准》[110]，该标准将民用建筑分为两大类分别进行评价，一类是针对使用采暖、空调等人工冷热源进行热湿环境调节的房间或区域进行评价，称之为“人工冷热源热湿环境”评价；另一类是针对未使用人工冷热源，只通过自然通风或机械通风进行热湿环境调节的房间或区域的评价，称之为“非人工冷热源热湿环境”评价[112]。对于非人工冷热源热湿环境，设计评价采用计算法或图示法，工程评价宜采用计算法或图示法。

2.6.4.1　计算法

采用计算法评价时，应以预计适应性平均热感觉指标（APMV）作为评价依据。预计适应性平均热感觉指标（APMV）为

$$\mathrm{APMV}=\mathrm{PMV}/(1+\lambda\cdot \mathrm{PMV}) \tag{2.8}$$

式中：APMV 为预计适应性平均热感觉指标；λ为自适应系数，按表 2.9 取值；PMV 为预计平均热感觉指标，按该标准给出的方法来计算。

表 2.9　自适应系数

建筑气候区		居住建筑、商店建筑、旅馆建筑及办公室	教育建筑
严寒、寒冷地区	PMV≥0	0.24	0.21
	PMV<0	−0.50	−0.29
夏热冬冷、夏热冬暖、温和地区	PMV≥0	0.21	0.17
	PMV<0	−0.49	−0.28

采用计算法评价时，非人工冷热源热湿环境评价等级的判定应符合表 2.10 的规定。

表 2.10　非人工冷热源热湿环境评价等级

等级	评价指标（APMV）
I	$-0.5 \leqslant APMV \leqslant 0.5$
II	$-1 \leqslant APMV < -0.5$ 或 $0.5 < APMV \leqslant 1$
III	$APMV < -1$ 或 $APMV > 1$

2.6.4.2　图示法

采用图示法评价时，非人工冷热源热湿环境应符合表 2.11 和表 2.12 规定。

表 2.11　严寒及寒冷地区非人工冷热源热湿环境评价等级

等级	评价指标	限定范围
I 级	$t_{op\,\mathrm{I},b} \leqslant t_{op} \leqslant t_{op\,\mathrm{I},a}$ $t_{op\,\mathrm{I},a}=0.77t_{rm}+12.04$ $t_{op\,\mathrm{I},b}=0.87t_{rm}+2.76$	$18℃ \leqslant t_{op} \leqslant 28℃$
II 级	$t_{op\,\mathrm{II},b} \leqslant t_{op} \leqslant t_{op\,\mathrm{II},a}$ $t_{op\,\mathrm{II},a}=0.73t_{rm}+15.28$ $t_{op\,\mathrm{II},b}=0.91t_{rm}-0.48$	$18℃ \leqslant t_{op\,\mathrm{II},a} \leqslant 30℃$ $16℃ \leqslant t_{op\,\mathrm{II},b} \leqslant 28℃$ $16℃ \leqslant t_{op} \leqslant 30℃$
III级	$t_{op} < t_{op\,\mathrm{II},b}$ 或 $t_{op\,\mathrm{II},a} < t_{op}$	$18℃ \leqslant t_{op\,\mathrm{II},a} \leqslant 30℃$ $16℃ \leqslant t_{op\,\mathrm{II},b} \leqslant 28℃$

注：本表限定的 I 级和 II 级区如图 2.21 所示。

表 2.12　夏热冬冷、夏热冬暖、温和地区非人工冷热源热湿环境评价等级

等级	评价指标	限定范围
I 级	$t_{op\,\mathrm{I},b} \leqslant t_{op} \leqslant t_{op\,\mathrm{I},a}$ $t_{op\,\mathrm{I},a}=0.77t_{rm}+9.34$ $t_{op\,\mathrm{I},b}=0.87t_{rm}-0.31$	$18℃ \leqslant t_{op} \leqslant 28℃$
II 级	$t_{op\,\mathrm{II},b} \leqslant t_{op} \leqslant t_{op\,\mathrm{II},a}$ $t_{op\,\mathrm{II},a}=0.73t_{rm}+12.72$ $t_{op\,\mathrm{II},b}=0.91t_{rm}-3.69$	$18℃ \leqslant t_{op\,\mathrm{II},a} \leqslant 30℃$ $16℃ \leqslant t_{op\,\mathrm{II},b} \leqslant 28℃$ $16℃ \leqslant t_{op} \leqslant 30℃$
III级	$t_{op} < t_{op\,\mathrm{II},b}$ 或 $t_{op\,\mathrm{II},a} < t_{op}$	$18℃ \leqslant t_{op\,\mathrm{II},a} \leqslant 30℃$ $16℃ \leqslant t_{op\,\mathrm{II},b} \leqslant 28℃$

注：本表限定的 I 级和 II 级区如图 2.19 所示。

室外平滑周平均温度应按下式计算为

$$t_{rm}=(1-\alpha)(T_{od-1}+\alpha T_{od-2}+\alpha^2 T_{od-3}+\alpha^3 T_{od-4}+\alpha^4 T_{od-5}+\alpha^5 T_{od-6}+\alpha^6 T_{od-7}) \tag{2.9}$$

式中：t_{rm} 为室外平滑周平均温度（℃）；α 为系数，取值范围为 0～1，推荐取 0.8；T_{od-n} 评价日前 7 天室外日平均温度（℃）。

采用图示法进行评价时，室内热湿环境的 I 级和 II 级评价等级所对应的体感温度范围如图 2.19 所示[110]。

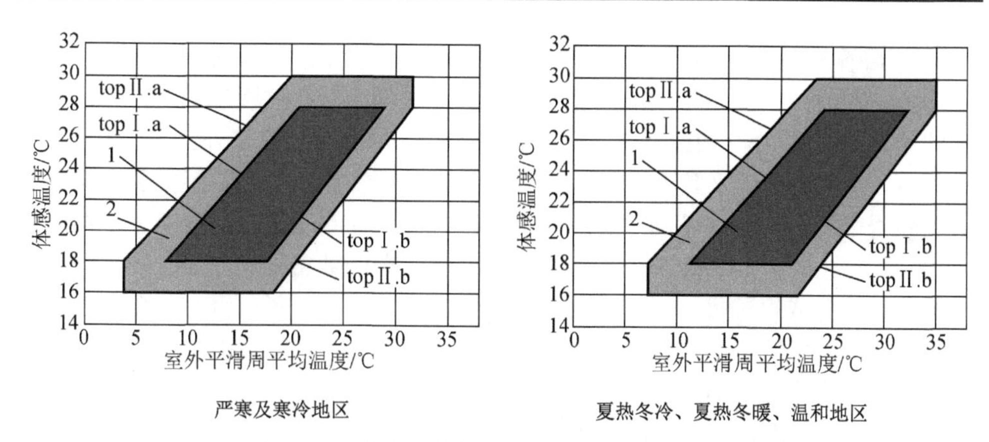

图 2.19 非人工冷热源热湿环境体感温度范围

1. Ⅰ级区；2. Ⅱ级区；t_{op} 体感温度

Ⅰ级区为图中的深灰色区域对应 90%以上人群满意的环境，Ⅱ级区为图中的浅灰色区域对应 75%～90%人群满意的环境。在评价非人工冷热源热湿环境时，根据建筑所处地区分别应用严寒地区和寒冷地区；夏热冬冷地区、夏热冬暖地区、温和地区适用的体感温度范围进行评价。根据评价日的室外平滑周平均温度确定室内体感温度各等级范围，通过与室内体感温度值比较确定室内热湿环境等级[110]。

适应性热舒适标准借助于室外温度（室外月平均温度、室外指数权重连续平均温度或室外参考温度等）来定义可变的室内温度设定点（variable temperature setpoint），相对于以前冬夏固定的室内温度设定点来说（冬夏不同的温度设定点仅仅基于季节变化所引起的服装和活动量水平的变化的粗略估计），可变温度标准不仅不会增加人们的不舒适，而且可以显著节约制冷能耗。在英国的气候条件下，估计可以节约 10%的制冷负荷，欧洲的某项目估计可以节约 18%的能源[51]。

其中，最为有名的是 ASHRAE 55—2004 和 CEN Standard EN 15251—2007 中的适应性热舒适标准。两者最主要的差异有以下几点[90]：

（1）两个标准的出处依据不同。ASHRAE 55—2004 所使用的数据库来自于 ASHRAE RP—884 项目现场调研的数据库，是由 de Dear 收集的。而欧盟标准 EN 15251—2007 使用的数据更多来自于最近欧盟实施的 SCATs 项目。因此，EN 15251 更适合于欧洲，而 ASHRAE 55 更适应于美国。

（2）样本量不同。ASHRAE RP—884 项目是在美国和澳大利亚等四大洲 160 个建筑中获得 21 000 套数据，SCATs 则汇总了欧洲 5 个国家 26 栋建筑的 31 939 套原始数据。

（3）建筑的分类不同。ASHRAE 55 的适应性图表仅适用于自然通风建筑，而 EN 15251 适应性图表则适用于自由运行模式的任何建筑。包含在 ASHRAE 55 中的一些建筑并不在 EN 15251 的数据库里，反之亦然。例如，一个既有机械通风又有可开启窗户的办公建筑可以包含在 EN 15251 数据库中，但是却不包含在 ASHRAE 55 标准中。再例如，一个冬季供暖夏季制冷但在过渡季采用自由运行模式的建筑包含在 EN 15251 中，却被 ASHRAE 55 的标准排除在外。

（4）中性温度的来源不同。EN 15251 标准的中性温度是由热感觉和操作温度的关系得来的，排除了不同热适应的影响，合并了预测变量的现有误差，然后再应用到数据中。对 ASHRAE 55 标准中热适应模型的数据处理方法有所不同，所有的数据被分成组，每一组的数据来自一个特定的建筑，每一组有一个单独的回归系数，剔除了回归系数很难达到统计上明显程度的那些组数据，但不同的处理数据的方法得到的热适应模型较为接近。

（5）室外温度的标准不同。在热适应模型的推导和应用过程中，EN 15251 均采用室外平滑周温度，而 ASHRAE 55 采用的是月平均室外温度。

这两个标准，虽然采用的是两个不同的数据库，用不同的数据分析方法，给出的结论却非常相似。

作为被动式设计的评价基准，热适应模型的应用越来越受到关注。显然，直接采用基于热平衡模型的静态热舒适标准作为被动式气候设计的分析基准将会带来调节性误差，使得室内温度偏离人体实际的热舒适感觉。这引起了 Givoni 的注意，考虑到人们生活在非空调的建筑中可能已经适应或逐渐接受较高的温湿度，他修改了他的非常有名的建筑生物气候图[112]。杨柳[95]在建立我国典型城市的建筑气候设计分析图时，采用了自然通风房间中性温度与室外平均温度的线性回归关系式作为确定热舒适区的依据。而美国 LEED 的绿色建筑评价和诸多的能耗模拟软件也相继使用热适应模型作为评价标准。热适应的应用越来越受到人们的关注。

参 考 文 献

[1] 邓树勋，陈佩杰，乔德才. 运动生理学导论[M]. 北京：北京体育大学出版社，2007.

[2] Nicol J F, Humphreys M A. Thermal comfort as part of a self-regulating system [J]. Building Research and Practice, 1973, 6 (3): 191-197.

[3] 黑岛晨汛. 环境生理学[M]. 朱世华，等译. 北京：海洋出版社，1986.

[4] 余娟. 不同室内热经历下人体生理热适应对热反应的影响研究[博士学位论文][D]. 上海：东华大学，2011.12.

[5] 张宇峰，赵荣义. 建筑环境人体热适应研究综述与讨论[J]. 暖通空调，2010，40(9)：38-48.

[6] 沈银柱. 进化生物学[M]. 北京：高等教育出版社，2006.

[7] 林玉莲，胡正凡. 环境心理学[M]. 北京：中国建筑工业出版社，2006.

[8] 王鹏，建筑适应气候——兼论乡土建筑及其气候策略[博士学位论文][D]. 北京：清华大学，2001.

[9] 李百战，郑洁，姚润明，等. 室内热环境与人体热舒适[M]. 重庆：重庆大学出版社，2012.

[10] 纪秀玲，李国忠，戴自祝. 室内热环境舒适性的影响因素及预测评价研究进展[J]. 卫生研究，2003,32(3):295-299.

[11] 茅艳. 人体热舒适气候适应性研究[博士学位论文][D]. 西安：西安建筑科技大学，2007.

[12] 陈慧梅，张宇峰，王进勇，等. 我国湿热地区自然通风建筑夏季热舒适研究——以广州为例[J]. 暖通空调，2010，40(2): 96-101.

[13] Nicol J F, Raja I A, Allaudin A, et al. Climatic variations in comfort temperature: the Pakistan projects[J]. Energy

and Buildings, 1999, 30(3): 261-279.

[14] Humphreys M A. An adaptive approach to the thermal comfort of office workers in North West Pakistan[J]. Renewable Energy, 1994, 5(5-8): 985-992.

[15] Nicol J F, Jamy G N, Sykes O, et al. A survey of comfort temperatures in Pakistan: towards new indoor temperature standards[M]. Oxford: Oxford Brookes University, 1994.

[16] 曾玲玲. 基于体表温度的室内热环境响应实验研究[硕士学位论文][D]. 重庆：重庆大学，2008.

[17] D.A.麦金太尔. 室内气候[M]. 龙惟定，殷平，夏清，译. 上海：上海科学技术出版社，1998.

[18] 叶晓江. 人体热舒适机理及应用[博士学位论文][D]. 上海：上海交通大学，2005.

[19] Nikolopoulou M, Steemers K. Thermal comfort and psychological adaptation as a guide for designing urban spaces [J]. Energy and Buildings, 2003, 35(1): 95-101.

[20] Williams R N. Field investigation of thermal comfort, environmental satisfaction and perceived control levels in UK office buildings[C]. Proceedings of the 4th International Conference on Healthy Buildings. Milan, 1995.

[21] Erlandson T M, Cena K, Dear R D. Gender differences and non-thermal factors in thermal comfort of office occupants in a hot-arid climate [J]. Elsevier Ergonomics Book Series, 2005, 3:263-268.

[22] 周翔，朱颖心，欧阳沁，等. 环境控制能力对人体热感觉影响的实验研究[J]. 建筑科学，2010, 26(10): 177-180.

[23] 毛辉. 成都地区住宅室内热舒适性调查与分析研究[硕士学位论文][D]. 成都: 西南交通大学, 2010.

[24] B.吉沃尼. 人•气候•建筑[M]. 陈士麟，译. 北京：中国建筑工业出版社，1982.

[25] Ballantyne E R, Hiu R K, Spencer J W. Airah, probit analysis of thermal sensation assessments [J]. International Journal of Biometeorology,1977, 21 (1): 29-43.

[26] de Dear R J, Foutain M E. Field experiments on occupant comfort and office thermal environments in a hot-humid Climate [J].ASHRAE Trans,1994,100(2): 457-475.

[27] 王春. 空气湿度对人体热舒适的影响[J]. 暖通空调，2004,34(12):43-46.

[28] 刘国丹. 无症状高原反应域低气压环境下人体热舒适研究[博士学位论文][D]. 西安：西安建筑科技大学，2008.6.

[29] Rapp G M. Convective mass transfer and the coefficient of evaporative heat loss from human skin, in: J.D. Hardy, A.P. Gagge, J.A.J. Stolwijk (Eds.), Physiological and Behavioral Temperature Regulation [M]. Thomas, Springfield, IL, 1970;55-81.

[30] Iwajlo M K. Heat and mass exchange processes between the surface of the human body and ambient air at various altitudes [J]. International Journal of Biometeorology, 1999;43:38-44.

[31] 张英杰，刘国丹，生晓燕，等. 基于正交试验的低气压环境中人体热舒适研究[J]. 暖通空调，2009, 39 (8):70-74.

[32] 王刚，刘荣向，刘国丹，等. 空气压力对人体皮肤温度及热感觉影响的实验研究[J]. 暖通空调，2010,40(11):89-92.

[33] Wang H Y, Hu S T, Liu G D, et al. Experimental study of human thermal sensation under hypobaric conditions in winter clothes [J]. Energy and Buildings，2010; 42:2044-2048.

[34] 胡松涛，辛岳芝，刘国丹，等. 高原低气压环境对人体热舒适性影响的研究初探[J]. 暖通空调，2009,39(7):18-22.

[35] Hideo O, Satoru K, Teruyuki S, et al. The effects of hypobaric conditions in man's thermal responses [J]. Energy and building, 1991,16: 755-763.

[36] de Dear R J, Brager G S. Thermal comfort in naturally ventilated buildings: revisions to ASHRAE Standard 55[J]. Energy and Buildings 2002; 34(6):549-561.

[37] Humphreys M A, Outdoor temperatures and comfort indoors [J]. Building Research and Practice，1978, 6(2): 92-105.

[38] Auliciems A. Effects of weather on indoor thermal comfort [J]. International Journal of Biometeorology, 1969,13(2):147-162.

[39] Nicol J F. Characterising occupant behaviour in buildings: towards a stochastic model of occupant use of windows, lights, blinds, heaters and fans [G]. Conference Proceedings on Moving Thermal Comfort Standards into 21st century, Windsor, UK, April 5-8, 2001.

[40] Raja I A, Nicol J F, McCartney KJ, et al. Thermal comfort: use of controls in naturally ventilated buildings [J]. Energy and Buildings, 2001, 33 (3): 235-244.
[41] Andersen R V, Toftum J, Andersen K K, et al. Survey of occupant behaviour and control of indoor environment in Danish dwellings [J]. Energy and Buildings, 2009, 41 (1): 11-16.
[42] Haldi F, Robinson D. Interactions with window openings by office occupants [J]. Building and Environment, 2009, 44 (12): 2378-2395.
[43] Nicol J F, Roaf S C. Pioneering new indoor temperature standards: the Pakistan Project [J], Energy and Buildings , 1996,23:169-174.
[44] Nicol J F, Humphreys M A. A stochastic approach to thermal comfort-occupant behavior and energy use in buildings [J]. ASHRAE Transactions, 2004, 100 (2): 554-568.
[45] Fishman D S. The thermal environment in offices [J]. Energy and Buildings, 1982, 5(2): 109-116.
[46] Carli M D, Olesen B W,Zarrella A, et al. People's clothing behavior according to external weather and indoor environment [J]. Building and Environment, 2007,42(12):3965-3973.
[47] Stefano S, Kwang H L. Predictive clothing insulation model based on outdoor air and indoor operative temperatures [C]. Proceedings of 7th Windsor Conference: The changing context of comfort in an unpredictable world Cumberland Lodge, Windsor, UK, 12-15 April 2012.
[48] 陈伟煌. 夏热冬冷地区夏季热舒适状况及居民开窗行为研究[硕士学位论文][D].长沙：湖南大学，2009.
[49] 陈慧梅. 湿热地区混合通风建筑环境人体热适应研究[硕士学位论文][D]. 广州：华南理工大学，2010.
[50] Baker N V, Standeven M A. A behavioural approach to thermal comfort assessment in naturally ventilated buildings[C]. In: Proceedings of the CIBSE National Conference, Eastbourne, Chartered Institute of Building Service Engineers, London, 1995,76-84.
[51] Nicol J F, Humphreys M A. Adaptive thermal comfort and sustainable thermal standards for buildings [J]. Energy and Buildings, 2002,34: 563-572.
[52] McCartney K J. Nicol J F. Developing an adaptive control algorithm for Europe: results of the SCATs project [J]. Energy and Buildings, 2002:34(6):623-635.
[53] Heidari S, Sharples S. A comparative analysis of short-term and long-term thermal comfort surveys in Iran [J]. Energy and Buildings, 2002,34: 607-614.
[54] Wang Z J, Zhang L, Zhao J N, et al. Thermal comfort for naturally ventilated residential buildings in Harbin [J]. Energy and Buildings, 2010, 42: 2406-2415.
[55] Bush J F. Thermal responses to the Thai office environment[J]. ASHRAE Transactions, 1990, 96(1): 859-872.
[56] De Dear R J, Auliciems A. Validation of the predicted mean vote model of thermal comfort in six Australian field studies [J]. ASHRAE Transactions,1985, 91(2b):452-468.
[57] Oseland N A. Acceptable temperature ranges in naturally ventilated and air-conditioned offices [J]. ASHRAE Transactions, 1998,104(2):1018-1036.
[58] 郑明仁，黄瑞隆. 热湿地区空调型住家环境的热舒适要求[J]. 同济大学学报(自然科学版), 2008, 36(6): 817-822.
[59] Brager G S, De dear R J. Thermal adaptation in the built environment: a literature review [J]. Energy and Buildings, 1998, 27 (1): 83-96.
[60] Humphreys M A. The influence of season and ambient temperature on human clothing behavior [G]//Fanger P O, Valbjomo. Indoor Climate: Effects on human comfort, performance and health in residential, commercial and light-industry buildings. Danish Building Research Institute, 1979.
[61] Morgan C, Dedear R J. Weather, clothing and thermal adaptation to indoor climate[J]. Climate Research, 24(3), 267-284.
[62] 朱启星，杨永坚. 预防保健学[M]. 合肥：安徽大学出版社，2008.
[63] 陆耀飞. 运动生理学[M]. 北京：北京体育大学出版社，2007.
[64] Humphreys M A. Thermal comfort temperatures world-wide: the current position[J]. Renewable Energy, 1996,

8(15):139-144.

[65] Zhang H, Huizenga C, Arens E, et al. Considering individual physiological differences in a human thermal model[J]. Journal of Thermal Biology, 2001, 26: 401-408.

[66] Nakano J, Tanabe S, Kimura K. Differences in perception of indoor environment between Japanese and non-Japanese workers[J]. Energy and Buildings, 2002, 34(6): 615-621.

[67] Madhavi I, Kavita D R. Effect of age, gender, economic group and tenure on thermal comfort: A field study in residential buildings in hot and dry climate with seasonal variations[J]. Energy and Buildings, 2010, 42: 273-281.

[68] Parsons K C. The effects of gender, acclimation state, the opportunity to adjust clothing and physical disability on requirements for thermal comfort[J]. Energy and Buidling, 2002,34:593-599.

[69] Sami K. Gender differences in thermal comfort and use of thermostats in everyday thermal environments[J]. Building and Environments, 2007, 42: 1594-1603.

[70] Fanger P O, Toftum J. Thermal comfort in the future Excellence and expectation[C]. Conference Proceedings on Moving Thermal Comfort Standards into 21st Century. Windsor, UK, 2001:11-18.

[71] Fanger P O, Toftum J. Extension of the PMV model to non-air-conditioned buildings in warm climates[J]. Energy and Buildings, 2002, 34(6): 533-536.

[72] Ji X, Dai Z. Analysis and prediction of thermal comfort in non-air conditioned buildings in Shanghai[C]. Proceedings o f the 10th International Conference on Indoor Air Quality and Climate. Beijing , China, 2005.

[73] Zhang G, Zheng C, Yang W, et al. Thermal comfort investigation of naturally ventilated classrooms in a subtropical region[J]. Indoo r and Built Environment, 2007,16(2):148-158.

[74] Zhang Y, Zhao R. Thermal comfort in naturally ventilated buildings in hot-humid area of China[J]. Building and Environment, 2010, 45(11): 2562-2570.

[75] 刘晶. 夏热冬冷地区自然通风建筑室内热环境与人体热舒适的研究[硕士学位论文][D]. 重庆：重庆大学，2007.

[76] Wong N H, Khoo S S. Thermal comfort in classrooms in the tropics[J]. Energy and Buildings, 2003, 35 (4): 337-351.

[77] Fanger P O, Toftum J. Extension of the PMV model to non-air-conditioned buildings in warm climates[J]. Energy and Buildings, 2002, 34(6): 533-536.

[78] Wong N H, Khoo S S. Thermal comfort in classrooms in the tropics[J]. Energy and Buildings, 2003, 35 (4): 337-351.

[79] Ji X, Dai Z. Analysis and prediction of thermal comfort in non-air conditioned buildings in Shanghai[C]. Proceedings of the 10th International Conference on Indoor Air Quality and Climate. Beijing , China, 2005.

[80] Zhang G, Zheng C, Yang W, et al. Thermal comfort investigation of naturally ventilated classrooms in a subtropical region[J]. Indoor and Built Environment, 2007,16(2):148-158.

[81] Zhang Y, Zhao R. Thermal comfort in naturally ventilated buildings in hot-humid area of China [J]. Building and Environment, 2010, 45(11): 2562-2570.

[82] Runming Y, Baizhan L, Jing L. A theoretical adaptive model of thermal comfort - adaptive predicted mean vote (aPMV)[J]. Building and Environment, 2009, 44: 2089-2096.

[83] Manoj K S, Sadhan M, Atreya S K. Adaptive thermal comfort model for different climatic zones of North-East India[J]. Applied Energy, 2011,88(7):2420-2428.

[84] 周翔. 动态热环境下人体热反应机理研究-气流湍流度的影响[硕士学位论文][D]. 北京：清华大学，2005.

[85] 欧阳沁. 建筑环境中气流动态特征与影响因素研究[博士学位论文][D]. 北京：清华大学，2005.

[86] 欧阳沁，戴威，朱颖心. 建筑环境中自然风与机械风的谱特征分析[J]. 清华大学学报(自然科学版)，2005, 45(12): 1585-1588.

[87] 周翔. 偏热环境下人体热感觉影响因素及评价指标研究[博士学位论文][D]. 北京：清华大学，2008.

[88] Nicol J F, Humphreys M A. Thermal comfort as part of a self-regulating system. Building Research and Practice (J. CIB), 1973,6(3):191-197.

[89] Humphreys M A, Nicol J F. Understanding the adaptive approach to thermal comfort[G]. ASHRAE Trans,

1998,104(1):991-1004.

[90] Fergus N, Michael H. Derivation of the adaptive equations for thermal comfort in free-running buildings in European standard EN15251[J]. Building and Environment, 2010, 45: 11-17.

[91] CEN. CEN Standard EN15251 Indoor environmental parameters for design and assessment of energy performance of buildings. Addressing indo or air quality, thermal environment, lighting and acoustics[S]. Brussels: CEN, 2007.

[92] de Dear R J. A global database of thermal comfort field experiments[J]. ASHRAE Trans, 1998,104(1):1141-1152.

[93] 谭福君. 办公建筑冬季室内热环境和舒适性的调查及研究[硕士学位论文][D]. 哈尔滨：哈尔滨建筑大学，1993.

[94] 夏一哉，赵容义，江亿. 北京市住宅环境热舒适研究[J]. 暖通空调，1999(2):1-5.

[95] 杨柳. 建筑气候分析与设计策略研究[博士学位论文][D]. 西安：西安建筑科技大学，2003.

[96] Humphreys M A. Field studies of thermal comfort compared and applied[J]. J. Inst. Heat. & Vent. Eng., 1976, 44(1): 5-27.

[97] Nicol J F, Raja I A, Allaudin A, et al. Climatic variations in comfortable temperatures: the Pakistan projects[J]. Energy and Buildings; 1999, 30(3):261-79.

[98] Bouden C, Ghrab H. An adaptive thermal comfort model for Tunisian contest: A field study results[J]. Energy and Buildings, 2005, 37(1): 952-963.

[99] 杨薇，张国强. 湖南某大学校园建筑环境热舒适调查研究[J]. 暖通空调，2006,36(9):95-101.

[100] 李俊鸽. 夏热冬冷地区人体热舒适的气候适应性模型研究[硕士学位论文][D]. 西安：西安建筑科技大学，2007.

[101] 杨薇. 夏热冬冷地区住宅夏季热舒适状况以及适应性研究[硕士学位论文][D]. 长沙：湖南大学，2007.

[102] 韩杰. 自然通风环境热舒适模型及其在长江流域的应用研究[博士学位论文][D]. 长沙：湖南大学. 2009.

[103] 郭晓男，王剑，王昭俊. 严寒地区建筑热舒适适应性模型[J]. 黑龙江科技学院学报, 2009, 19 (2): 105-108.

[104] Mui K W H, Chan W T D. Adaptive comfort temperature model of air-conditioned building in Hong Kong [J]. Building and Environment, 2003,38: 837-852.

[105] ANSI/ASHRAE. Standard 55-2004: Thermal environmental conditions for human occupancy[S]. Atlanta：American Society of Heating, Refrigerating and Air-Conditioning Engineers, Inc; 2004.

[106] Linden A C V D, Boerstra A C, Raue A K, et al. Adaptive temperature limits: a new guideline in the Netherlands. A new approach for the assessment of building performance with respect to thermal indoor climate [J]. Energy and Buildings, 2006; 38:8-17.

[107] CIBSE guide A, environmental design[S]. London: CIBSE; 2006.

[108] De Dear R J, Brager G S. ASHRAE RP-884 Final Report: developing an adaptive model of thermal comfort and preference[R]. Atlanta: American Society of Heating, Refrigerating and Air-Conditioning Engineers; 1997.

[109] Finnish Society of Indoor Air Quality (FiSIAQ), Classification of Indoor Climate[S]. 2008, Publication 5, Finnish Society of Indoor Air Quality (FiSIAQ), Espoo, Finland, 2008.

[110] 中华人民共和国住房和城乡建设部. 中华人民共和国国家标准. 民用建筑室内热湿环境评价标准（GB/T 50785—2012）[S]. 北京：中国建筑工业出版社，2012.

[111] 李百战，喻伟，王清勤，等.《民用建筑室内热湿环境评价标准》编制介绍[J]. 住宅产业，2012,67(10):66-70.

[112] Givoni B. Comfort, climate analysis and building design guidelines[J]. Energy and Buildings. 1992,18(1):11-23.

第三章　热适应现场调查及数据分析方法

热适应强调人与环境之间的交互作用，其理论形成的基础主要是现场调查中观察到的数据，而不仅仅是气候室研究，因此，热适应研究主要集中在“真实”建筑中的热环境以及人们在现实生活中“真实”的热反应。本章主要介绍了热舒适现场研究的调查方法及如何进行后期的数据处理。从建筑及受试者样本选择的原则、环境参数的测试要求、问卷调查的内容及设计、数据采集的方法及测试仪器的要求等方面介绍了热舒适现场调研的方法；给出了服装热阻、新陈代谢率的估算方法；指出常用的室内外热环境指标，利用软件进行回归分析人体热感觉与室内外环境参数之间的关系；介绍了平均热感觉、热中性温度、可接受温度范围、期望温度的具体求解方法。

3.1　热适应的研究方法

目前，世界各国普遍使用 ASHRAE 55 和 ISO 7730 标准中所推荐的舒适区作为衡量热舒适性的标准，ASHRAE 55 标定的舒适区为至少满足 80%人群的舒适区，而 ISO 7730 阐述了 Fanger 教授提出的预计平均热感觉指标 PMV。另外，还有 Gagge 教授提出的新有效温度（ET^*）和标准有效温度（SET），但是，这些评价和预测室内热环境的热舒适标准是以欧美等国家的健康青年人为研究对象，以人体热平衡方程为基础，通过实验研究建立的标准。在实验室研究中，认为环境参数不随时间改变，人体是外界热刺激的被动接受者，通过两者之间的热湿交换来影响人体的生理参数，进而产生不同的热感觉。

然而，越来越多地实地测试研究和实验室结果对比表明，人体并非是外界环境的被动接受者，人体的各种适应性会对热舒适产生非常大的影响。地理位置的不同、经济发展的不平衡、各地文化及生活习惯的不同，使人们对热环境有一定的适应能力并且适应力不同，导致了这些标准不一定适合其他国家和地区。因此，一些学者也开始对这些标准提出质疑，认为这些建立在人工气候室实验基础上的标准忽视了人体的主观适应性等因素。于是从 19 世纪 70 年代开始，许多学者展开了不同区域的现场室内热环境调查和人体热舒适研究。

对于人体热适应问题，国内外研究者主要采取两种方式进行研究：人工气候室实验研究和实际建筑现场调查研究。两种方法分别有其各自的特点与优势，同时也都存在一定的局限性。

3.1.1　人工气候室实验研究[1]

在人工气候室中，实验者可以通过空调系统精确地控制室内环境参数，要求受试者穿着统一的实验服装，保持规定的活动状态（静坐或完成给定的任务）。受试者在严格控制的环境条件下，对自身的热舒适状况给出评价。在人工气候室中，比较利于进行三类研究：

（1）研究某一变量或特定变量组合对人体热舒适的影响。对人体热舒适产生影响的四个环境变量（空气温度、平均辐射温度、相对湿度、风速）及两个人体自身变量（服装热阻、人体新陈代谢率），在人工气候室中都可以得到精确的控制。这样便可以在固定其他变量不变的前提下，单独改变某一个变量，观察该变量取值的变化对于人体热舒适产生的影响，也可在气候室中设置特定的变量组合，比如为了验证在偏热条件下增大风速对于热感觉的改善效果，即可将除了空气温度与风速之外的其他变量保持不变，进行“低温+低风速”“高温+低风速”“高温+高风速”三组对比实验，考察三种不同工况下受试者的热感觉评价。

（2）研究人体在极端环境下的耐受能力。通过人工气候室，可以营造实际建筑中不太容易获得的极端环境条件。例如，可以在气候室中营造“高温+高湿”环境，考察受试者对于温度和湿度的耐受阈值，以及在此种环境条件下的工作效率情况。这类研究的成果，对于一些工作环境较为恶劣的重体力劳动者的健康安全保障有着重要意义。

（3）研究可以反映人体热舒适性的生理指标特征。当热环境条件发生变化时，人体的一些生理指标（如皮肤温度、心率变异性等）也会随之发生变化，可以通过这类生理指标来反映人体热舒适性。用于人体生理指标测试的仪器一般比较精密，体积大、不便携，并且需要受试者在稳定的状态下进行测试。在人工气候室中进行的热舒适实验，大多要求受试者静坐休息或模拟轻微的办公室工作，因此具备进行生理测试的条件。

需要指出的是，在人工气候室中进行的实验研究，其前提都是由实验者设定实验条件，受试者只能被动接受。因此一般情况下，基于人工气候室进行的热舒适研究只能反映环境条件对人体感觉的单向影响，无法体现人体主动适应环境的过程。并且，由于人工气候室实验的对象均为招募而来的受试者，其参与实验的动机和态度与实际建筑中真实工作、生活的人有所不同，这也会在一定程度上影响实验结果的有效性。

3.1.2　实际建筑现场调查研究[1]

在实际建筑中进行热舒适现场调查研究，需要使用便携式仪器测量室内外热环境参数，通过问卷了解受访者的热舒适状况，并且记录受访者的衣着、活动情况以及其他必要的现场信息（如室内人数、是否开窗或使用空调等）。与人工气候室实验相比，现场调查研究的工作量更大，同时也体现出气候室研究所不具备的优势，主要包括以下两个方面。

（1）现场调查研究的环境具有真实性。人工气候室实验中，各种环境条件都是预先设定好的，这会在一定程度上令受试者产生“参与实验”的心理压力，并进而对热舒适判断造成消极影响。而现场调查研究的受访者，均为实际公共建筑中的工作者，或实际住宅建筑中的居住者，在配合调查时，他们就处在自己正常的工作或生活状态之中，调查结果即真实反映了当时当地的人体热舒适水平，可靠性强。此外，在现场调查中还能够获得除四个室内环境参数及服装热阻、人体新陈代谢率之外，其他可能影响人体热舒适的信息，如室外温度、建筑特征（围护结构、朝向，室内布局等）、人员生活习惯等，能够为热适应研究提供必要的参考。

（2）现场调查研究能够反映出人与环境的交互关系。在实际的建筑环境中，人并非像气候室实验的受试者一样被动接受环境条件，而是在感受环境的同时，采取主动的措施进行自我调节或改变环境条件，使自身的舒适性得到改善。因此，在实际环境的现场调查中，不仅能够获得受访者对于所处环境的评价结果，还能够了解到形成该评价结果的原因和过程（是否采取了主动调节措施？是否改善了热舒适状况，达到了最优舒适状态？若无法达到舒适状态，是受何种因素制约等等）。这些信息，对于研究人体对建筑环境的热适应性机理，具有非常重要的作用。

当然，现场研究也有不足，即无法像实验室研究那样可以精确的控制室内热环境参数，同时受室外环境参数的影响，要想获得理想的测试数据，就需要付出更多的时间和辛勤的劳动。

人对环境的热适应性，需要通过生理习服、心理适应和行为调节等途径来实现。对于心理适应和行为调节的研究，可以通过在实际建筑中进行现场调查，了解建筑使用者对于室内热环境的期望，并观察人们采取主动的自我调节或改变环境条件的行为。而对于生理习服的研究，由于需要结合生理指标的测量，在现场调查中难以实现，学者们一般在人工气候室中进行实验，来验证生理习服的作用。本书使用的所有数据均来自现场调查，以此为基础重点分析了心理适应与行为调节这两种适应性途径对人体热舒适的影响，并结合其他学者在人工气候室中的研究结果，阐述生理习服的作用。

3.2 现场调查方法

现场研究因富含实际建筑的真实性、人与环境的交互作用以及各种适应机会而成为热适应研究的重要组成部分[2]。因此，现场调查是研究发生在实际建筑中人体行为或心理上的适应性所产生潜在影响力的有效手段。

3.2.1 样本选择

为使研究结果更具科学性和说服力，调查样本应具有一定普遍性和代表性。人员样本的选择应考虑不同年龄、不同性别的居民对热反应的不同。选择样本时应使上述因素在样本中分布均匀。人体热反应是室内热环境参数的函数，可视为随机变量，根据中心极限定理，当样本量充分大时，人体热反应的分布近似为标准正态分布。一般认为，一次实验的样本数不应小于 50，最好在 100 以上，这样才能够较好地体现出统计意义。

受试者是随机选取的，每个现场调研的样本量因受试者人数和调研设计方法的不同而有很大差别。两种设计方法常被采用，其一为横向（独立测试）设计（不重复抽样），其二为纵向（重复测试）设计（重复抽样），后者可获得较大的样本量，但需精心设计调研的时间间隔，以便消除增强的熟悉程度和过度熟悉（厌烦）的作用确保观察的独立性。

本书研究以住宅建筑为主，住宅样本的选取尽量考虑其住宅结构、建筑形式、居室朝向、楼层、窗体以及阳台、通风、供暖制冷等因素对室内热环境及人体热反应产生的影响，选择住户的时候尽量使以上因素在样本中分布均匀；建筑类型有低层独院式，多层单元式、联排复式及高层，其中以多层单元式为主；建筑的结构形式主要选择的是当地普遍采用的砖混结构；调查样本具有不同的性别、年龄、身高、体重、文化背景，选择样本时尽量使上述因素在样本中分布均匀。

3.2.2 调查方法

现场研究方法主要是在尽量减少对人和热环境干扰的前提下，收集受试者的热反应及相关信息，同时测量他们所处的热环境条件。测试内容包括：室内环境参数的测量；整个居室建筑特性的测绘；主观问卷的填写工作。每个现场调查小组由 3～5 人组成，其中 1 人负责指导受试者填写问卷调查表，其余负责居室热环境参数的测试和住宅建筑特性的测绘工作。

3.2.2.1 室内外环境参数的测试

室外热环境参数包括测试期间室外空气干球温度和相对湿度，采用自记式温湿度计，每 0.5h 记录一次数据，测点选择在无太阳直射。室内热环境参数包括：室内空气温度、黑球温度、相对湿度及空气流动速度。由于仪器受限，个别地区仅测得室内的温湿度，在住宅建筑中，辐射温度和空气温度相差不大，故假定两者相等。测试时间为每天早上（06:00～09:00）、中午（11:00～15:00）、晚上（17:00～23:00）三段各测一次。

采用的仪器有德图 Testo 175-H2 型温湿度电子记录仪，TR-72U 型双通道温度湿度记录仪以及 1221 型丹麦进口的室内热舒适度数据记录仪，其精度和响应时间均满足 ISO 7726 标准的规定。

3.2.2.2　主观问卷的调查

主观问卷调查内容包括：①受试者基本的背景情况，如年龄、性别、身高、体重、衣着情况等；②住宅概况，如建造年代、建筑形式、窗体状况等；③受试者改善室内热环境及自身热舒适的适应性措施，包括遮阳、取暖或制冷设备、加湿器等有关改变房间物理参数的手段和居民增减衣服、活动量，以及喝饮料等自身的适应性行为；④人体热感觉及舒适度调查，调查居民的热感觉以及对室内环境的满意度、风速、潮湿状况等的主观评价，热感觉的投票值采用 ASHRAE 的 7 级指标表示。

3.2.3　测试仪器

3.2.3.1　温湿度记录仪

德图 Testo 175-H2 温湿度电子记录仪，见图 3.1，带有显示器，可快速浏览当前读数、最大值、最小值，以及超过限值的次数，其优点有：大屏幕显示，便于读取；即使电池用尽，数据也不会丢失；通过 Testo 580 数据采集器将数据下载至 PC 或笔记本电脑进行分析等。

TR-72U 双通道温度湿度记录仪，见图 3.2，其设计特点为：设计轻巧、方便使用和携带；具有 USB 通信端口，并且一个电脑上可以接多个仪器；TR-72U 可双通道同时监测记录温度和湿度，数据存储容量为 8000 个数据×2 个通道，电池可连续工作 1 年时间；数据可以高速下载，记录数值可通过软件进行校准；温湿度记录仪具有多种 LCD 显示模式；中文图形操作软件，使用方便等。

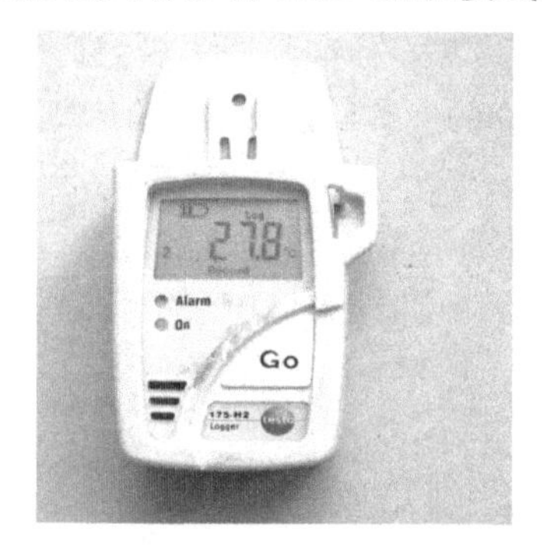

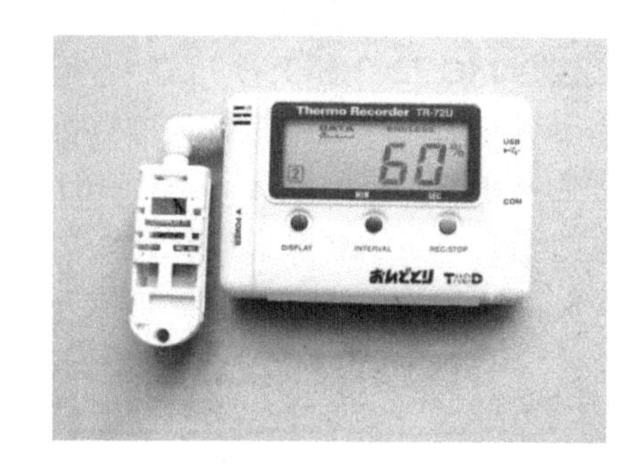

图 3.1　Testo 175-H2 温湿度电子记录仪　　图 3.2　TR-72U 双通道温度湿度记录仪

3.2.3.2　室内热舒适度数据记录仪

采用丹麦进口的室内热舒适度数据记录仪 1221，如图 3.3（a）和（b）所示。

（a）热舒适仪传感器图

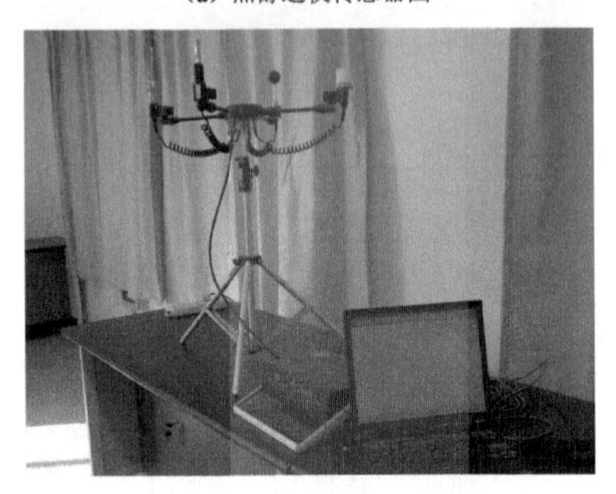

（b）热舒适仪测试装置系统图

图 3.3　室内热舒适仪测试图

室内热舒适度数据记录仪 1221 是一个功能独特、携带方便、能直接读取数据的仪器。1221 可以测量所有按照 ISO 7730 和 ISO 7726 标准来评估热舒适度的参数及按照 ISO 7243 和 ISO 7933 标准来评估热应力的参数。该仪器 7301 软件可以计算出很多的热舒适度指数（PMV、PPD、DR），以及热应力指数［湿球黑球温度指数 WBGT（wet bulb globe temperature）］，出汗率和有效温度 ET，并能够在输出的图表中显示测量数据和计算的指数。测量数据和结果以电子数据表格的形式存储。1221 有四个传感器，其技术参数如表 3.1 所示。

表 3.1　传感器技术参数

传感器	测量范围	精度	反应时间
温度	1～60℃	±0.5℃	2.5s
湿度	10%～98%	±2%	2.5s
黑球温度	1～60℃	±0.2℃	2min
微风速	0.06～2.50m/s	0.06～0.3m/s　±0.05m/s 0.3～1.5m/s　测量值的±5% 1.5～2.5m/s　测量值的±1.5%	1s

3.3　数据分析方法

热舒适现场调研所得原始数据和资料大多是个别和分散的，不能直接用来反映社会现象的总体特征，必须对其进行科学的整理和分析。因此，研究阶段的首要工作就是调查资料的整理，也就是根据研究的目的，对所得原始资料进行数据筛选、分类汇总、单位统一等工作，使之系统化、条理化和标准化，有利于后期的统计分析和对比。

3.3.1　数据的汇总及统计方法

数据汇总一般可分为以下四个步骤，即编码、录入、提取和程序编制。首先对所有的原始问卷进行编码，使每份问卷都有一个标识码，再将所有原始问卷中的信息（包括建筑、能耗和热舒适）录入到计算机中，根据研究工作的需要，建立新的工作表，从这些原始数据中提取需要的数据（建筑和热舒适），然后进入由计算机承担的数据处理和分析工作。

原始数据资料的质量直接关系到统计分析所能达到的正确程度和水平高度，从准确性、完整性和可靠性三个方面分别对数据进行可信性和有效性的验证。在进行假设检验时，对数据要进行正态性、独立性和方差齐性的检验，从而确定采用哪种统计方法。分析中性温度和环境参数之间的相关性时，要检验相关性是否显著，在没有特别说明之处，显著性水平均取 0.05；进而对数据再进行回归分析，确定因变量和自变量之间存在的变化关系。对于数据样本量较小的数据，统计和分析时应给予特别关注，如用 Bin 法对温度按 0.5℃进行分组，求每一组内开窗百分比时，如组内样本量小于 5，该组样本就被排除，以免对分析结果造成较大误差。

3.3.2　服装热阻的估算方法

服装具有绝缘性能，可以调节人体的热损失及热舒适。服装的绝缘程度取决于式样、合适体型情况、数量、织物以及被服装所覆盖的身体面积等。服装热阻的单位是 clo，1clo 的定义是一个静坐在 21℃空气温度，空气流速不超过 0.05m/s、相对湿度不超过 50%的环境中感到舒适所需要的服装的热阻，相当于内穿衬衣外穿普通外衣时的服装热阻。服装所提供的热阻通常是平均值，如果要得到精确的热阻值，通常要借助于暖体假人（thermal manikins）在实验室环境中进行测定。实际状况的服装热阻还与人活动的姿态、活动速度、服装润湿程度等因素有关。坐着的人由于椅子与人体的接触面积增加，使服装热阻增加，增加幅度取决于接触面积，一般不超过 0.15clo；行走着的人，由于人体与空气的相对速度增加，会降低服装热阻。其降低的热阻可用式（3.1）进行估算

$$\Delta I_{cl} = 0.504 I_{cl} + 0.0028 V_{walk} - 0.24 \tag{3.1}$$

式中：V_{walk} 为行走速度（步/min）。

实际应用时，对每一种服装及每一种服装的组合都进行测定显然是不可能的。表 3.2 为典型着装时的服装热阻取值。

表 3.2　典型着装服装热阻

服装形式	组合服装热阻	
	（m^2•K）/W	clo
裸身	0	0
短裤	0.015	0.1
典型的炎热季节服装：短裤，短袖开领衫，薄短袜和凉鞋	0.050	0.3
一般的夏季服装：短裤，长的薄裤子，短袖开领衫，薄短袜和鞋子	0.080	0.5
薄的工作服装：薄内衣，长袖棉工作衬衫，工作裤，羊毛袜和鞋子	0.110	0.7
典型的室内冬季服装：内衣，长袖衬衫，裤子，夹克或长袖毛衣厚袜和鞋子	0.155	1.0
厚的传统的欧洲服装：长袖棉内衣，衬衫，裤子，夹克衫的套装，羊毛袜和厚鞋子	0.230	1.5

被汗液润湿的服装因水分增加降低了服装热阻，其降低量与活动强度有关。表 3.3 给出了 1clo 干燥服装被汗液润湿后在不同活动强度下的热阻。部分润湿的服装，其热阻介于干燥热阻和润湿后的服装热阻之间。

表 3.3　1clo 干燥服装被汗液润湿后的服装热阻

活动强度	静坐	坐姿售货	站姿售货	站立但偶尔走动	行走 3.2km/h	行走 4.8km/h	行走 6.4km/h
服装热阻/clo	0.6	0.4	0.5	0.4	0.4	0.35	0.3

ASHRAE 55—2004[3]提供了三种估算服装热阻的方法。

方法一：标准[3]的附录 B1 给出一些典型常见成套服装热阻值，如果整套服装恰好与表中所列相匹配，则可以直接从表中读取整套服装热阻值。

方法二：标准[3]的附录 B2 还提供了许多单件服装热阻的取值，如果所求的整套服装热阻是附录 B1 中提供的整套服装再加上或减去单件服装，则估算时应该从附录 B1 中提供的整套服装热阻的平均值中增加或减去单件服装热阻的值。

方法三：所求的整套服装也可以是从附录 B2[3]中所提供的单件服装热阻的总和。

采用 ASHRAE 55—2004 表中列出的单件服装热阻来定义整套服装热阻，即为单件服装热阻的总和。为了计算的方便，在服装热阻超过 1.5clo 的情况时，仍采用求和的方法。因此，在本节中服装热阻只是其基础热阻，而不是实际的衣着隔热效果。

椅子对服装热阻的影响取决于椅子与人体接触的面积以及座椅的材质。表 3.4 给出了不同类型椅子所提供的附加热阻。

表 3.4 椅子所提供的附加热阻（仅对站立着服装热阻在 0.5～1.2clo 时有效）[4]

椅子类型	附加热阻/clo
网布椅（net chair）	0
金属椅（metal chair）	0
木扶手椅（wooden side arm chair）	0
板凳（wooden stool）	+0.01
标准办公室椅子（standard office chair）	+0.10
材质高级的软椅（executive chair）	+0.15

3.3.3 新陈代谢率的估算

人体新陈代谢率（metabolic rate，MR）是人体生命活动的基础，受多种因素影响，除年龄、性别、进食后时间长短、神经紧张程度及环境等因素的不同影响外，主要取决于人体的活动量或者生产劳动强度。为减少各因素对能量新陈代谢率的影响，引入基础代谢率，规定未进早餐前，保持清醒静卧半小时，室温条件维持在 18～25℃测定的代谢率为基础代谢率（basal metabolic rate, BMR），以此作为衡量不同情况下能量新陈代谢的基准。

人体在进行新陈代谢的过程中，是通过化学反应释放体能，进而变成热和肌肉的有效功的，这一体能值的大小经常被定义为能量代谢率。生理学家按人体活动所需要的氧气量以及二氧化碳排放量来确定人体新陈代谢过程中产生的体能，计算人体能量代谢率的公式为

$$M = 352(0.23\mathrm{RQ} + 0.77)V_{Q2} / A_D \tag{3.2}$$

式中：RQ 为呼吸商，定义为单位时间内呼出二氧化碳和吸入氧气的物质的量之比；V_{Q2}为环境参数在 0℃、101.325kPa 条件下单位时间耗氧量体积（L/min）；A_D为裸身人体皮肤表面积（m^2），可用下式计算为

$$A_D = 0.202m^{0.425}H^{0.725} \tag{3.3}$$

式中：m、H 为人的体重（kg）与身高（m）。

如果某人身高为 1.78m，体重为 65kg，则其皮肤表面为 1.8m^2左右。

人体能量代谢率在一定的环境温度范围内（22.5～35℃）比较稳定，当环境温度升高或降低时，代谢率都会增加。如在低于 22.5℃温度下停留 1～2h 后，身体出现冷颤，同时产热量开始增加；环境温度升高时，细胞内的化学反应速度增加，排汗、呼吸以及循环技能加强则也会导致代谢率增加。

人进食后产热量会逐渐增加，并延续 7～8h。所增加的热量值取决于食品的性质。全蛋白质食物可增加热量 30%，糖类或脂肪类食物只能增加 4%～6%，混合食物一般增加产热量 10%。人体的基础代谢率 BMR 随年龄逐渐下降，少年较高，老年较低。女性比男性低 6%～10%，我国男女随年龄变化的 BMR 见表 3.5。BMR 正常变动范围为 10%～15%，若超过 20%，则属病理状态。

表 3.5　中国人基础代谢率平均值 BMR　　（单位：W/m^2）

年龄/岁	11～15	16～17	18～19	20～30	31～40	41～50	51 以上
男	54.3	53.7	46.2	43.8	44.1	42.8	41.4
女	47.9	50.5	42.8	40.7	40.8	39.5	38.5

采用式（3.2）计算 M 值时，一般成年人在静坐和轻劳动（$M<87.2W/m^2$）时可取 RQ=0.83，而在重劳动（$M>290W/m^2$）时 RQ 可取 1.0，中间状态可以线性插值得到。10%的 RQ 估算误差最多会带来 3%的代谢率计算误差。

表 3.6 给出的成年男子在不同活动强度下保持连续活动的能量代谢率。其中静坐时的代谢率定义为 $1met=58.15W/m^2$，正常健康人 20 岁时的最大代谢率可以达到 12met，但到 70 岁时就会下降到 7met。长跑运动员最高可达 20met。35 岁左右的未专门训练的成年人最大代谢率约为 10met。代谢率达到 5 met 以上，人就会感到非常疲劳。对于交替从事不同强度劳动时，则可采用不同强度类型的代谢率按劳动时间进行加权平均获得代谢率。对于大于 3met 以上的代谢率则可取类似劳动强度的代谢率值，但误差较大。

表 3.6　成年男子在不同活动强度下的能量代谢率

活动类型	W/m^2	met
斜倚	46.5	0.8
静坐	58.15	1.0
坐姿活动（办公室，居所、学校、实验室）	69.8	1.2
立姿，轻度活动（购物、实验室工作、轻体力作业）	93.0	1.6
立姿，中度活动（商店售货、家务劳动、机械工作）	116.3	2.0
步行，2km/h	110.5	1.9
步行，3km/h	139.6	2.4
步行，4km/h	162.8	2.8
步行，5km/h	197.7	3.4
睡眠	40.7	0.7
驾驶载重车	185	3.2
跳交际舞	140～255	2.4～4.4
体操/训练	175～235	3.0～4.0
打网球	210～270	3.6～4.0
下楼	233	4.0
上楼	707	12.1
跑步，8.5km/h	366	6.3

3.3.4　相关分析和整合分析[2]

3.3.4.1　相关分析

热舒适现场研究所得数据主要采用两种相互关联的方法进行分析。第一种方法是按给定的室内热环境指标将数据分组，通过线性回归获取热感觉与室内热环境指标的关系。室内热环境指标可为空气温度、操作温度、黑球温度、新有效温度或标准有效温度。通常按每组 0.5℃的温度范围设计分组，尽管每组的样本量对统计分析结果的显著性和含义十分重要，却很少被提及或精心设计，按样本量加权回归的方法在一定程度上减少了组间样本量差别的影响。

采用第一种方法得到的结果通常表示为中性温度和可接受温度范围，前者通过假定热感觉为 0 求解回归公式得到，后者基于 ASHRAE 55 热感觉标尺的中间三个类别为可接受的假设加以确定。在文献中可发现许多不同建筑、城市、国家、季节和气候下得到的中性温度和可接受温度范围，它们一方面与 ISO 7730 或 ASHRAE 55 标准对比，对比结果视为现行标准不适用的佐证和未来标准编制的参考，另一方面与 PMV 模型预测值或在不同建筑类型、季节或气候间对比，对比结果视为热适应的证据。

第二种方法是汇总在不同月份、季节或气候下采用第一种方法得到的分析结果，通过线性回归获取室内中性温度与室外热环境指标的关系。室外热环境指标可为室外月平均或移动平均空气温度或新有效温度。通过文献综述可列出一份来自于不同建筑、城市和气候的回归关系式清单。de Dear 和 Brager 进一步将第二种方法的分析结果在建筑类型间作比较，发现了自然通风建筑与空调建筑的显著差异，并将此视为心理适应的重要证据。

在许多研究中，与热适应特别相关的信息，尤其是多种适应行为出现的频率或概率，也通过统计分析与室外或室内热环境指标建立关系，这为行为调节提供了直接证据。

3.3.4.2　整合分析

整合分析，即汇总许多单项研究结果以找出它们的共性特征，是现场研究第二种分析方法的主要思路。现场研究中的两个大规模整合分析分别由 de Dear 与 Brager 和 McCartney 与 Nicol 完成。de Dear 与 Brager 在 ASHRAE RP-884 项目中汇总了来自四大洲 160 栋建筑的 21 000 组原始数据，通过整合分析分别得到了空调建筑和自然通风建筑的室内舒适温度与室外有效温度的线性关系，这些关系被认为适用于从热带到温带的大范围气候。McCartney 与 Nicol 在欧盟资助项目 SCATs 中汇总了欧洲 5 个国家 26 栋建筑的 31 939 组原始数据，通过整合分析得到了适用于欧洲所有类型建筑（包括自然通风、机械通风、集中空调和混合模式建筑）的欧洲适应控制算法。在中国也进行了整合分析的小规模尝试，通过收集若干城市的观测结果，得到了一个大区域和整个国家的室内中性温度预测模型。

整合分析因大量数据的汇总和共性特征的挖掘，其结果被认为有更强的适用性，可更广泛地推广和应用。然而，这在与热适应相关的现场研究中并不总能实现。举例来说，在不同气候和建筑类型中的人因热适应作用的不同其热反应也会有所不同。在热带气候中生活的人与温带气候的人相比，对偏热环境的不适感较弱，可接受温度范围较宽（图 3.4）；自然通风建筑与空调建筑相比，室内舒适温度与室外热环境的联系更为紧密（图 3.5）。整合分析试图通过所有数据的汇总和统计分析，得到适用于所有气候和建筑类型的通用关系式，即斜率为图 3.4（a）和（b）线性关系斜率均值的适用于两种气候的关系式，以及斜率为图 3.5（a）和（b）线性关系斜率均值的适用于两种建筑类型的关系式。如此得到的关系式实际上在很大程度上遗失了形成于不同气候和建筑类型的热适应的重要信息，而仅适用于某种“假想平均”的气候和建筑类型。使用第二种分析方法整合分析时，应对收集到的单项研究进行仔细观察，并对整合分析的合理性进行充分论证。

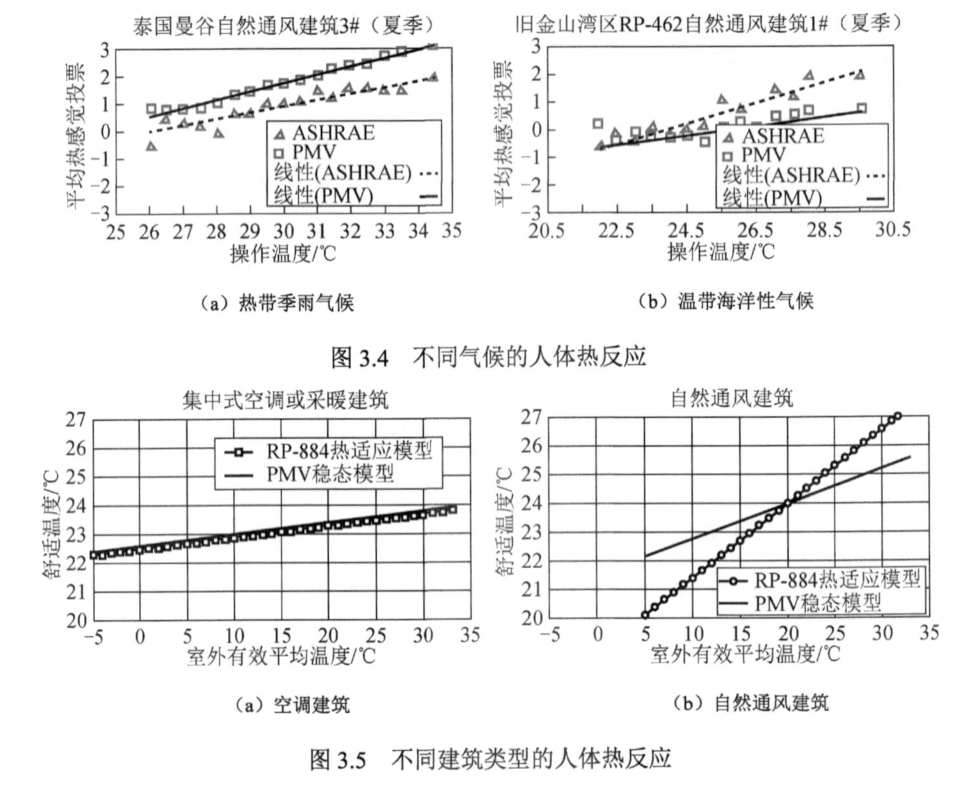

（a）热带季雨气候　　（b）温带海洋性气候

图 3.4　不同气候的人体热反应

（a）空调建筑　　（b）自然通风建筑

图 3.5　不同建筑类型的人体热反应

3.3.5　中性温度的计算

热舒适研究的目的之一是要确定人们在什么样的物理环境下感觉舒适，为此，不管是实验室还是现场研究，都要收集大量受试者的热反应和相应的环境参数数据。中性温度是在一定的环境中人们感觉不冷不热的温度，即受试者的热感觉投票为“中性”（0）时所对应的温度。中性温度通常采用以下三种方法求解。

第一种方法：概率法。

采用概率分析的方法，即 Probit 回归法。所有的受试者被分成两组：“比中性暖”和“比中性冷”，然后，计算每 0.5℃温度区间内“比中性暖”的人数所占百分比，“比中性暖”的人数包括热感觉投票为热、暖、稍暖的所有受试者以及热感觉投票为中性的人数的一半。剩下的人数即为“比中性冷”的人数。图 3.6 给出了“比中性暖”所占百分比与温度之间的 Probit 回归分析，中性温度就是当 Probit 模型中 50%反应比率所对应的温度。

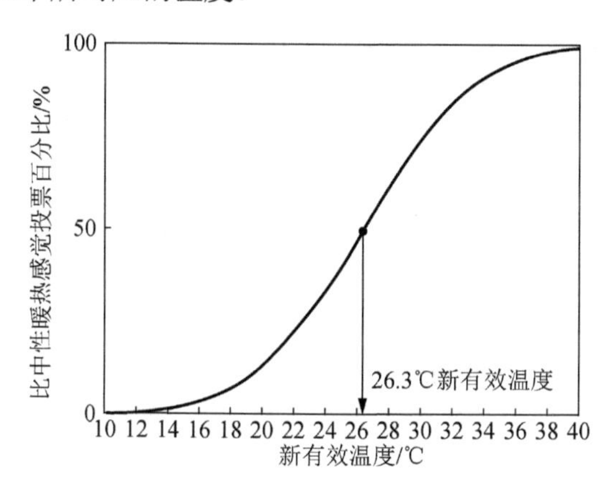

图 3.6　Probit 概率法求解中性温度

该方法最初由 Webb 提出[5],后在中国台湾一个校园建筑的热舒适分析中得以应用[6]。

第二种方法：线性回归分析。

用于计算中性温度最常用最传统的方法是线性回归分析，将现场调查观察到的实际热感觉投票值 TSV 作为因变量，相应的室内温度 T 作为自变量，两者进行线性回归，得到方程的一般形式为

$$\mathrm{TSV}=a\times T+b \tag{3.4}$$

式中：a 为回归系数；b 为截距。

当 TSV=0 时，所对应的室内温度就是中性温度。方程的回归系数（斜率）反映了受试者的主观热感觉对温度变化的敏感程度。

由于影响热感觉因素的多样性和复杂性以及个体之间热感觉的差异，如果将现场得到的热感觉及相应的温度直接进行回归，得到的回归方程虽然具有统计学上的意义，但相关系数往往较低，故实际操作中，国内外很多学者都采用平均热感觉（mean thermal sensation，MTS）来代替实际热感觉 TSV。采用温度频率法（即 Bin 法）[7]将室内温度以 0.5℃为间隔，分为若干个温度区间，以每一个温度区间内的平均温度为自变量，以受试者在每一温度区间内的热感觉投票值的平均值（MTS）为因变量，通过权重线性回归分析得到

$$\mathrm{MTS}=a\times T+b \tag{3.5}$$

通过温度频率法和权重线性回归后所得到的中性温度与直接回归法得到的中性温度在数值上几乎没有差别，但相关系数却显著提高。

de Dear 在全球热舒适研究中中性温度的计算采用的就是这种方法，当样本量较大而且调研的温度分布范围较大时，建议采用这种方法，在中国的现场研究中，中性温度的计算方法均采用线性回归方法。

第三种方法：格里菲思常数法（Griffiths constant）。

不管是采用回归分析还是概率法，都需要大量的数据和较宽的温度范围才能达到一定的精度。如果在调查的过程中，人的适应性水平发生变化，所得到的中性温度就只是当时调查的一个平均值。如何才能从一个相对较小的样本里得到中性温度呢？格里菲思建议采用一个简单的标准值用做舒适投票和操作温度之间的线性回归系数，这个系数 b 常被称为“格里菲思常数”，该系数的确定是假定无适应性水平发生时（对温度的改变使用者不采取任何的适应性改变）人的热感觉与操作温度之间回归系数的最大值，Humphreys 等推荐采用 0.5，具体参见文献［8］。按照这种方法，如果调查期间的平均热感觉投票［$\mathrm{TSV}_{(mean)}$］和平均操作温度［$T_{op(mean)}$］已知，就很容易计算出受试者在感觉中性时所对应的中性温度［$T_{op(n)}$］，即

$$T_{op(n)}=T_{op(mean)}-\mathrm{TSV}_{(mean)}/b \tag{3.6}$$

在欧盟的 SCATs 项目中，中性温度的计算即采用这种方法[9]。但是常数 0.5 的取值是假定受试者在温度变化时无任何适应性行为发生，事实上，当温度变化时，人们可以加减衣服、使用风扇或打开窗户等，这些行动将使得人们对舒适温度的投票结果产生变化。因此，采用“格里菲思常数”来估计中性温度的有效性也遭到部分学者的质疑[10]。

在现有热舒适研究中，第二种线性回归法因其实用简单而得到广泛应用，本书主要采用线性回归法作为中性温度的求解方法。

中性温度与通常所说的舒适温度有一定区别，中性温度是热感觉为 0 时一群人感觉不冷不热的温度，通常可以通过数据分析得出结果。舒适温度就是在该温度下，一个人或一组人感觉最舒适，或“对这一热环境是最满意的”，因此，舒适温度更偏重于心理状态的描述。一般来说，当热感觉呈正态分布时，中性温度就是一组人的舒适温度，两者在数值上是相等的[11]。事实上，居住在寒冷气候的人们往往用“温暖舒适”来描述他们期望的热环境，而生活在炎热气候区的人们，则用“凉爽清新”来表达他们的热期望[12]，在稳态环境下，即在偏热或偏冷环境中，人们感觉舒适的温度通常为中性偏凉或中性偏暖，也就是我们常说的期望温度或偏好温度。

在动态环境中，气候和人的适应水平都是随时间而动态变化的，不同地区的中性温度只是反映了不同地区之间的相对差异，如果从应用的角度来讲，大多数人可接受温度的范围可能更有意义。

3.3.6　期望温度的计算

在偏冷的气候中人们一般偏好较暖的环境，而在偏热的气候中偏好较凉的环境，这里的偏好温度就是期望温度。现场研究中多采用线性回归方法求解冷不满意率或热不满意率的交点来确定期望温度（图 3.7）。这种线性预测方法仅适合一定的温度范围，当温度较高或较低时，不满意率的变化趋势呈现非线性的特点。针对这一问题，提出运用 Probit 二分变量方法求解受试者的期望温度的方法（图 3.8）。采用 Probit 回归模型比采用线性回归的相关系数更高，更适合实际建筑的现场热舒适研究。

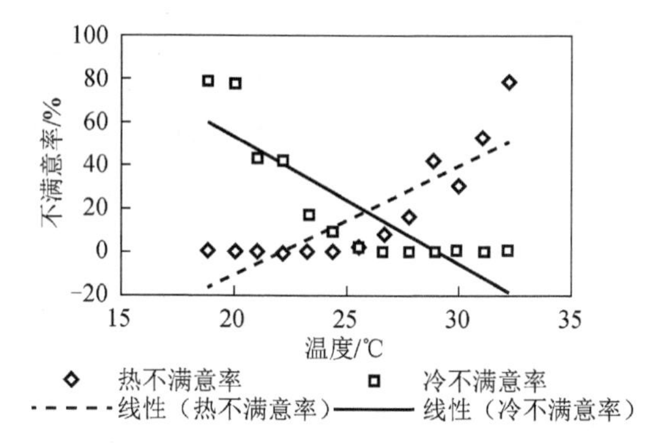

图 3.7　线性回归方法

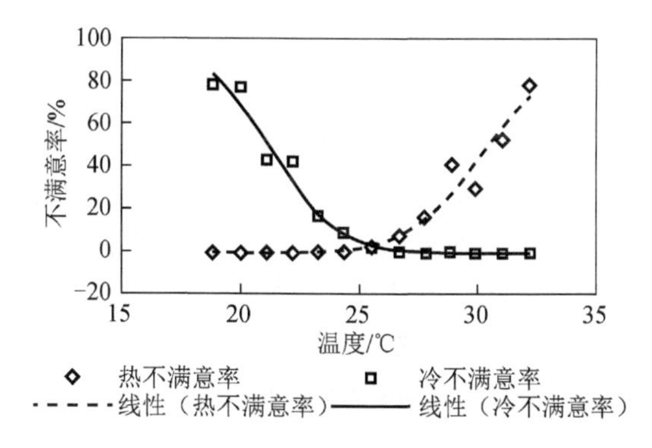

图 3.8　Probit 回归方法

3.3.7　可接受温度范围的计算

热舒适研究表明，室内舒适可由减少不舒适的行为形成，不舒适可能因人们不能控制环境引起，因此，舒适区的宽度取决于这两种行为之间的一种平衡。一种是这种环境没有改变服装或行为的可能性，或者是空气不能流动，舒适区就只有±2℃那么窄。另一种是，适应机会有效和可行，舒适区可能会更宽泛一些。因此，可接受范围的大小取决于适应机会的有效性和可行性[13]。由于人的个体差异，即便在实验室中性温度或最佳温度下，也仍然会有5%的人感觉不满意，因此，一般规定80%的人，即大多数人可以接受的温度范围即为可接受温度范围。

可接受温度范围的求解通常有以下三种方法。

1. 间接热感觉法

间接的意思是假定热感觉在 ASHRAE 55 标准中七点标度中间三个标度以内（稍暖、中性、稍凉）时为人们对热环境表示可以接受，而不是直接询问受试者是否可以接受。实验室研究表明，受试者的预测平均热感觉投票为±0.85（或者±0.5）时，分别有20%（或10%）的受试者对环境表示不满意。把 PMV-PPD 的这种关系直接应用到实际建筑的热感觉和室内温度的回归模型中，从而得到每栋建筑物80%（或90%）可接受温度的范围。de Dear 就是按这样的方法，将所有自然通风建筑的舒适区范围进行平均，从而产生了80%（或90%）的人可接受的温度范围[14]。

2. 间接概率法

仍然是假定热感觉七点投票中间三个标度为人们可以接受，将温度按0.5℃进行分区，采用概率法来计算人们在一定的温度范围内可接受的人数占该范围内全部投票人数的百分比，80%的受试者可以接受的温度范围即为可接受温度范围。

3. 直接法

该方法借助于问卷中的典型问题："对于此刻的热环境，您是否可以接受？"答案分为是和否，将温度按0.5℃划分区间，求解每个温度区间内可接受的人数与全部投票人数的比率，采用回归法确定可接受率和温度两者之间的关系，当可接受率为80%（或90%）时，所对应的温度区间，即为可接受温度范围。

比较以上三种方法，前两种方法存在的问题是：热感觉投票为中间三个标度时假定为人们对所处环境表示"满意"或"可以接受"，这在稳态均匀环境中是适用的，但在真实建筑的非均匀动态环境中，两者存在分离的可能[15,16]，因而假定中间三个标度为"可接受"或"满意"并不一定反映实际情况。

现场研究表明[17,18]，当实测不满意百分比 PD 最低时，实际热感觉投票 TSV 并不在热中性状态（TSV=0），而是处在一个中性偏热（冬季）或中性偏冷（夏季）的状态，即寒冷地区的人们最为满意的热环境可能偏向于稍暖的那侧，而炎热地区的人们最为满意的热环境可能偏向于稍凉的那侧。这说明 TSV 和 PD 之间的关系在实际生活中并非以 TSV=0 两侧对称分布的，而人们在不同季节感觉中性偏冷和中性偏暖的范围也不一定对称，即10%和20%不满意百分比并不正好对应热感觉投票值±0.5和±0.85。而间接热感觉法把气候室研究中所得到的PMV和PPD的关系直接应用到现场研究中，这在真实建筑中并不总是成立，显然这种方法有一定的局限性。

对于第二种方法间接概率法，如果调研时间为酷暑或严寒季节，人们的热感觉投票中往往无"凉"（−2）、"冷"（−3）或"暖"（+2）、"热"（+3）的投票，因而仅能求出可接受温度的上限或下限，而且概率法要求有足够多的样本以及相应长的温度区间，故这种方法受调研气候、季节和样本量的限制。

第三种方法可以直接判断真实建筑中人们对温度的可接受状态，现场研究中确定可接受温度范围的最佳方法是应用直接询问的可接受度投票[19,20]，因而在今后的现场调研中，鼓励采用第三种方法。

3.4 热适应模型的建立

1976年，Humphreys通过对世界范围内热舒适现场研究调研数据的分析，首次开创性地给出了自然通风建筑内中性温度和室外温度的线性关系式，这就是著名的热适应模型。在热适应模型的推导和应用过程中，涉及两个变量，一个是中性温度，一个是室外主导温度，这两个参数的数据分析单元、来源和计算方法在热适应发展的不同时期和不同研究团队中各不相同。

从热适应模型的推导过程来看，在中性温度和室外温度的求解和选择上并不统一，除中性温度较多采用线性回归外，室外温度的不同时间尺度是目前存在的最大的问题。温度在一月内是波动变化的，早期的热适应模型采用室外月平均温度可能会掩饰了影响受试者主观热反应的相当多的文脉因素，那么，在热适应模型中，究竟采用室外即时温度还是室外过去一段时间内的权重连续平均温度呢，这是值得我们进一步研究和探索的问题。

3.4.1 现有热舒适模型

从20世纪60年代开始，大量的热舒适研究结果和模型被提出，这其中最常用的两个模型是由Fanger和Gagge所提出的PMV稳态模型和二节点瞬态能量模型。ISO 7730采用Fanger的模型，而ASHRAE 55则采用Gagge的新有效温度ET^*来定义热舒适区的边界。

表3.7为现有的8个生理学基础热舒适模型[20]。所谓生理学基础热舒适模型系指这样的一种运算法则，它以特定的环境物理参数或与人有关的参数为输入参数，通过它可以预测处于某一室内环境的人体热状态和热舒适投票。

表 3.7　现有热舒适模型

序号	年份	作者	描述
1	1964	Wissler	225 节点有限元模型
2	1970	Fanger	PMV 稳态模型
3	1970	Stolwijk	25 节点基础传热模型
4	1970	Gagge 等	2 节点基础传热模型
5	1976	Dear 和 Ring	40 层有限差皮肤层模型
6	1990	Int-Hout	修正后的 PMV 模型
7	1990	Jones	瞬时反应的 2 节点模型
8	1992	Tanabe	修正后的 Stolwijk 模型

3.4.2　热适应模型的建立

在热舒适现场调查大量统计数据的基础上，Humphreys 发现自然通风与采暖空调这两类建筑的情况明显不同，在自然通风建筑内舒适温度与室外温度的关系接近于线性，而对于采暖空调建筑这种关系则较为复杂。各地区由于气候、地理、文化、技术以及人们生活习惯、生活水平、生理特点等各方面的差异，各地所得的热适应模型不尽相同，表 3.8 列出了国外部分学者得到的热适应模型。

表 3.8　国外热适应模型汇总

研究者	热适应模型	调研时间	调研地点	样本量
Humphreys	T_n=0.534T_{a,out_av}+13.5	1976 年之前	非洲、美国、亚洲、欧洲、澳大利亚	200 000
Nicol	T_n=0.38T_{a,out_av}+17.0	1993～1994	巴基斯坦（五个城市）（短期）	4927
Nicol	T_n=0.36T_{a,out_av}+18.5	1995～1996	巴基斯坦（五个城市）（长期）	7112
de Dear	T_n=0.31T_{a,out_av}+17.8	1997～1998	澳大利亚、加拿大、希腊、印尼、巴基斯坦、新加坡、泰国、英国、美国	21 000
Heidari	T_n=0.36T_{a,out_av}+17.3	1998	伊朗（短期）	891
Heidari	T_n=0.292T_{a,out_av}+18.1	1999	伊朗（长期）	3819
McCartney	T_n=0.33T_{a,out_av}+18.8	2002	法国、希腊、葡萄牙、瑞典、英国	4500
Bouden	T_n=0.68T_{a,out_av}+6.88	2005	突尼斯	2400

注：T_n 为中性温度（℃），T_{a,out_av} 为室外平均空气温度（℃）。

与 PMV 模型不同的是，适应性热舒适模型不是用来预测舒适感觉或舒适反应的，而是用来研究人们长期生活过程中人体热感觉与环境参数的关系，这些研究结果都充分表明舒适温度与室外温度即与当地气候特征的显著相关性，特别是与室外温度的关系。

在热适应模型的建立和应用过程中，涉及两个变量，一个是中性温度，一个是室外主导温度，这两个参数的数据分析单元、来源和计算方法在热适应发展的不同时期和不同研究团队中各不相同。

3.4.2.1 Humphreys 和 Auliciems

在热适应模型的早期尝试中，Humphreys 和 Auliciems 一般都是把某一次现场研究全部的数据作为一个分析单元，得到该次调研的中性温度和室外平均空气温度，然后把多次调研的中性温度和室外平均空气温度汇总到一起，两者进行线性回归分析，得到的方程式即为热适应模型。如 Humphreys 汇总了 1976 年之前的 27 个现场研究的数据，得到自然通风建筑的热适应模型。

3.4.2.2 de Dear

1998 年，de Dear 在 ASHRAE 所倡导的 RP—884 项目中，热适应模型的中性温度和室外温度是以每栋建筑为一个数据分析单元，中性温度通过线性回归的方法，把每栋建筑几天到几周内数以百计的受试者的舒适投票与当时当地所记录的操作温度回归得到，只有那些显著性水平在 0.05 以上达到统计明显性的中性温度才可以进入随后热适应模型的分析，室外温度是以产生该中性温度相匹配的那段时间内的平均温度，再把每栋建筑的中性温度和室外平均温度（最初采用的是平均有效温度，后来以平均室外空气温度代替）进行回归分析，即得到热适应模型。

3.4.2.3 Nicol

在欧盟的 SCATs 项目中，适应模型的中性温度采用的是“格里菲思常数”法（用于表示无适应发生时热感觉与环境操作温度的关系，一般取值为 0.5，即热感觉变化 1 个标尺刻度，温度变化 2℃），而室外气候指标采用调查期间的指数权重连续平均温度（α=0.8，即过去七天的权重连续日平均温度），然后把两者进行线性回归得到欧洲的适应控制算法[11]。

从热适应模型的推导过程来看，在中性温度和室外温度的求解和选择上并不统一，除中性温度较多采用线性回归外，室外温度的不同时间尺度是目前存在的最大的问题。温度在一月内是波动变化的，早期的热适应模型采用室外月平均温度可能会掩饰了影响受试者主观热反应的相当多的文脉因素，那么，在热适应模型中，究竟采用室外即时温度还是室外过去一段时间内的权重连续平均温度呢，这是值得我们进一步研究和探索的问题。

3.5 适应性热舒适评价指标

在热舒适的现场研究中，室内和室外通常采取不同的评价指标，即便对同一环境进行评价，采用不同的热舒适指标其结果是有差异的。

3.5.1　室内热环境评价指标

目前在现场研究中仍被使用的简单指标为空气温度（T_a），其次是操作温度（t_{op}），该指标考虑了空气温度和平均辐射温度的权重平均。接下来较为复杂的为新有效温度 ET*，它在操作温度的基础上又考虑了湿度的影响。更复杂的指标为标准有效温度 SET 和预计平均热感觉指标 PMV。以上指标又被分为简单指标和复杂指标两大类。通常把包含一到三个变量影响的指标称为简单指标，如空气温度 T_a、操作温度 t_{op}、有效温度 ET 和新有效温度 ET*，而像标准有效温度 SET 和 PMV 因为包含了影响人体热感觉的六个变量因而称之为复杂指标。

在现场研究中到底采用以上哪种指标合适，目前学术界有两种声音：

Fanger 认为，采用简单指标分析所得结果只能严格应用于该项研究所涵盖的条件[21]，因为简单指标并未包含影响人体热反应的其他变量的影响，因此不能对研究范围以外的具有不同着衣量和活动量水平的人群或建筑热环境做出合理预测。而复杂指标包括所有变量的影响，因此不仅适用于测试变量处于研究范围以内的环境，还可扩展到一个或几个变量处于研究范围之外而综合指标处于范围之内的环境[22]。

Humphreys 则持另外一种观点[22]，简单指标像空气温度和黑球温度在解释现场研究中受试者的主观热反应时通常并不次于更复杂的指标。他用 ASHRAE 数据库和 SCATs 数据库进行了评价分析，因为这两个数据库都包括了室内环境条件的多样性，因此可以提供这些指标的严格测试。通过把这些指标与热感觉投票之间的关系进行相关分析（表 3.9），结果表明，复杂指标并不比空气温度或黑球温度要好，人们的热感觉与简单指标空气温度和操作温度的相关性最好，其次是新有效温度 ET*，而 SET 和 PMV 最差。

表 3.9　热感觉投票和主要热指标之间的 Pearson 相关系数

数据库		MTS	T_a	t_{op}	ET*	SET	PMV
ASHRAE 数据库（样本量 N=20 468）	MTS	1	0.514	0.515	0.507	0.430	0.462
	T_a	0.514	1	0.996	0.980	0.776	0.834
	t_{op}	0.515	0.996	1	0.985	0.776	0.834
	ET*	0.507	0.980	0.985	1	0.783	0.827
	SET	0.430	0.776	0.776	0.783	1	0.931
	PMV	0.462	0.834	0.834	0.827	0.931	1
SCAT 数据库（样本量 N=4 068）	MTS	1	0.352	0.333	0.319	0.200	0.249
	T_a	0.352	1	0.968	0.912	0.320	0.442
	t_{op}	0.333	0.968	1	0.952	0.371	0.488
	ET*	0.319	0.912	0.952	1	0.410	0.489
	SET	0.200	0.320	0.371	0.410	1	0.848
	PMV	0.249	0.442	0.488	0.489	0.848	1

因此，包括六个热环境变量指标的理论优势在现场研究中并不能产生实际的效果，相反却有诸多不足。PMV 和 SET 指标都是基于稳态热平衡方程，前提是假定新陈代谢产热量和显热损失保持不变，这在现实生活的动态热环境中并不是总能满足；而在现实环境中，各变量的变化范围往往会超出实验室所规定的范围，再加上六个变量的测量误差（特别是服装的估算误差较大），拿 PMV 和 SET 在稳态环境中适用的关系式去评价现场研究中人们的热舒适，难免会有一些误差，这在 ASHRAE 数据库中已经得到了量化[23]。

因此，测量和计算方面的复杂性和实际应用的不便，使得复杂指标在现场研究中使用较少，仅有个别研究者使用[10,24,25]。简单指标如操作温度因其成熟的测试技术、明确的物理意义和便利的实际应用条件，常常被选择用于现场研究。

3.5.2　室外热环境指标

热适应模型强调的重点是建筑使用者“舒适设定点”的时间可变性，尤其是随室外温度的变化而变化[14]。因此，室外热环境的评价指标必须考虑时间的可变性，不同时间尺度的室外热环境指标均有采用。

最为常见的室外热环境指标是形成中性温度所对应的调查期间当地的室外气象参数，如 de Dear 在 1998 年的 RP-884 项目中采用的大多是这种形式，在最初的研究报告中室外气象参数采用的是考虑湿度影响的新有效温度 ET^*，但在应用到 ASHRAE 55—2004[3]的适应性热舒适标准中时又采用了简单的室外空气温度，原因是因为 ET^*要求更专业的软件和操作来计算，工程实践中大多数暖通工程师不可能都会使用。因此在实际应用操作中采用考虑湿度影响的新有效温度 ET^*并不太适用[14]。但在热适应模型形成的早期，很少有研究者获得调查期间当地的天气数据，因此只能从较易得到的临近地区的世界气象列表（过去若干年的历史平均数据）中的历史平均温度的数据来代替。后来的研究表明，室外平滑周平均温度（exponentially weighted mean outside temperature）与人们的热反应的关系更为精确，特别是服装行为随室外温度的变化用该指数描述时更为合理和精确[26]。

室外温度的“连续平均”接近于核物理和医学上的半衰期计算，某一天的室外平滑周平均温度可以被表示成如式（3.7）所示的序列

$$T_{rm}=(1-\alpha)(T_{od\text{-}1}+\alpha T_{od\text{-}2}+\alpha^2 T_{od\text{-}3}+\alpha^3 T_{od\text{-}4}+\cdots) \tag{3.7}$$

式中：T_{rm}为某个特定天的室外平滑周平均温度（℃）；α为常数（<1）；$T_{od\text{-}1}$为特定天前一天的日平均温度（℃），$T_{od\text{-}2}$为特定天的前两天的日平均温度（℃）；$T_{od\text{-}3}$为特定天的前三天的日平均温度（℃）。以下依此类推。这里注意的是式（3.7）中没有用到当天的日平均温度，这是因为一般直到下午 3 点才能知道今天的最高温度。因为α的值在 0～1，α的大小反映了室外温度连续平均改变的快速反应程度，这个序列对最接近于当前天的那天赋予了最大的权重，适应性方法假定中性

温度与个人的热历史相连，而他最近的经历对热历史的影响最大。这使得指数权重作为一种对过去温度的权重精确性更高。指数权重系统引起任何过去温度重要性的衰减，半衰期为 0.69/(1−α)，α越大，半衰期越长（这等同于人们更为熟悉的放射性元素的半衰期）。因此，α的确定就成了关键。对于 SCAT 项目来说，α=0.8 时其相关系数最大，因此α=0.8 为最优值[9]。

Nicol 和 Humphreys[13,27]采用室外平滑周平均温度来反映舒适温度和服装热阻的时间常数。Morgan 和 de Dear[26]也采用室外平滑周平均温度来对服装行为进行研究（图 3.9），结果表明，室外温度对热适应的影响是过去一周内的权重连续平均，七天短得足够包含最近的天气动态的变化，长得足够捕捉到“天气的记忆和暂留（weather memory and persistence），de Dear 给出了服装行为过去七天连续平均室外温度的权重系数，即

$$T_{rm}=0.34T_{od\text{-}1}+0.23T_{od\text{-}2}+0.16T_{od\text{-}3}+0.11T_{od\text{-}4}+0.08T_{od\text{-}5}+0.05T_{od\text{-}6}+0.03T_{od\text{-}7} \quad (3.8)$$

但 de Dear 对连续平均温度中α的不同取值重新进行了分析和对比，指出适宜的取值并非 0.8，而在 0.6～0.9，该建议已被 ASHRAE 55—2010 所采纳[4]。以上室外平均空气温度、室外平滑周平均空气温度，以及 Humphreys 早期采用的历史平均空气温度等室外热环境指标在热适应模型的推导过程中均有使用，且被统称为“室外平均主导温度”(prevailing mean outdoor temperature)，其中室外平滑周平均空气温度因为其考虑了过去温度的重要性而逐渐受到重视。

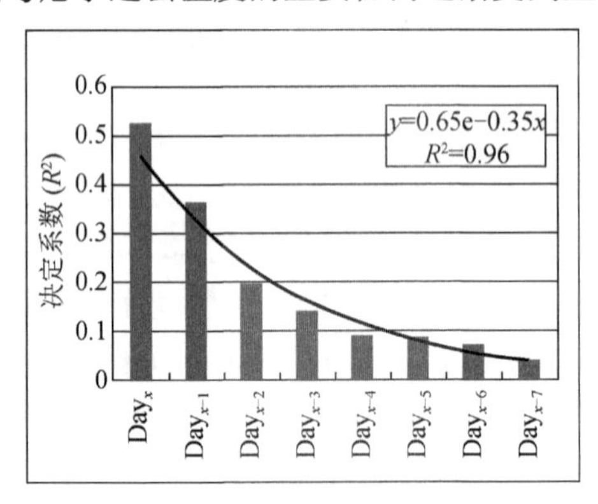

图 3.9　人们的平均服装热阻和当天及过去 7 天的日平均温度之间的统计关系[10]

（图片来源：de Dear, 2011）

参 考 文 献

[1] 曹彬. 气候与建筑环境对人体热适应性的影响研究[博士学位论文][D]. 北京：清华大学，2012.

[2] 张宇峰，赵荣义. 建筑环境人体热适应研究综述与讨论[J]. 暖通空调，2010,40(9):38-48.

[3] ANSI/ASHRAE. Standard 55－2004: Thermal environmental conditions for human occupancy [S]. Atlanta, American Society of Heating, Refrigerating and Air-Conditioning Engineers, Inc; 2004.

[4] ANSI/ASHRAE Standard 55—2010. Thermal environmental conditions for human occupancy [S]. Atlanta, American Society of Heating, Refrigerating and Air-Conditioning Engineers Inc., 2010.

[5] Webb C. An analysis of some observations of thermal comfort in an equatorial climate [J]. British Journal of Industrial Medicine, 1959, 16(4):297-310.

[6] Hwang R L, Lin T P, Kuo N J. Field experiments on thermal comfort in campus classrooms in Taiwan [J]. Energy and Buildings, 2006, 38 (1): 53-62.

[7] 茅艳. 人体热舒适气候适应性研究[硕士学位论文][D]. 西安：西安建筑科技大学，2007.

[8] Humphreys M A. Nicol J F. Roaf S. Adaptive thermal comfort: Foundations and analysis[M]. London: Rout Ledge, 2016.

[9] McCartney K J. Nicol J F. Developing an adaptive control algorithm for Europe: results of the SCATs project [J]. Energy and Buildings, 2002, 34(6): 623-635.

[10] de Dear R. Recent developments in thermal comfort standards-ASHRAE 55 [C]. International conference of WRRC-Asia & SuDBE2011, Chongqing, China 28-31 October 2011.

[11] Nicol F, Humphreys M. Derivation of the adaptive equations for thermal comfort in free-running buildings in European standard EN15251 [J]. Building and Environment, 2010, 45: 11-17.

[12] de Dear R J, Brager G S. ASHRAE RP-884 Final Report: developing an adaptive model of thermal comfort and preference [R]. Atlanta: American Society of Heating, Refrigerating and Air-Conditioning Engineers; 1997.

[13] Nicol J F. Humphreys M A. Adaptive thermal comfort and sustainable thermal standards for buildings [J]. Energy and Buildings, 2002,34:563-572.

[14] de Dear R J, Brager G S. Thermal comfort in naturally ventilated buildings: revisions to ASHRAE Standard 55 [J]. Energy and Buildings 2002, 34(6):549-561.

[15] Wong N H, Feriadi H, Lim P Y, et al. Thermal comfort evaluation of naturally ventilated public housing in Singapore [J]. Building and Environment, 2002, 37 (12): 1267-1277.

[16] Hwang R L, Cheng M J, Lin T P, et al. Thermal perceptions, general adaptation methods and occupant's idea about the trade-off between thermal comfort and energy saving in hot–humid regions [J]. Building and Environment, 2009, 44 (6): 1128-1134.

[17] 李俊鸽. 夏热冬冷地区人体热舒适的气候适应性模型研究[硕士学位论文][D]. 西安：西安建筑科技大学，2007.

[18] 杨松. 严寒地区高校教室热舒适研究[硕士学位论文][D]. 哈尔滨：哈尔滨工程大学，2007.

[19] Erlandson T M, Cena K, de Dear R. Gender differences and non-thermal factors in thermal comfort of office occupants in a hot-arid climate [J]. Elsevier Ergonomics Book Series, 2005, 3:263-268.

[20] Fountain M E, Huizenga C. Thermal sensation prediction tool for use by the profession[DB]. ASHRAE Transaction: Research.

[21] Fanger P O, Toftum J. Extension of the PMV model to non-air-conditioned buildings in warm climates [J]. Energy and Buildings, 2002, 34(6): 533-536.

[22] Humphreys M A, Nicol J F, Raja I A. Field studies of indoor thermal comfort and the progress of the adaptive approach [J]. Journal of Advances on Building Energy Research, 2007,1:55-88.

[23] Humphreys M A. Nicol J F. The validity of ISO-PMV for predicting comfort votes in every-day thermal environment [J]. Energy and Buildings. 2002, 34(6):667-684.

[24] 陈慧梅，张宇峰，王进勇，等. 我国湿热地区自然通风建筑夏季热舒适研究——以广州为例[J]. 暖通空调，2010, 40(2): 96-101.

[25] 郑立星，卢苇，陈洪杰. 南宁地区办公建筑冬季室内热舒适性及其对空调能耗的影响[J].建筑科学，2011,27(10):47-51.

[26] Morgan C, de Dear R J. Weather, clothing and thermal adaptation to indoor climate [J]. Climate Research, 24(3): 267-284.

[27] Humphreys M A. The influence of season and ambient temperature on human clothing behavior [G]. Fanger P O, Valbjomo. Indoor Climate: Effects on human comfort, performance and health in residential, commercial and light-industry buildings. Danish Building Research Institute, 1979.

第四章　不同地域气候作用下的人体热适应模型

在自然通风建筑中，由于室外气候、室内微气候与人体之间有着丰富的互动作用，使人体可以适应比空调建筑更为宽广的温度范围，而且舒适温度更多地受室外气候的影响，因而，确立室外主导气候（predominant climate）与室内热舒适之间的关系，是热舒适现场研究及其热适应模型研究的关键问题。

4.1　气 候 特 征

我国疆域辽阔，南北纬度差别大，地形地势复杂，位于亚欧大陆东南部，东临太平洋，西靠亚欧大陆导致气候具有典型的大陆性季风气候。

4.1.1　季风气候特征

所谓季风气候是指由于风的季节性变化而形成的一种气候类型。我国季风区形成的原因是我国东面的太平洋和西边的亚欧大陆，造成巨大的海陆热力性质差异，使冬夏两季气压差较大，形成显著的季风气候。其气候特征是：一年内冬、夏季节之间，盛行风向、降水等气象要素有明显的季节变化。冬季，风从大陆吹向海洋，降水稀少，气候寒冷、干燥；夏季，风从海洋吹向陆地，降水充沛，气候炎热潮湿。我国大多数地方冬季寒冷干燥，夏季暖热、多雨。大部分地区的气温年较差、降水的季节化和年际变化，都比世界上同纬度其他地区略大。

表现在气温方面：冬季，我国是世界上同纬度最冷的国家，而西欧沿海是同纬度陆地上最暖和的地区，夏季我国又是最热地区。不同地区相同纬度的平均气温差见表 4.1[1]。表中反映的是平均气温差，典型情况更是惊人。例如，英国西海岸的利物浦市和我国漠河镇纬度基本相同，可是利物浦市即使在隆冬季节，清晨最低气温多在 0℃以上，1 月份历史极端最低温度为−9.4℃，比漠河高出 42.9℃。

表 4.1　我国和地球同纬度地区平均气温比较表　（单位：℃）

地区	纬度	1 月平均气温	7 月平均气温	温度年较差
齐齐哈尔	N47°23′	−19.6	22.6	42.2
巴黎	N48°58′	3.1	19.0	15.9
北京	N39°54′	−4.5	26.4	30.9
纽约	N40°40′	−0.8	22.8	23.6
上海	N30°04′	−4.0	30.4	34.4
汉口	N30°38′	2.8	28.1	25.3

表现在降水方面：夏季，我国除了青藏高原、天山等少数高原、高山外，南北普遍高温，而且是世界同纬度上除沙漠外最热的地区。高温的夏季，也是我国降水集中的季节。高温期与多雨期一致，水热搭配好，并与农作物的生长期一致，对农作物、森林和牧草的生长十分有利。这是我国气候资源的又一大优势。然而我国降水分配不均，季节变化大，降水量的年际变化也较大。

4.1.2　东西部气候差异

中国的东、西部分界线为黑河—腾冲线，黑河腾冲之间连线以东的地方，在中国区域地理上称为东部，以西的地方称为西部。中国地形比较复杂，地势西高东低，成三级阶梯：西南部是“世界屋脊”，是全球平均海拔最高的高原——青藏高原，地势最高，为第一阶梯；以昆仑山脉、祁连山脉、横断山脉为界，向东向北下降为一系列高原和盆地，为第二阶梯；在大兴安岭、太行山、巫山、武陵山、雪峰山一线以东多为平原，为第三阶梯（图 4.1）。

我国地势东低西高，东西部气候的差异主要为季风和非季风性的差异。

东部季风性气候的主要特点为：冬季气温低，降水少，夏季气温高，降水多，雨热同期，南方冬季气温比北方高，气温年较差小，年降水量多。全年降水丰富。

西部非季风性气候的特点为：太阳辐射强烈，降水稀少，表现为干旱的气候特征，冬季寒冷，夏季炎热，气温年、日较差均较大，全年降水稀少，季节变化大。

鉴于我国的气候特点，从事室内热环境的研究工作，应充分了解当地气候特征，因地制宜，利用气候优势，避开劣势，掌握不同地区人体对气候的适应能力，建立可行的舒适性标准，是建筑气候设计的基础和关键。

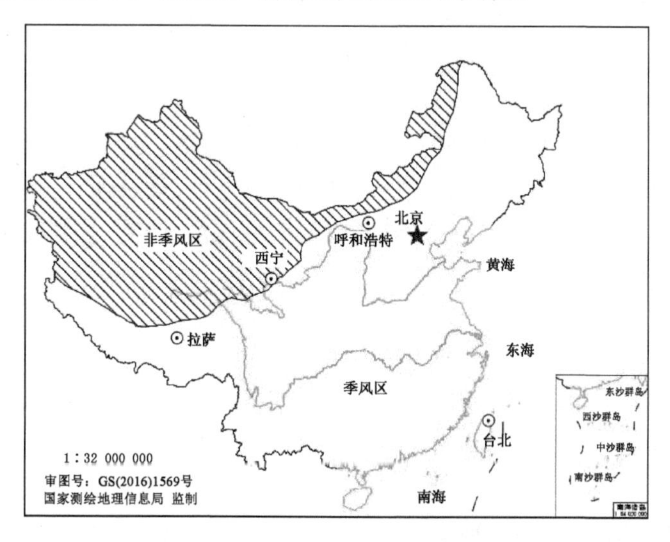

图 4.1　我国东西部气候和地势的差异

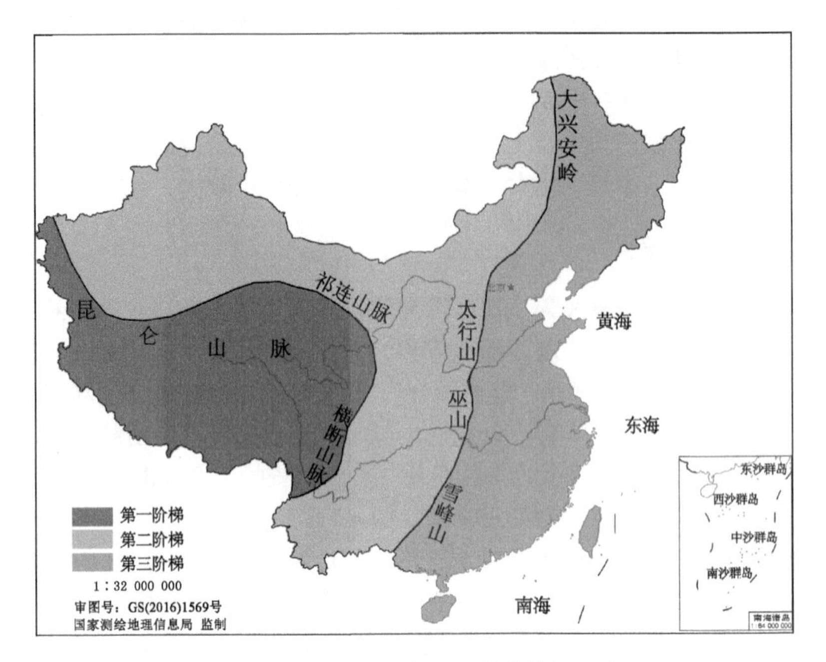

图 4.1　我国东西部气候和地势的差异（续）

4.2　考虑建筑设计的气候分区

4.2.1　建筑气候分区

建筑节能要区别对待各地区的气候条件。例如美国的加利福尼亚州，由于州内包括了沿海平原、山地、内陆谷地等各种地形，仅仅一个加州就划分了 16 个气候区，并分别规定其各自的采暖、空调设计条件。我国幅员辽阔、地形复杂，各地由于纬度、地势和地理条件的不同，气候差异悬殊，更应该明确建筑与气候的科学关系，使建筑可以更充分地利用和适应气候条件，做到因地制宜。

常见的气候分区有两种，一是建筑气候区划（图 4.2）；二是民用建筑热工设计分区（图 4.3）。

4.2.1.1　建筑气候区划

为区分我国不同地区气候条件对建筑影响的差异性，明确各气候区的建筑基本要求，从总体上做到合理利用气候资源，防止气候对建筑的不利影响，我国在 1993 年，制定了《建筑气候区划标准》（GB 50178—1993），将气候划分为一级区划和二级区划两级：一级区划又分为 7 个子区，二级区划又分为 20 个子区。

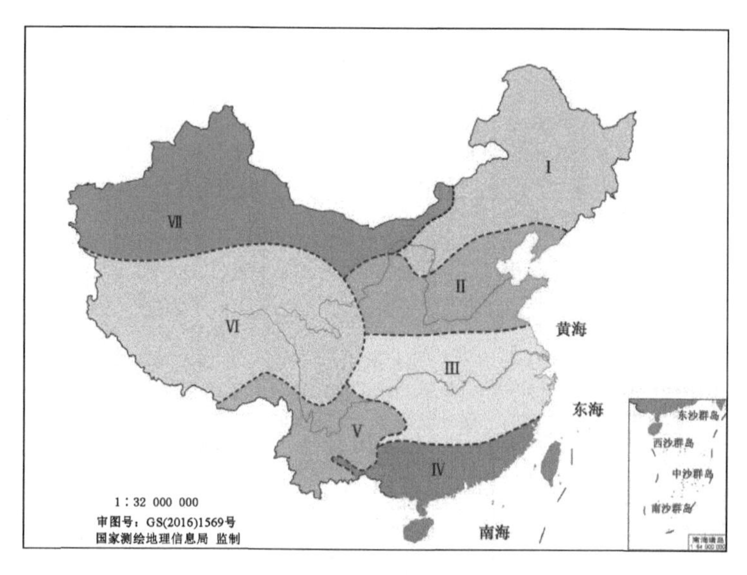

图 4.2 我国建筑气候区划图

一级区划以 1 月平均气温、7 月平均气温和 7 月平均相对湿度为主要指标：以年降水量、年日平均气温低于或等于 5℃的日数和年日平均气温高于或等于 25℃的日数为辅助指标，分区情况见图 4.2 和表 4.2[2]。

表 4.2 建筑气候区划表

建筑气候区	分区指标		气候特点
	主要指标	辅助指标	
Ⅰ	1 月平均气温为-31～10℃，7 月平均气温低于25℃，年平均相对湿度为 50%～70%	年降水量为 200～800mm，年日平均气温低于或等于 5℃的日数大于 145 天	冬季漫长严寒，夏季短促凉爽；西部偏于干燥，东部偏于湿润；气温年较差很大；冰冻期长，冻土深，积雪厚；太阳辐射量大，日照丰富；东半年多大风
Ⅱ	1 月平均气温为-10～0℃，7 月平均气温为18～28℃，年平均相对湿度为 50%～70%	年降水量为 300～100mm，年日平均气温低于或等于 5℃的日数为 145～90 天，年日平均气温高于或等于 25℃的日数少于 80 天	冬季较长且寒冷干燥，平原地区夏季较炎热湿润，高原地区夏季较凉爽，降水量相对集中；气温年较差较大，日照较丰富；春、秋季短促，气温变化剧烈；春季雨雪较少，多大风风沙天气，夏季多冰雹和雷暴
Ⅲ	1 月平均气温为 0～10℃，7 月平均气温为25～30℃，年平均相对湿度较高，为 70%～80%	年降水量为 1000～1800mm，年日平均气温低于或等于 5℃的日数为 90～0 天，年日平均气温高于或等于 25℃的日数为 40～110 天	夏季闷热，冬季湿冷，气温日较差小；年降水量大；日照偏少；春末夏初为长江中下游地区的梅雨期，多阴雨天气，常有大雨和暴雨出现；沿海及长江中下游地区夏季常受热带风暴和台风袭击，易有大雨暴风天气

续表

建筑气候区	分区指标		气候特点
	主要指标	辅助指标	
Ⅳ	1月平均气温高于10℃，7月平均气温为25～29℃，年平均相对湿度为80%左右	年降水量为1500～2000mm，年日平均气温高于或等于25℃的日数为100～200天	长夏无冬，温度湿重，气温年较差和日较差均小；雨量丰沛，多热带风暴和台风袭击，易有大风暴雨天气；太阳高度角大，日照较小，太阳辐射强烈
Ⅴ	1月平均气温为0～13℃，7月平均气温为18～25℃，年平均相对湿度为60%～80%	年降水量为600～2000mm，年日平均气温低于或等于5℃的日数为90～0天	立体气候特征明显，大部分地区冬温夏凉，干湿季分明；常年有暴雨、多雾，气温的年较差偏小，日较差偏大，日照较少，太阳辐射强烈，部分地区冬季气温偏低
Ⅵ	1月平均气温为-22～0℃，7月平均气温为2～18℃，年平均相对湿度为30%～70%	年降水量为25～900mm，年日平均气温低于或等于5℃的日数为90～285天	长冬无夏，气候寒冷干燥，南部气温较高，降水较多，比较湿润；气温年较差小而日较差大，气压偏低，空气稀薄，透明度高；日照丰富，太阳辐射强烈；冬季多西南风；冻土深，积雪较后，气候垂直变化明显
Ⅶ	1月平均气温为-20～-5℃，7月平均气温为18～33℃，年平均相对湿度为35%～70%	年日平均气温低于或等于5℃的日数为110～180天，年日平均气温高于或等于25℃的日数小于120天	地区冬季漫长严寒，南疆盆地冬季寒冷；大部分地区夏季干热，吐鲁番盆地酷热，山地较凉；气温年较差和日较差均大；大部分地区雨量稀少，气候干燥，风沙大；部分地区冬冻土较深，山地积雪较厚；日照丰富，太阳辐射强烈

注：本表内容摘自《建筑气候区划标准》(GB 50178—93)．

4.2.1.2　建筑热工设计分区

在进行建筑热工设计时，为考虑气候对室内热环境的影响，《民用建筑热工设计规范》(GB 50176—2016)，确定了我国建筑热工设计分区的原则和范围。建筑热工设计分区将全国气候划分为5个热工设计分区，如图4.3[3]所示，划分的主要指标和设计要求见表4.3[3, 5]。

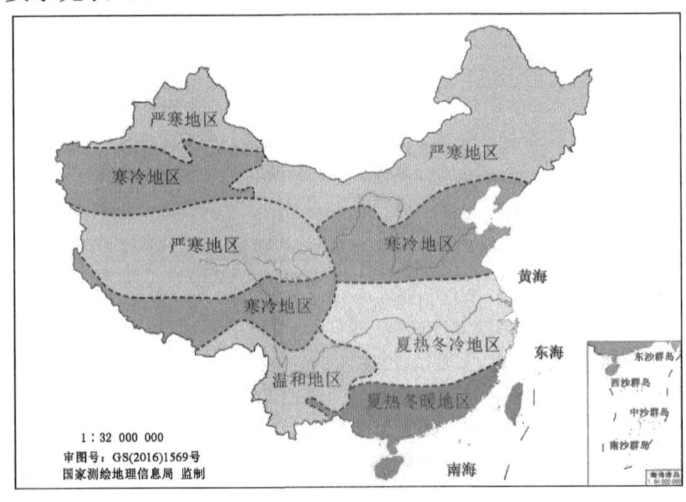

图4.3　全国建筑热工设计分区

表 4.3　我国建筑热工设计分区及设计要求

分区名称	分区指标		设计要求
	主要指标	辅助指标	
严寒地区	最冷月平均气温≤-10℃	日平均气温≤5℃的天数：≥145 天	必须充分满足冬季保温要求，一般可不考虑夏季防热
寒冷地区	最冷月平均气温-10～0℃	日平均气温≤5℃的天数：90～145 天	应满足冬季保温要求，部分地区兼顾夏季防热
夏热冬冷地区	最冷月平均气温 0～10℃，最高月平均气温 25～30℃	日平均气温≤5℃的天数：0～90 天，日平均气温≥25℃的天数：40～110 天	必须满足夏季防热要求，适当兼顾冬季保温
夏热冬暖地区	最冷月平均气温>10℃，最高月平均气温 25～29℃	日平均气温≥5℃的天数：0～90 天，日平均气温≥25℃的天数：25～39 天	必须充分满足夏季防热要求，一般可不考虑冬季保温
温和地区	最冷月平均气温 0～13℃，最高月平均气温 18～25℃	日平均气温≤5℃的天数：0～90 天	部分地区应考虑冬季保温，一般不考虑夏季防热

注：本表内容摘自《民用建筑热工设计规范》（GB 50176—2016）.

4.2.2　我国不同气候区的建筑特征

我国有许多适应当地气候条件的地方传统建筑。内蒙古属严寒地区，气候变化骤烈，冬季气温低而且风沙大，日照强烈。当地的蒙古包（图 4.4）既可以抵御风沙，也可以以最小的散热面积达到保温的目的。北京是典型的寒冷气候，冬季寒冷、干燥，风沙较大，夏季又偏热。当地的传统四合院（图 4.5）可在院内创造比较舒适的小气候，有利于防风沙。主要居室朝南，南向开大窗，北向开小窗，同时有适当的挑檐，冬季可获得较多日照，夏季又可起遮阳作用。外墙和屋顶一般都比较厚重，既可保温又可防热。陕西、河南等黄土高原地带，气候比较干燥，冬冷夏热，阳光充足，加以土质好、地下水位低，窑洞可以利用土层保温蓄热，改善室内热环境，尤其是陕北的窑洞（图 4.6），利用山地地形，效果更好。云南的西双版纳地区，气候炎热潮湿，民居多为架空设置的竹楼（图 4.7），利于隔潮，屋顶坡度大且有较大的出檐和回廊，适合于室外活动，并创造了良好的遮挡通风条件。

图 4.4　内蒙古蒙古包图

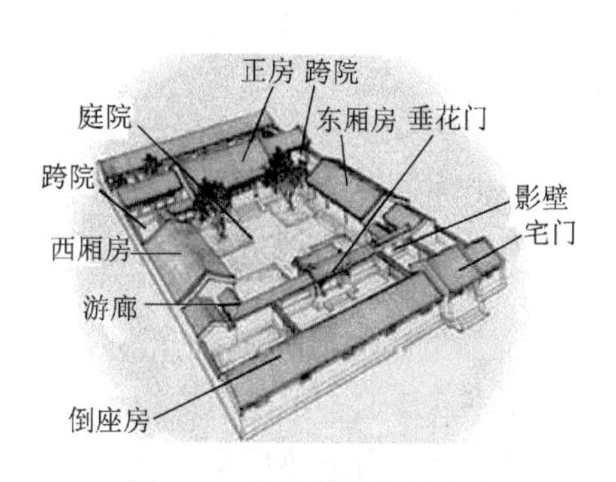

图 4.5　传统的北京四合院

图 4.6　陕北窑洞

图 4.7　云南架空竹楼

4.2.3　采暖通风空调设计中室外空气参数的选用

室外气象条件因时因地而异，各种参数也都不是固定值，总体上都有自身的变化规律。就某一地点来说，室外空气参数又随季节、昼夜等不断变化。在进行合适的计算参数，不仅要保证人们的舒适性、使用的功能性要求，还要考虑设备和系统的经济性、运行的安全性等方面的要求，所以我国《民用建筑供暖通风与空气调节设计规范》(GB 50736—2012)[4]规定计算用室外空气参数都有一定的“不保证率”，即允许少数时间可不予保证室内的温湿度设计标准，例如夏季实际温度高于计算用温度时，不能保证室内温湿度达到设计标准，而“不保证时间”则意味着全年不能保证室内设计要求的累计时间。

4.3　基于气候的热舒适数据库的建立

设计一个舒适的室内热环境，首先需要确立室外主导气候条件和期望的室内热舒适之间的关系，并建立室内热舒适标准。而室内舒适标准的建立反过来又是分析室外气候条件的前提，因而这两个问题目前是进行人体热舒适研究的关键问题，它涉及气候学、建筑学、生理环境学等多方面。

本书所涉及的热适应研究正是通过对我国人群所处不同气候条件和热环境下所表现出的各种热反应进行调查，来建立一种室外气候条件与期望的室内舒适度之间的关系。

4.3.1　调查方法

每个现场调查小组由3～5人组成，其中1人负责指导受试者填写问卷调查表，其余负责测试居室热环境参数和住宅建筑特性的测绘工作。现场环境参数实测和热舒适主观问卷调查同时进行。测试内容包括：室内环境参数的测量，整个居室建筑特性的测绘，主观问卷的填写。室内外环境参数测试和热舒适主观问卷调查方法参见第三章。现场调查照片如图 4.8 所示。

图 4.8 现场调查照片

4.3.2 热舒适现场数据库

依据建筑热工气候分区和典型地域气候特征，课题组选取了哈尔滨、上海、广州等 20 个地区，进行基于我国气候特征的住宅建筑室内热环境状况现场调查和测试研究。

调查的目的：①依据建筑热工设计分区，了解不同气候区，住宅建筑夏、冬两季的室内热环境状况；②了解居民的主观热反应以及居民在改善居室热环境方面所采取的适应行为以及调节措施；③初步建立基于室外典型气候特征的热适应模型，为下一步制订和修改暖通设计规范提供理论依据。

根据热工气候分区，选择了具有典型气候特征的地区共计 20 个。选取调研地区的原则从其气候特点和所处的地理位置的重要性两个方面考虑，能够反映气候的全貌，能够全面分析我国的气候特点和室内热舒适的关系，不仅具有气候代表性，还考虑了该地区的政治、经济的重要性，基本上是各省省会或大、中城市。各地区的基本地理位置信息[5]，包括气象台站号、经度、纬度和海拔高度见表 4.4；我国 20 个地区冬季室外气象参数见表 4.5；夏季室外气象参数见表 4.6；各地区所在的气候分区如图 4.9 所示。

表 4.4　我国 20 个地区气象台站地理位置信息及特征

序号	站名	台站号	纬度	经度	海拔/m	备注
1	哈尔滨	50953	45° 45′	126° 46′	142.3	只考虑采暖
2	长春	54161	43° 54′	125° 13′	236.8	只考虑采暖
3	沈阳	54342	41° 44′	123° 27′	44.7	只考虑采暖
4	北京	54511	39° 48′	116° 28′	31.3	空调和采暖
5	西安	57036	34° 18′	108° 56′	397.5	空调和采暖
6	郑州	57083	34° 43′	113° 39′	110.4	空调和采暖
7	南京	58238	32° 00′	118° 48′	7.1	空调和采暖
8	重庆	57516	29° 35′	106° 28′	259.1	空调和采暖
9	上海	58367	31° 10′	121° 26′	2.6	空调和采暖
10	广州	59287	23° 10′	113° 20′	41.0	只考虑空调
11	南宁	59431	22° 38′	108° 13′	121.6	只考虑空调
12	海口	59758	20° 02′	111° 21′	13.9	只考虑空调
13	吐鲁番	51573	42° 56′	89° 11′	34.5	空调和采暖
14	银川	53614	38° 29′	106° 13′	1111.4	只考虑采暖
15	拉萨	55591	29° 40′	91° 08′	3648.9	只考虑采暖
16	包头	53463	40° 49′	109° 50′	1125.0	只考虑采暖
17	渭南	57036	34° 54′	109° 43′	390.0	空调和采暖
18	汉中	57127	33° 04′	107° 02′	509.5	空调和采暖
19	昆明	56778	25° 01′	102° 41′	1892.4	只考虑采暖
20	焦作	57083	35° 13′	113° 13′	96.0	空调和采暖

注：包头台站的信息选取临近的呼和浩特台站，渭南选取临近的西安台站，焦作选取临近的郑州台站。

表 4.5　我国 20 个地区冬季室外气象参数

序号	城市	最冷月平均温度/℃	极端最低温度/℃	平均相对湿度/%	平均风速/（m/s）	室外大气压力/Pa	日照百分率/%
1	哈尔滨	−24.7	−37.7	75	3.2	100 413	63
2	长春	−20.1	−33.7	77	3.1	99 653	66
3	沈阳	−16.2	−32.9	69	2.0	102 333	58
4	北京	−7.6	−18.3	37	2.7	102 573	67
5	西安	−4.0	−16.0	66	0.9	98 098	18
6	郑州	−3.2	−17.9	59	2.4	101 553	53
7	南京	−1.1	−13.1	79	2.7	102 790	46
8	重庆	5.2	−1.7	82	0.8	99 360	10
9	上海	3.5	−7.7	74	3.3	102 647	43
10	广州	10.3	0	74	2.4	102 073	53
11	南宁	8.3	−1.9	85	1.3	101 207	30
12	海口	14.5	4.9	85	2.6	101 773	39
13	吐鲁番	7.1	−14	40	0.8	102 840	61
14	银川	7.1	−14	49	0.28	89 570	75
15	拉萨	−6.03	−16.5	54	2.0	65 000	77

续表

序号	城市	最冷月平均温度/℃	极端最低温度/℃	平均相对湿度/%	平均风速/（m/s）	室外大气压力/Pa	日照百分率/%
16	包头	−1.47	−13.3	29	1.86	90 090	69
17	渭南	−12.22	−20.69	57	1.3	97 870	18
18	汉中	−0.35	−7.0	65	1.4	96 410	17
19	昆明	2.04	−3.4	82	1.17	81 150	72
20	焦作	1.47	−9.1	56	2.4	101 280	53

表 4.6　我国 20 个地区夏季室外气象参数

序号	城市	最热月平均温度/℃	极端最高温度/℃	平均相对湿度/%	平均风速/（m/s）	室外大气压力/Pa
1	哈尔滨	26.8	39.2	61	2.8	98 677
2	长春	26.6	36.7	64	3.5	98 680
3	沈阳	28.2	36.1	64	2.8	99 850
4	北京	29.9	41.9	58	2.2	99 987
5	西安	30.7	41.8	54	1.6	95 707
6	郑州	30.9	42.3	59	2.2	98 907
7	南京	30.6	40.0	65	2.4	100 250
8	重庆	32.4	41.9	58	2.1	97 310
9	上海	30.8	39.6	69	3.4	100 573
10	广州	31.9	38.1	66	1.5	100 282
11	南宁	31.8	39.0	66	1.5	99 673
12	海口	32.2	39.6	67	2.6	100 340
13	吐鲁番	32.74	44.4	33	1.39	99 770
14	银川	23.7	33.9	63	2.7	88 350
15	拉萨	16.4	27.9	59	1.79	65 230
16	包头	22.5	32.9	60	1.5	88 940
17	渭南	26.68	37.9	68	2.0	95 920
18	汉中	25.57	35.2	79	1.5	94 740
19	昆明	20.07	28.8	79	1.2	80 800
20	焦作	26.99	36.3	75	2.1	99 170

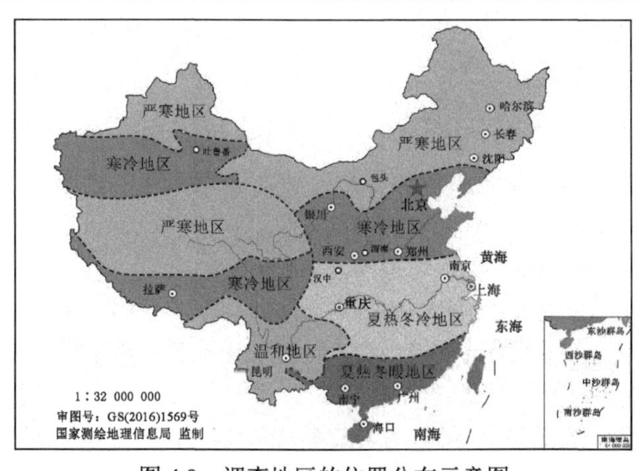

图 4.9　调查地区的位置分布示意图

4.3.3　被调查地区气候特征

气候的热湿状态是影响人体热适应最主要的要素，因此，考虑到不同地区冷热刺激的强度和持续时间对人体热适应的影响，从人体热舒适的气候适应角度出发，将冬夏典型温湿组合，结合热工气候分区作为选择调研地区的依据。自 2006 年以来，西安建筑科技大学低能耗建筑设计创新团队陆续在我国不同气候区开展了热舒适的现场调查，涉及的气候包括严寒（哈尔滨、长春、沈阳）、寒冷（北京、西安、郑州）、夏热冬冷（南京、重庆、上海）、夏热冬暖（广州、南宁、海口）、干冷干热（吐鲁番）、寒冷温和（包头、银川）、寒冷湿热（渭南）、湿冷湿热（汉中）、全年温和（昆明）、高原气候（拉萨），统计分析样本量达到 7000 套，调查的城市或地区如图 4.9 所示。

4.3.3.1　严寒地区

严寒地区是指冬季最冷月平均气温≤-10℃，主要分布在我国东北三省，以哈尔滨、长春和沈阳为例。由于纬度较高，冬季寒冷而漫长、雪期自南向北越来越长，夏季温暖短促，降水集中于夏季。

哈尔滨的气候属中温带大陆性季风气候，冬长夏短，四季分明，冬季 1 月平均气温约-19℃；夏季 7 月的平均气温约 23℃。全年平均降水量 569.1mm，降水主要集中在 6～9 月，集中降雪期为每年 11 月至次年 1 月。

长春气候属于温带大陆性季风气候，四季分明。春季较短，干燥多风；夏季温热多雨，炎热天气不多；秋季气爽，日夜温差大；冬季漫长较寒冷。年平均气温 4.8℃，最高温度 39.5℃，最低温度-39.8℃，日照时间 2688h，年平均降水量 522～615mm。

沈阳属于温带半湿润大陆性季风气候，受季风影响，降水集中，温差较大，四季分明。春季多风，秋季晴朗。冬寒时间较长，降雪较少；夏季时间较短，多雨。年平均气温 6.2～9.7℃，年降水量 600～800mm，全年无霜期 155～180 天。

4.3.3.2　寒冷地区

寒冷地区是指冬季最冷月平均气温≤-10～0℃，以北京、西安和郑州为例。

北京的气候为典型的暖温带半湿润大陆性季风气候，夏季炎热多雨，冬季寒冷干燥，春、秋短促。年平均气温 10～12℃。1 月-7℃～-4℃，7 月 25～26℃。全年无霜期 180～200 天，年平均降雨量约 600mm。

西安气候属暖温带半湿润大陆性季风气候。四季分明，夏季炎热多雨，冬季寒冷少雨雪，春秋时有连阴雨天气出现。西安市及各郊县年平均气温 13.1～13.4℃。全年以 7 月最热，月平均气温 26.1～26.3℃；1 月最冷，月平均气温-1.3～-0.3℃，月平均最低气温-4℃左右，年较差达 26～27℃。年平均相对湿度 70%左右。

郑州市属北温带大陆性季风气候，冷暖适中、四季分明，春季干旱少雨，夏季炎热多雨，秋季晴朗日照长，冬季寒冷少雨。年平均气温 14.3℃。七月份最热，月平均气温 27.3℃。一月份最冷，月平均气温为-0.2℃。

4.3.3.3　夏热冬冷

夏热冬冷地区的显著特点是夏天热，冬天冷，以南京、重庆和上海为例。其气候和世界上同纬度的其他地区相比，气候条件较差，而且常年湿度很高。夏天太阳辐射相当强烈，高温加上潮湿，使人感觉闷热难受，冬季阴冷潮湿。

南京属亚热带季风气候，雨量充沛，年降水 1200mm，四季分明，年平均温度 15.4℃，年极端气温最高 39.7℃，最低-13.1℃，年平均降水量 1106mm。春季风和日丽；梅雨时节，又阴雨绵绵；夏季炎热，秋天干燥凉爽；冬季寒冷、干燥。

重庆气候温和，属亚热带季风性湿润气候，年平均气温在 18℃左右，冬季最低气温平均在 6～8℃，夏季炎热，七月每日最高气温均在 35℃以上。日照总时数 1000～1200h，冬暖夏热，无霜期长、雨量充沛、常年降雨量 1000～1450mm。

上海属北亚热带海洋性季风气候，四季分明，日照充分，雨量充沛。春秋较短，冬夏较长，年平均气温 17.1℃。7 月份气温最高，月平均 28.6℃；1 月份最低，月平均 4.8℃。年降水量 1166.1mm，年平均雷暴日数 30.1 天，降雪稀少。

4.3.3.4　夏热冬暖

夏热冬暖地区地处低纬度，地表接受太阳辐射量较多，同时受季风的影响，夏季海洋暖气流形成高温、高湿、多雨的气候特征；冬季北方大陆冷风形成低温、干燥、少雨的气候，以广州、南宁和海口为例。

广州地处亚热带沿海，北回归线从中南部穿过，属海洋性亚热带季风气候，以温暖多雨、光热充足、夏季长、霜期短为特征。全年平均气温为 20～22℃。7 月份的平均气温最高，为 28.4℃，1 月份虽然气温较低，但月平均气温仍在 13℃以上。气温的年较差 15℃。年平均降水量 1695.9mm，平均相对湿度 77%。

南宁位于北回归线南侧，属湿润的亚热带季风气候，阳光充足，雨量充沛，霜少无雪，气候温和，夏长冬短，年平均气温在 21.6℃左右。冬季最冷的 1 月平均 12.8℃，夏季最热的 7、8 月平均 28.2℃。年均降雨量达 1304.2mm，平均相对湿度为 79%，气候特点是炎热潮湿。

海口市地处低纬度热带北缘，属于热带海洋性季风气候。这里春季温暖少雨多旱，夏季高温多雨，秋季多台风暴雨，冬季不冷但寒气流侵袭时有阵寒。全年日照时间长，辐射能量大，年平均日照时数 2225h；年平均气温 23.8℃，最高平均气温 28℃左右，最低平均气温 18℃左右，年无霜期 346 天；年平均降水量 1664mm，平均相对湿度 85%。

4.3.3.5　干冷干热

干冷干热即冬季寒冷干燥，夏季炎热干燥，以新疆吐鲁番为例[6]。吐鲁番地处盆地之中，其特殊的地理位置及盆地内地形、地势特点形成了其气候与邻接地区迥然相异的气候特征，属独特的暖温带大陆性干旱荒漠气候。盆地四周高山环抱，增热迅速、散热慢，形成了日照长、气温高、昼夜温差大、降水少、风力强五大特点，素有“火洲”“风库”之称。年降水量约16mm，蒸发量高达3000mm。全年平均气温14.4℃，夏季平均气温在30℃左右，全年气温高于35℃的炎热天气，平均为99天；高于40℃的酷热天气，平均为28天。全年日照时数3000～3200h。

4.3.3.6　寒冷温和

寒冷温和即冬季寒冷干燥，夏季干燥温和，以内蒙古的包头和宁夏的银川为例[7]。包头地处蒙古高原南部，为半干旱半湿润的温带大陆性气候，年均气温7.2℃，春季多风，夏季凉爽。1月份最冷，平均气温为-11℃，极端最低气温可达零下30℃以下；7月份最热，平均气温为23℃，极端最高气温可达39℃。降水不多，年降水总量不到300mm。

银川深居西北内陆高原，属中温带大陆性气候，冬寒漫长但不奇冷，夏暑较短但无酷热，干旱少雨，日照充足，蒸发强烈，昼夜温差大等。年平均气温8.5℃，日温差12～15℃，太阳辐射强，年平均日照时数2800～3000h，是全国太阳辐射和日照时数最多的地区之一。年平均降水量203mm。

4.3.3.7　寒冷湿热

寒冷湿热即冬季寒冷干燥，夏季潮湿炎热，以陕西渭南和河南焦作为例[8]。渭南市地处陕西关中平原东部，属暖温带半湿润半干旱季风气候，四季分明，春季气候多变，夏季炎热多雨，秋季凉风送爽，冬季晴冷干燥。年均气温11.3～13.6℃，年降雨量600mm左右，年日照2200～2500h。

焦作位于河南省西北部，属温带大陆性气候，春干多风、夏热多雨、秋高气爽、冬寒少雪。年均气温为12.8～15.5℃，7月最热，月平均气温为27～28℃；1月最冷，月平均气温为-2～2℃。年日照时数有2200～2400h，年降雨量600～700mm。

4.3.3.8　湿冷湿热

湿冷湿热即冬季潮湿寒冷，夏季潮湿炎热，以陕西汉中为例[9]。汉中北依秦岭，南屏巴山，汉水横贯全境，形成汉中盆地。汉中地处暖温带向亚热带气候的过渡带，雨量充沛，四季分明、温暖湿润。年平均气温14℃左右。年降水量800～1000mm。

4.3.3.9　全年温和

全年温和即冬无严寒、夏无酷暑，具有典型的温带气候特点，以昆明为例[10]。昆明地处云贵高原中部，地理位置属北纬亚热带，素以“春城”而享誉中外。昆明气候的主要特点有以下几点：春季温暖，干燥少雨，蒸发旺盛，日温变化大；夏无酷暑，雨量集中；秋季温凉，天高气爽，雨水减少；冬无严寒，日照充足，天晴少雨；干、湿季分明。5～10月为雨季，降水量占全年的85%左右；11月至次年4月为干季，降水量仅占全年的15%左右。

4.3.3.10　高原气候

高原气候即海拔较高，全年寒冷干燥，以青藏高原的拉萨为例[11]。拉萨处于青藏高原温带半干旱季风气候区内，海拔高达3650m，因而空气稀薄，气温低，昼夜温差大。拉萨冬季寒冷夏季凉爽，年降水量有200～510mm，集中在6～9月份，多夜雨。年日照时数达3000h，比邻省四川省省会成都市多1800h，比上海市多1100h，在全国各城市中名列前茅，素有“日光城”之称。

4.3.4　建筑围护结构构造情况

建筑室内之所以能形成区别于室外而适于居住者生活或工作的环境条件，主要在于建筑围护结构对室外环境条件的隔离和衰减作用。我国不同地域气候差异较大，建筑围护结构的做法也各不相同。表4.7和表4.8给出了调研地区住宅建筑的墙体和窗户的构造特点。

表4.7　住宅建筑的墙体构造

典型气候特征	调研地区	结构形式	墙体材料	墙体厚度	保温及保温材料
干冷干热	吐鲁番	86%为砖木，9%为土木	砖、土	500mm左右	结构自保温
寒冷温和	包头、银川	83%为砖混，15%为框架结构	35.6%为实心黏土砖，35.2%为多孔黏土砖	370mm	35%有保温措施，其中61%为保温砂浆，32%为聚苯板
寒冷湿热	焦作、渭南	85%为砖混，15%为框架；25%为砖木结构，12%为砖混，15%砖混+砖木	74%为实心黏土砖，22%为砌块，其他为空心砖	240mm	8%有保温措施，结构自保温
湿冷湿热	汉中	82%为砖混结构，其他为生土或砖木	93%为实心黏土砖，其他为夯土等	240mm	结构自保温
全年温和	昆明	72.9%为砖混结构，25.7%为框架结构	96%为黏土实心砖，其他为空心砖	大多为240mm	12%有保温层，保温层采用珍珠岩、炉渣或陶粒等
高原气候	拉萨	94.3%为砖混结构，其他为框架或石砌	砖和混凝土砌块各占40%左右，其他为石材、页岩砖、混凝土砖等	200～300mm	12%有保温层，采用膨胀珍珠岩保温

表 4.8　住宅建筑的窗框材料及窗户类型

典型气候特征	调研地区	窗框材料	窗户类型
干冷干热	吐鲁番	49.3%为钢窗，41.8%为木窗，其他为塑钢或铝合金窗	87.9%为单层窗，其他为双层窗
寒冷温和	包头、银川	33%为铝合金，43%为塑钢，15%为钢窗	49%为双层，45%为单层
寒冷湿热	焦作 渭南	68%为铝合金，23%为塑钢 钢窗、铝合金窗或塑钢窗	75%为单层窗，22%为双层窗 多为单层窗
湿冷湿热	汉中	52%为木窗，37%为铝合金，其他为塑钢等	基本为单层窗
全年温和	昆明	65.7%为铝合金，其他为塑钢、钢窗或木窗	多为单层窗
高原气候	拉萨	42.9%为铝合金，其他为塑钢、钢窗或木窗	78.9%为单层窗，其他为单层双玻窗

吐鲁番地区冬季寒冷夏季酷热，终年干燥，墙体厚度在 500mm 左右，墙体材料采用砖和土，结构本身可以满足保温和隔热的需要。包头和银川地区墙体材料大多为实心黏土砖，墙厚为 370mm，35%采用保温砂浆或聚苯板作为保温措施。焦作和渭南冬季寒冷、夏季湿热，墙体材料大多为黏土砖，墙厚为 240mm，较少有专门的保温措施。汉中、昆明的墙体材料大多为实心黏土砖，厚度为 240mm；拉萨地处青藏高原，墙体材料类型较多，砖、混凝土砌块、石材、页岩砖等，墙体厚度在 200～300mm。综观以上不同典型地域气候住宅建筑的墙体构造，各地住宅建筑的结构形式多以砖混结构为主，框架结构为辅；从墙体材料上来看，除边远的青藏高原外，其他地区大多仍以黏土砖为主，墙体厚度从北向南逐渐递减，北方部分有保温措施，南方较少有保温措施。

我国不同地域气候下住宅建筑的窗框构造情况如表 4.8 所示，各地窗框材料有木、钢、铝合金和塑钢，窗框材料的使用有明显的时代痕迹，近年来新建的住宅建筑采用铝合金和塑钢窗的比例明显增加。寒冷地区双层窗的使用比例城市住宅要高于农村住宅，从北向南，双层窗的使用比例逐渐减少，南方地区仍以单层窗为主。

4.3.5　受试者基本信息

调研问卷中受试者基本信息包括调研对象的性别、年龄、身高、体重和活动状态。有些地区采用纵向调查的方法，参与人数较少，但每人调查时间长达一个月，而有些地区主要采用横向调查的方法，调查人数较多，每人调查时间仅为 1 天或 3 天。

活动量水平直接影响人们的热感觉。在实验室研究中，受试者的活动状态可以人为控制，但在实际生活中，尤其是住宅建筑中，人们的活动状态却各不相同。为了解实际生活中人们的活动水平，对干冷干热的吐鲁番、寒冷温和的包头、银川冬夏季调研前人们的活动量水平进行统计，结果显示（图 4.10）：调研期间受试者的活动状态或调研前十分钟的活动状态以“静坐”或“静坐看书或看电视”（1.2met）居多，而如运动（1.6met）、做家务（1.6～2.0met）、用缝纫缝衣（1.8met）等活动状态者较少，对于活动量水平在 1.4met 以下的（站着整理文档 1.4met），寒冷温和的包头、银川冬季占到有效个案的 84.0%，夏季为 71.2%，干冷干热的吐鲁番冬季为 81.1%，夏季为 76.6%。为保证研究结果的可靠性和有效性，本书在涉及活动量水平的相关分析时，为排除较大活动量对人体热感觉的影响，仅取活动量水平为 1.4met 以下活动状态的样本进行热舒适的分析讨论。

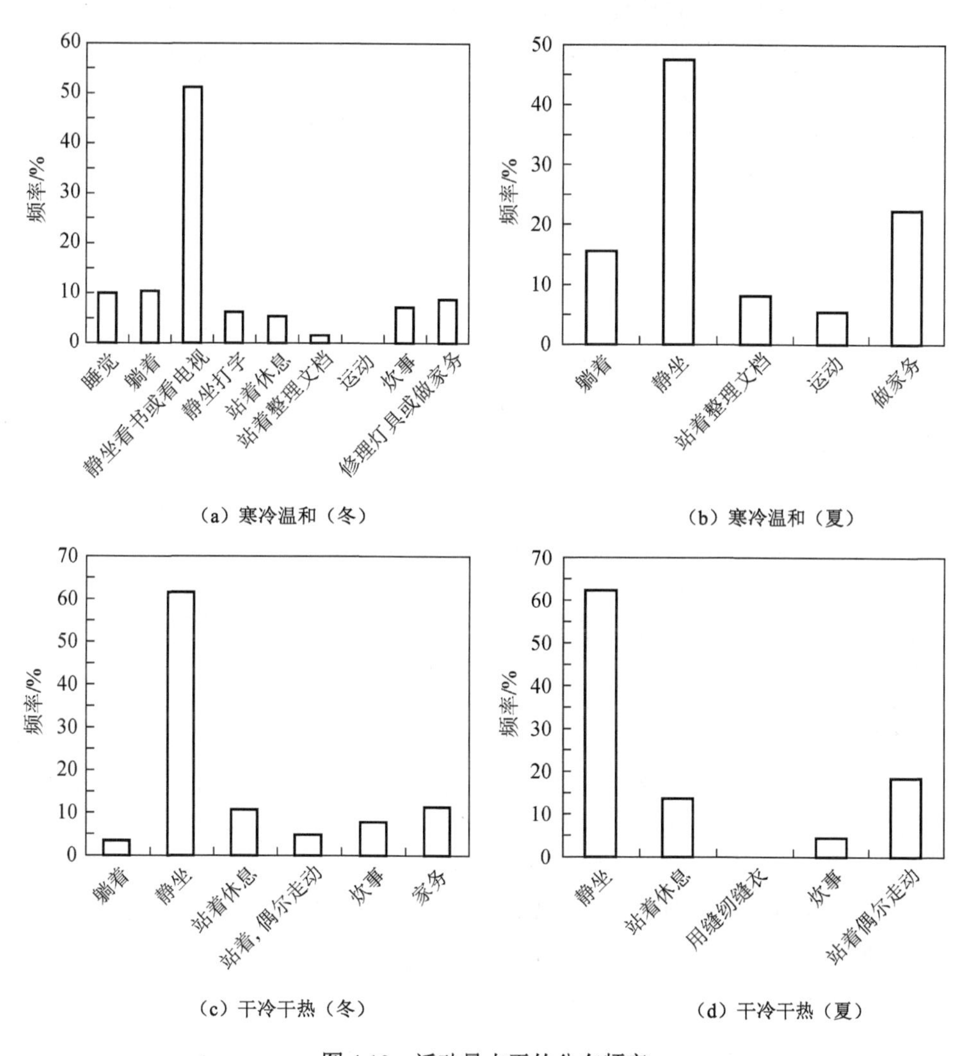

图 4.10　活动量水平的分布频率

4.4 人体适应性统计分析

人体通过对产热和散热过程的生理调节，保持体内核心温度的相对稳定是进行其新陈代谢和正常生命活动的重要条件，同时提高了对周围环境温度变化的适应能力。正是这种多变的温度环境，使人体逐渐建立起适应性调节，来弥补机体自身调节的不足。

人体适应性调节包括生理的、行为的和心理上的适应性。行为调节包括人有意无意地采取改变自身的热平衡状态的行为，这种调节可划分为个人调节（如穿上或脱掉部分衣服）、技术调节（如打开或关掉空调、开关门窗、使用电扇）和文化习惯（如在热天午睡以降低新陈代谢率）；生理适应是指人体长期暴露在某种环境下，使得生理反应得以改变，逐渐适应该种环境状况，生理适应可划分为两代之间的遗传适应和一个人在生命期内的环境适应；而心理适应则根据过去的经验或期望而导致感观反应的改变，以降低对环境的期望而最终使人产生心理上的适应感。

本节通过对人们行为反应、心理反应和生理反应与室内外温度的作用关系，来探索居民对不同气候的适应性。

4.4.1 行为适应

不同地域气候的冷热干湿程度不同，作用于人体的冷热刺激强度和作用时间就会不同。在室内外环境刺激的长期反复作用下，人们会对气候环境产生不同的适应。人体对过热、过冷反应进行行为调节的主要方式体现在通过脱、穿衣物来改变服装热阻的大小、开关门窗来调节室内空气流速和增强或降低活动强度来改变新陈代谢量等。

4.4.1.1 服装行为

服装是人们适应环境满足热舒适的重要手段，也是最直接最有效的热适应调节方式之一。人体服装热阻值的大小直接影响人体与周围环境的热交换量，对于人体在不同温度环境下获得热舒适状况起到重要的作用。本节通过不同气候区服装热阻的分布情况以及服装热阻与室内外温度的作用关系，来探索服装对气候的在人适应气候中的作用。

1. 不同气候区服装热阻的分布情况

现场调查详细记录了受试者的衣着情况，并按照表 3.2 估算受试者所穿套装的热阻值。我国不同气候区人们的生活习性不同、对气候的适应性不同，显示出服装热阻值也各有差别。图 4.11 是夏季各气候区服装热阻分布频率；图 4.12 是冬季各气候区服装热阻分布频率。

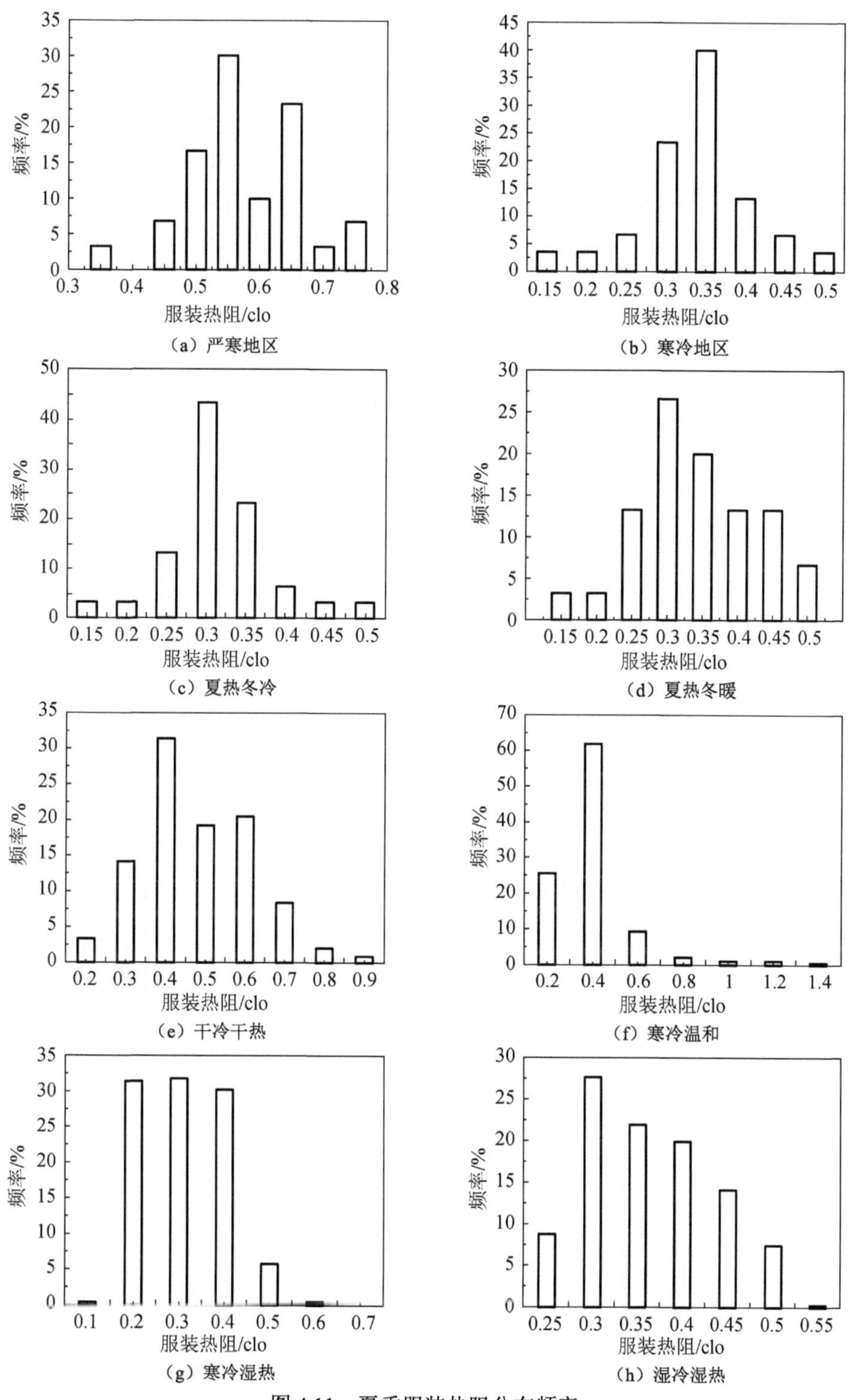

图 4.11　夏季服装热阻分布频率

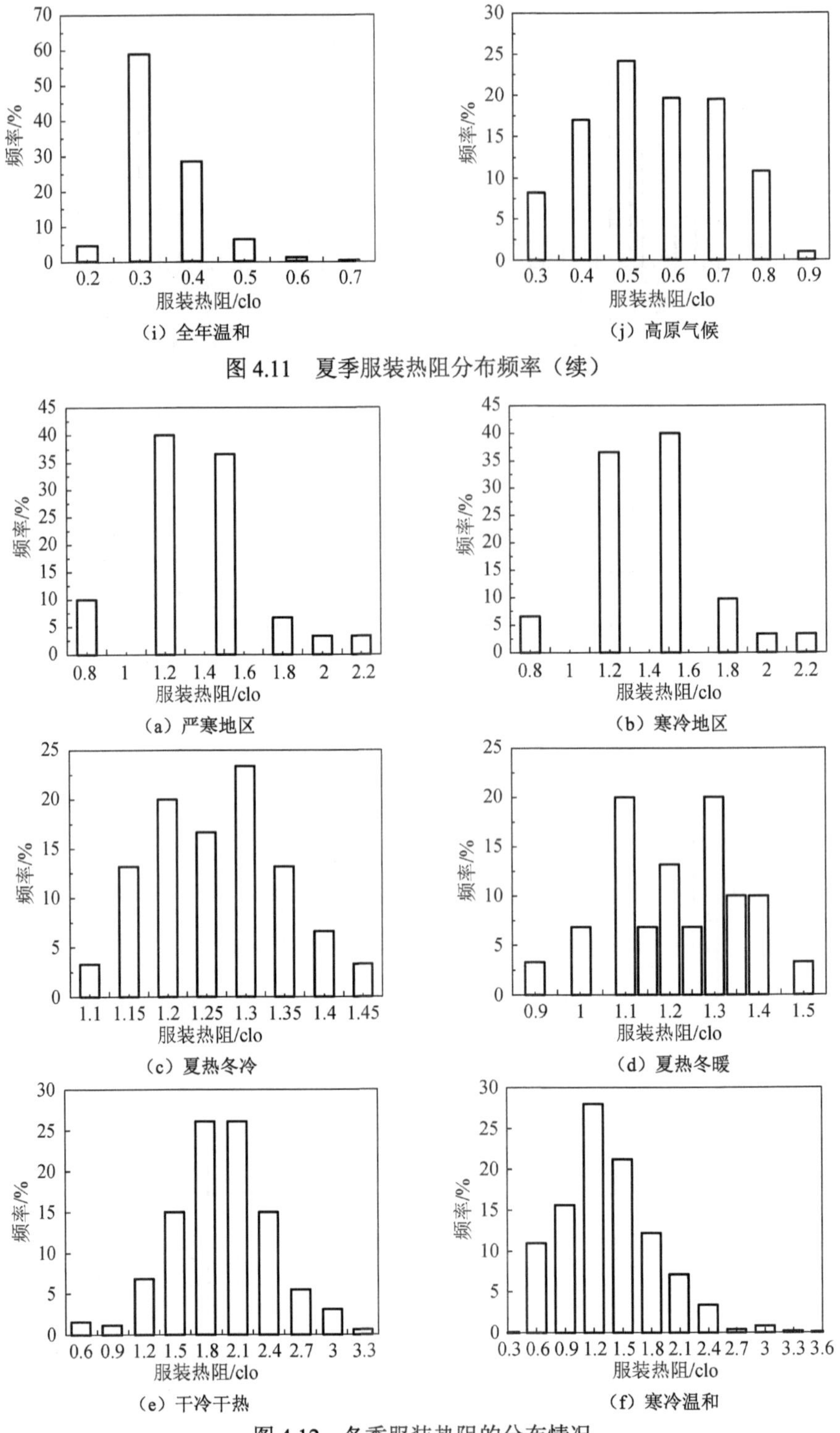

图 4.11　夏季服装热阻分布频率（续）

图 4.12　冬季服装热阻的分布情况

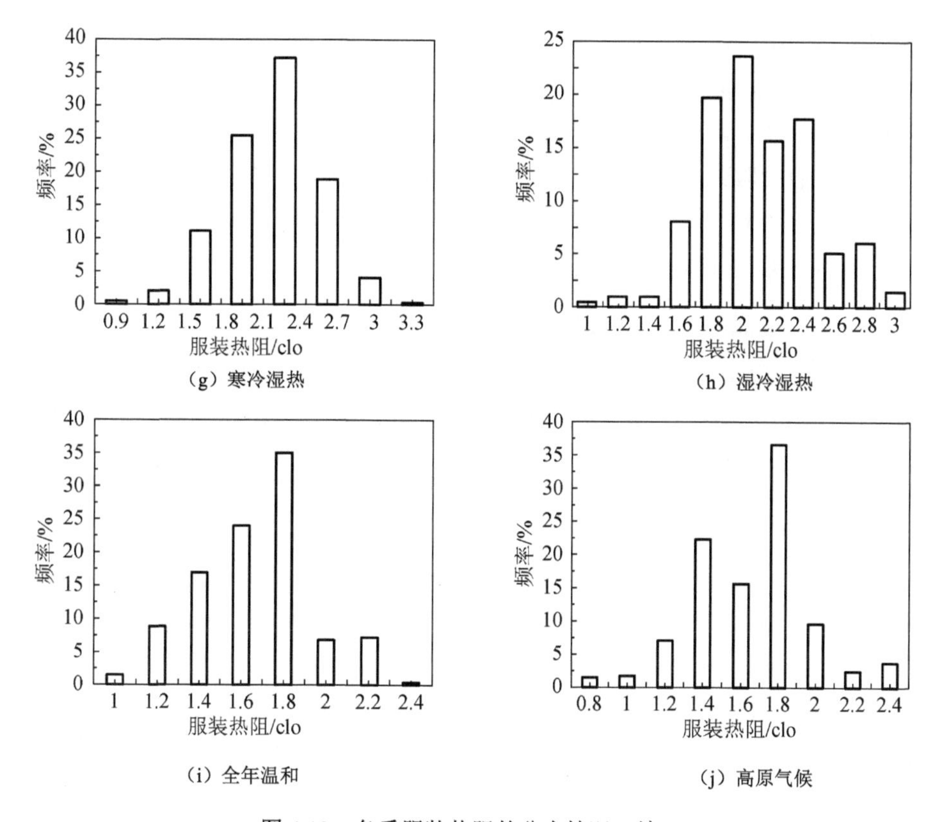

（g）寒冷湿热　（h）湿冷湿热

（i）全年温和　（j）高原气候

图 4.12　冬季服装热阻的分布情况（续）

由图 4.11 可见，夏季各气候区除了严寒地区衣服热阻稍大之外，其他地区衣服热阻变化不大，一般分布在 0.3～0.7clo。这是因为夏季各气候区温度差异不大，人们所穿衣服的热阻值基本都达到最低限，通过增、减衣服来进行体温和适应性调节的能力也大大降低。

由图 4.12 可见，冬季各气候区服装热阻互有差别。这是因为冬季各气候区室外温差大，人们对室内舒适温度的要求不同，因此服装热阻取值也有所不同。但是，由于不同气候区人们生活习性以及对环境适应性不同，服装热阻并不是随着室外气候的降低而升高。例如：冬季最为寒冷的包头和银川人们在室内的服装热阻最小，平均为 1.21clo，严寒地区人们的平均服装热阻值略低于寒冷地区，这是因为严寒地区室外气温虽然较寒冷地区低，但室内平均采暖温度普遍比寒冷地区高；夏热冬冷地区虽然已经颁布了《夏热冬冷地区居住建筑节能设计标准》，但目前还没有实施大面积的集中供暖，因此人们习惯在室内穿着较厚的服装，服装热阻值较高；夏热冬暖地区室外温度相对较高，因此服装热阻值相对较低。

同为干冷气候的吐鲁番，调研对象为乡村居民，当地采用土炕等个体空间加热模式，再加上乡村居民的生活习惯及建筑空间布局与城市不同，居民需要经常出入室内外，因而室内供暖温度低于城市的集中供暖模式，而人们的服装热阻远高于城市居民。但相比于寒冷的渭南，地处气候湿冷的汉中居民的服装热阻更大。温和的昆明和地处高寒但太阳辐射强烈的拉萨两地居民的服装热阻较为接近。因此，冬季人们的服装热阻不仅与建筑的运行模式有关，还与当地气候的寒冷干湿程度有关。

2. 服装热阻和室外温度的关系

1982 年，Fishman 和 Pimbert 研究发现服装热阻和室外天气、季节有较强的线性关系[12]。Nicol 和 Raja 的研究结果表明服装热阻与室外气候的相关性比与室内温度的相关性更强[13]。为研究我国不同地域气候服装热阻与室内外温度的关系，将室外温度按从小到大的顺序进行排列，按 0.5℃对室外温度进行分组，对每组的室外温度和服装热阻求平均值，得到不同地域气候和全部样本的平均服装热阻和室外温度。图 4.13 给出了全部样本和不同地域气候平均服装热阻和平均室外温度的散点和拟合曲线图。对于全部样本来说，平均室外温度在 0℃左右时服装热阻达到了最高值，平均服装热阻为 1.7clo 左右，当平均室外温度低于 0℃时，随着温度的降低，平均服装热阻有降低的趋势。这是因为，当室外温度越低，人们期望更为温暖的室内环境，室内的供暖温度往往越高，人们的着装也就越少，而当室外平均温度高于 0℃时，随着室外温度的增加，平均服装热阻有减少的趋势，当温度增加到 22℃，在 22～35℃，人们的服装热阻基本保持在 0.3clo 不变，直到平均室外温度高于 35℃时，服装热阻有增加的趋势，但平均最高不超过 0.5clo。

表 4.9 给出了不同气候区服装热阻和室外温度之间的回归模型。

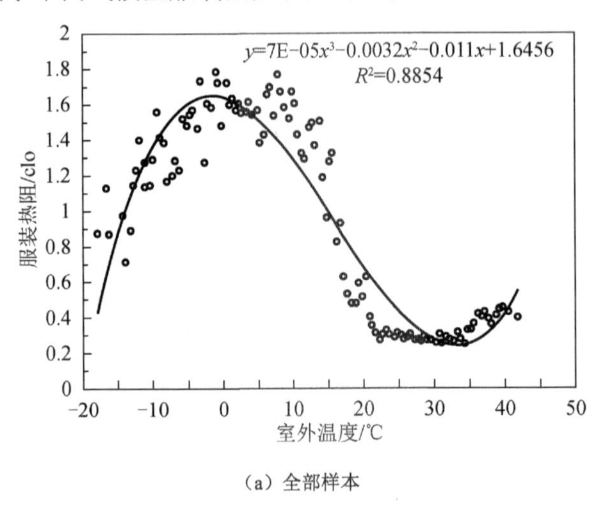

(a) 全部样本

图 4.13　不同气候区服装热阻和室外温度的关系

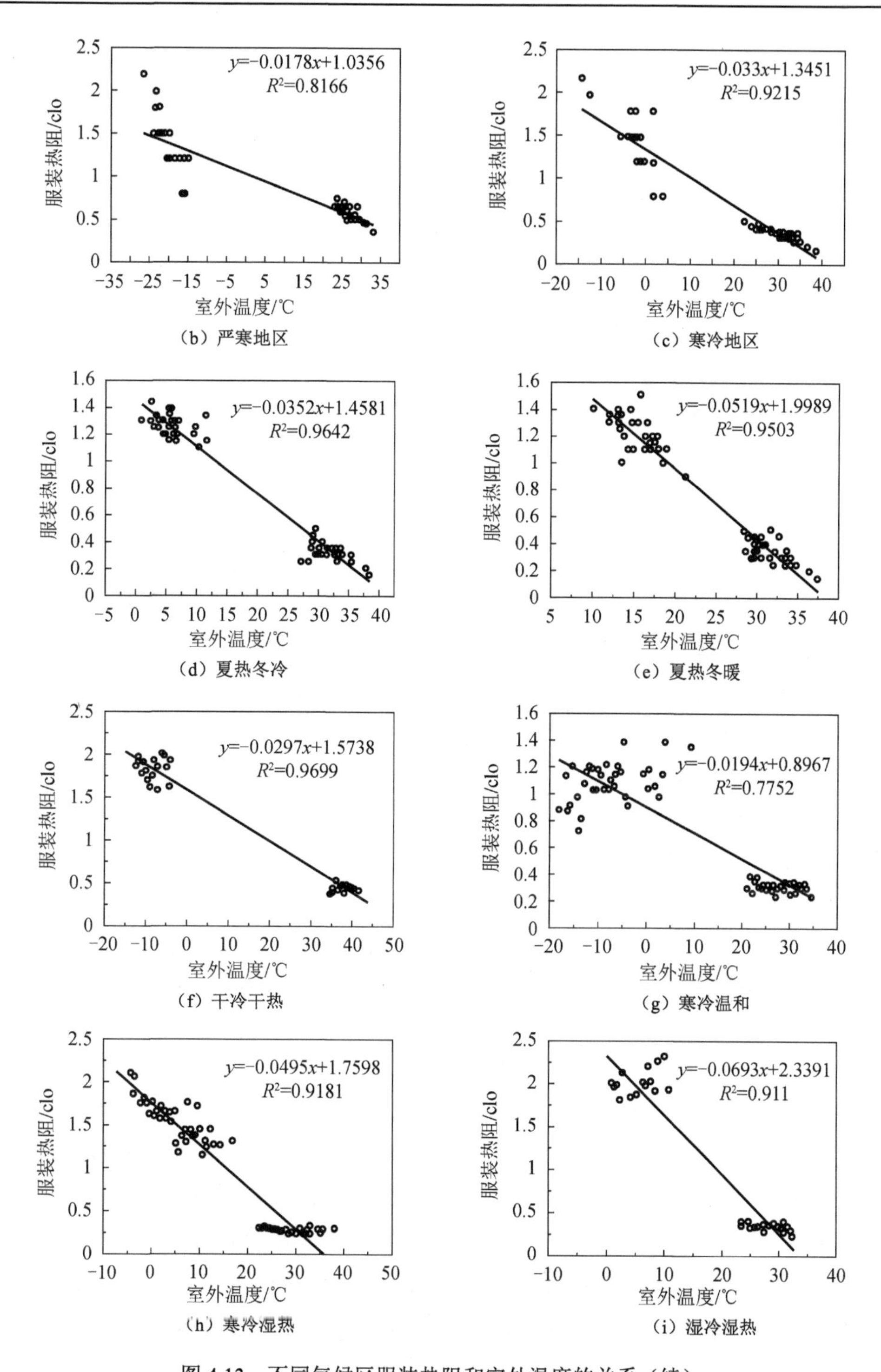

图 4.13　不同气候区服装热阻和室外温度的关系（续）

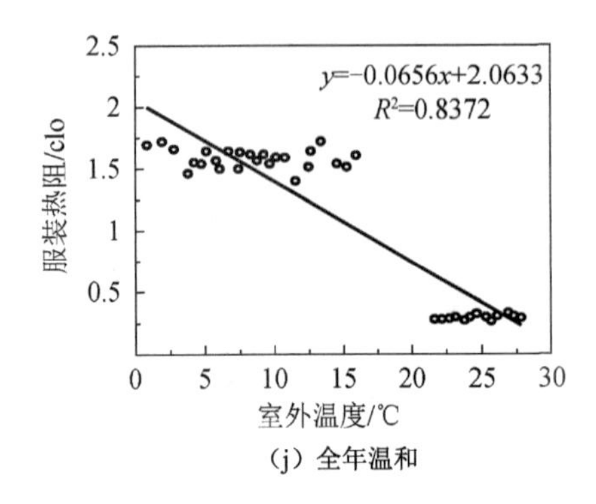

(j) 全年温和

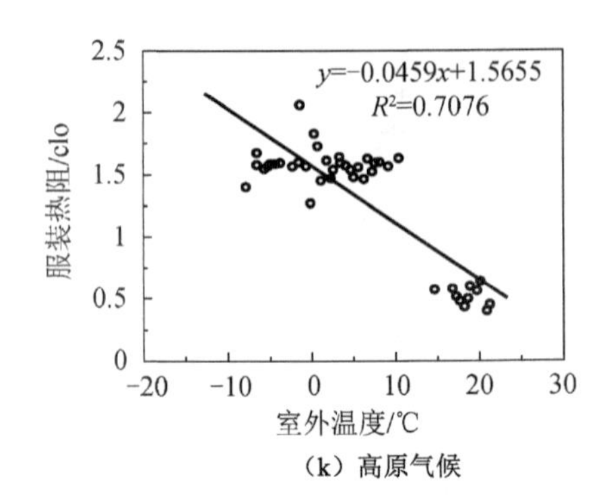

(k) 高原气候

图 4.13　不同气候区服装热阻和室外温度的关系（续）

表 4.9　不同气候区服装热阻和室外温度之间的回归模型

不同气候	方程	回归方程	R^2	P 值
全部样本	线性	I_d=−0.0247t_{out}+1.2696	0.5663	<0.001
	二次	I_d =−0.0007t_{out}^2−0.0078 t_{out} +1.3502	0.6617	<0.001
	三次	I_d =0.00001t_{out}^3−0.0032t_{out}^2−0.0110t_{out} +1.6456	0.8854	<0.001
严寒地区	线性	I_d =−0.0178t_{out}+1.0354	0.8166	<0.001
寒冷地区	线性	I_d =−0.0330t_{out}+1.3451	0.9215	<0.001
夏热冬冷	线性	I_d =−0.0352t_{out}+1.4581	0.9642	<0.001
夏热冬暖	线性	I_d =−0.0519t_{out}+1.9989	0.9503	<0.001
干冷干热	线性	I_d =−0.0297t_{out}+1.5738	0.9699	<0.001
寒冷温和	线性	I_d =−0.0194t_{out}+0.8967	0.7752	<0.001
寒冷湿热	线性	I_d =−0.0495t_{out}+1.7598	0.9181	<0.001
湿冷湿热	线性	I_d =−0.0693t_{out}+2.3391	0.9110	<0.001
全年温和	线性	I_d =−0.0656t_{out}+2.0633	0.8372	<0.001
高原气候	线性	I_d =−0.0459t_{out}+1.5655	0.7076	<0.001

注：I_d 为服装热阻（clo），t_{out} 为室外温度（℃）

3. 服装热阻和操作温度的关系

将操作温度按 0.5℃进行分组，分别求出每组的平均操作温度和所对应的平均服装热阻，全部样本和不同地域气候的平均服装热阻和操作温度的散点和拟合曲线如图 4.14 所示。从全部样本的图中可以看出，室内操作温度在 0～40℃的区间内分布，在 0～30℃的温度区间内，服装热阻随操作温度增加而呈减小的趋势，在 30～40℃的温度区间内，服装热阻随操作温度的增加有略微增加的趋势，但增加的并不明显。不同地域气候服装热阻和操作温度之间的回归方程如表 4.10 所示。

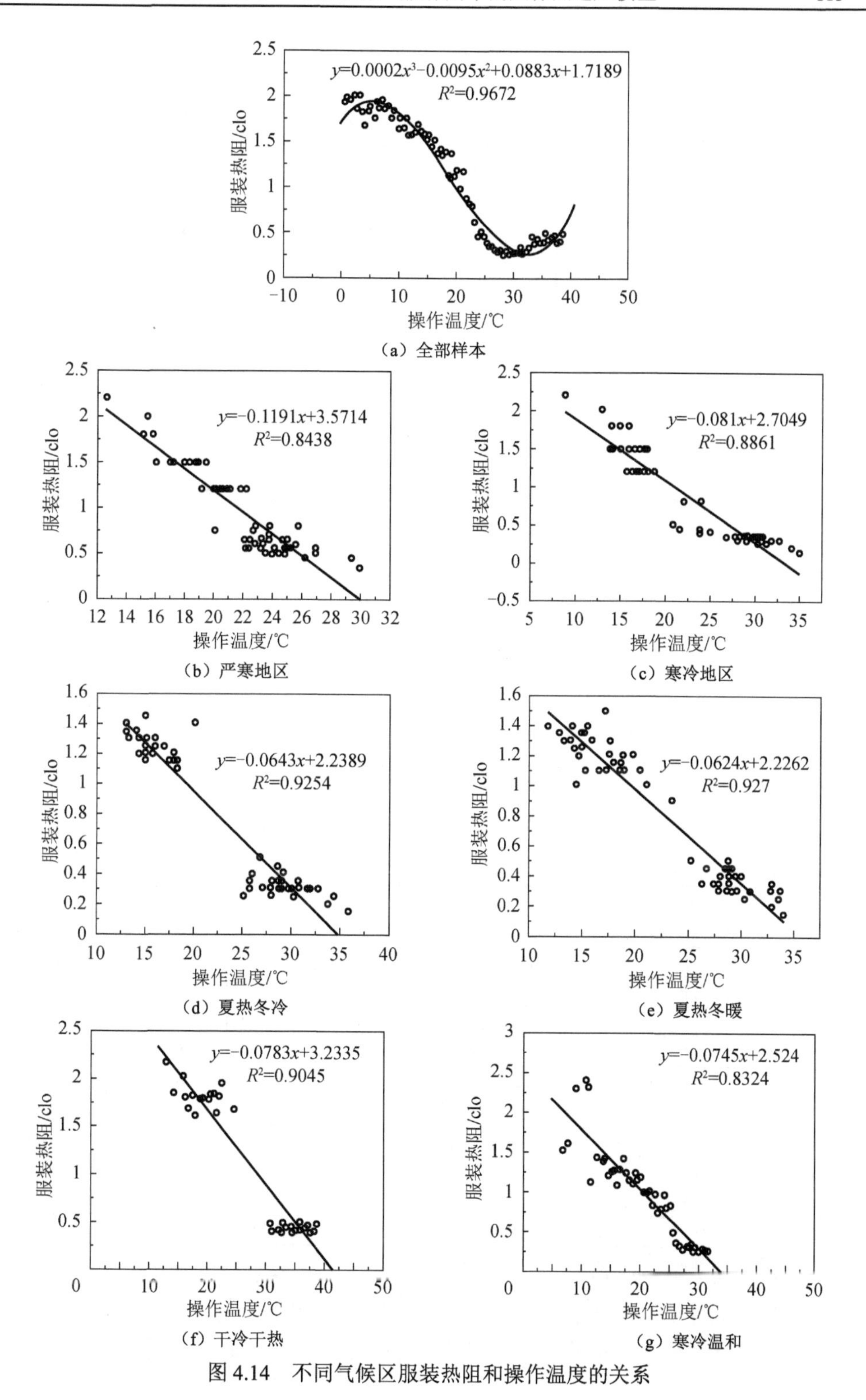

图 4.14　不同气候区服装热阻和操作温度的关系

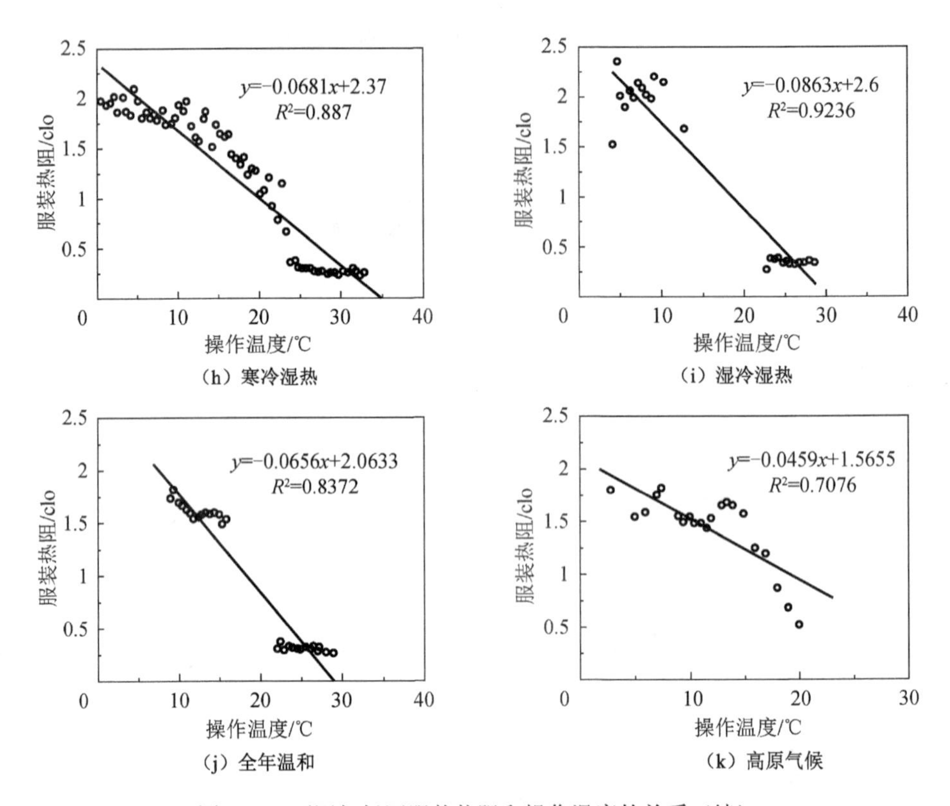

图 4.14　不同气候区服装热阻和操作温度的关系（续）

表 4.10　不同气候区服装热阻和操作温度的回归模型

不同气候	方程	回归方程	R^2	P 值
全部样本	线性	$I_d=-0.0552t_{op}+2.1724$	0.8866	<0.001
	二次	$I_d=-0.0004t_{op}^2-0.071t_{op}+2.2797$	0.8912	<0.001
	三次	$I_d=0.0002t_{op}^3-0.0095t_{op}^2+0.0883t_{op}+1.7189$	0.9672	<0.001
严寒地区	线性	$I_d=-0.1191t_{op}+3.5714$	0.8438	<0.001
寒冷地区	线性	$I_d=-0.0810\ t_{op}+2.7049$	0.8861	<0.001
夏热冬冷	线性	$I_d=-0.0643t_{op}+2.2389$	0.9254	<0.001
夏热冬暖	线性	$I_d=-0.0624t_{op}+2.2263$	0.9270	<0.001
干冷干热	线性	$I_d=-0.0783t_{op}+3.2335$	0.9045	<0.001
寒冷温和	线性	$I_d=-0.0745t_{op}+2.5240$	0.8324	<0.001
寒冷湿热	线性	$I_d=-0.0681t_{op}+2.3700$	0.8870	<0.001
湿冷湿热	线性	$I_d=-0.0863t_{op}+2.6000$	0.9236	<0.001
全年温和	线性	$I_d=-0.0937t_{op}+2.7257$	0.9329	<0.001
高原气候	线性	$I_d=-0.0727t_{op}+2.2535$	0.6110	<0.001

以上结果可见，服装热阻与室外温度、操作温度有一定的相关性，即人们在适应热环境方面是很成功的，所采取的主要措施是增、减衣物来适应周围环境温

度的变化。

de Dear 学者也进行了类似的研究，其回归方程[14]

$$I_d = 1.73 - 0.04 t_{op} \qquad R^2 = 0.18 \tag{4.1}$$

香港学者 Horace 得出的回归方程[15]

$$I_d = 1.76 - 0.04 t_{op} \qquad R^2 = 0.21 \tag{4.2}$$

通过与上述回归方程对比发现，本次调查结果与上述回归结果相似。

4. 服装热阻和室内外温度的关系

既然服装热阻与室内外温度均有强烈的回归关系，那么人们的着装主要受室外温度的影响，还是室内温度的影响，还是兼受两者的共同影响呢？因为服装热阻与室内外温度的线性关系均具有高度统计学意义，故选择多元回归来探索居民服装热阻与室内外温度之间的关系。

选用 SPSS 回归方程中的逐步回归法进行回归分析（表 4.11），结果表明，干冷干热地区影响人们服装热阻的主要因素为室外温度，而在其他地区，均受室内外温度的共同影响，其中，寒冷湿热和高原气候地区室外温度对服装热阻的重要性要大于室内温度对服装热阻的影响，而寒冷温和、湿冷湿热和全年温和地区，室内温度对服装热阻的重要性要大于室外温度对服装热阻的影响。

表 4.11　服装热阻和室内外温度之间回归方程的模型汇总

不同地域气候	模型	输入的变量	R	R 方	调整 R 方	估计值标准误差
干冷干热	1	室外温度	0.902[a]	0.8136	0.8132	0.3214
寒冷温和	1	操作温度	0.755[a]	0.5705	0.5702	0.3390
	2	操作温度、室外温度	0.781[b]	0.6094	0.6089	0.3234
寒冷湿热	1	室外温度	0.873[a]	0.7613	0.7612	0.3602
	2	室外温度、操作温度	0.897[b]	0.8038	0.8036	0.3267
湿冷湿热	1	操作温度	0.943[a]	0.8894	0.8892	0.2862
	2	操作温度、室外温度	0.948[b]	0.8992	0.8988	0.2736
全年温和	1	操作温度	0.928[a]	0.8604	0.8602	0.2488
	2	操作温度、室外温度	0.935[b]	0.8736	0.8734	0.2368
高原气候	1	室外温度	0.786[a]	0.6172	0.6164	0.3499
	2	室外温度、操作温度	0.826[b]	0.6818	0.6806	0.3193

a 代表单变量模型，b 代表双变量模型。

在寒冷温和地区，操作温度对服装热阻的影响要大于室外温度对服装热阻的影响，这是因为该地区冬季建筑采用集中供暖，室内温度较高，室内外温差较大，人们在室内的着装更依赖于室内温度所致。在寒冷湿热和高原气候地区，室外温度对服装热阻的重要性略高于室内温度，在湿冷湿热和全年温和地区，室内操作温度对服装热阻的影响约为室外温度的 2 倍。在干冷干热地区，当地村民频繁出入室内外，且室内外温差较大，故室外温度是影响人们着装的唯一因素。

4.4.1.2　开窗行为

窗户是建筑使用者控制室内环境的最主要的方式之一，研究发现，开窗行为依赖于室内外环境条件，Logistic 或 Probit 回归分析可以被用于建立开窗可能性预测的适应性模型[16]，见式（4.3）。

$$\log(p)=\log\left(\frac{p}{1-p}\right)=bT+c \tag{4.3}$$

式中：p 为开窗的可能性，$p=\dfrac{\mathrm{e}^{(bT+c)}}{1+\mathrm{e}^{(bT+c)}}$；$T$ 为室外温度或室内温度（℃）；b 为温度的回归系数；c 为回归方程的常数。

为研究居民开窗百分比随室内外温度的变化关系，利用 SPSS 统计学软件，建立开窗百分比与室内外温度的回归模型，并考察不同地域气候之间开窗行为的差异。

1. 开窗百分比与室外温度的关系

图 4.15 给出了不同地域气候居民开窗百分比与室外温度之间关系的散点图和预测曲线，根据各地所得散点图，可知，除寒冷湿热地区为二次函数曲线外，其他地区均为 Probit 回归曲线。寒冷湿热地区调研样本夏季高温时段较多，故开窗百分比与室外温度呈明显的二次曲线关系，冬季，随着室外温度的增加，居民开窗的比率随之增加，但夏季，随着室外温度的增加，开窗的比率随之降低，这是因为随着室外温度的增加，开空调的比例增加，从而开窗的比例减小。在寒冷温和、湿冷湿热地区，调研建筑夏季大多为自然通风，开窗比例均随室外温度的增加而增加。而在全年温和和高原气候地区，开窗比例与室外温度之间的关系较为离散。

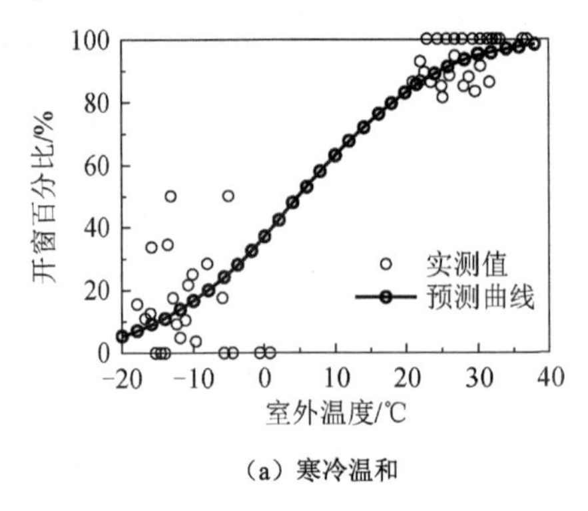

（a）寒冷温和

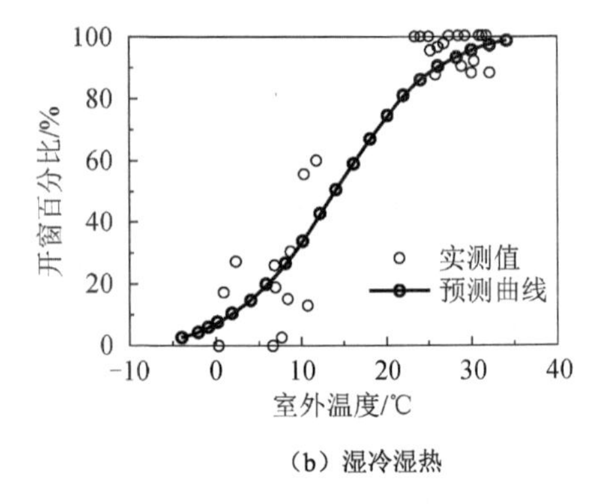

（b）湿冷湿热

图 4.15　开窗百分比与室外温度的关系

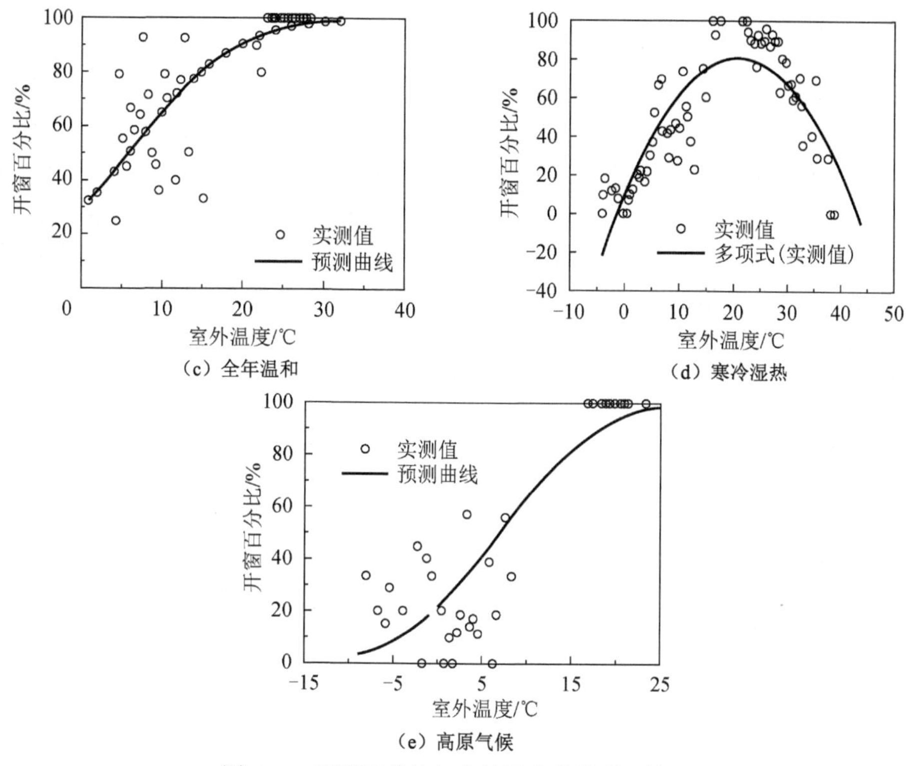

图 4.15　开窗百分比与室外温度的关系（续）

为了比较在同样室外温度作用下不同地域气候居民的开窗百分比，取室外温度分别为 0℃、10℃、20℃、30℃，根据以上回归曲线得到不同地域气候的预测开窗百分比，同理，当开窗百分比为 20%、50%和 80%时，分别得到预测的室外温度，如图 4.16 所示。从图中可以看出，在温度较为适宜的 20℃左右时，大多数人们喜欢开窗，各地开窗比例较为接近，但在温度较低的冬季和温度较高的夏季，各地冷热刺激的强度和持续时间不同，开窗习惯也并不相同。

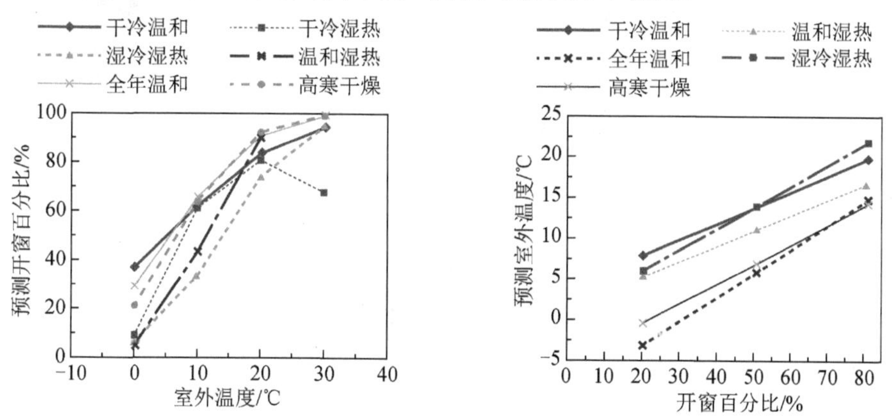

图 4.16　预测开窗百分比与室外温度的关系

2. 开窗百分比与操作温度的关系

图 4.17 给出了不同地域气候开窗百分比和操作温度的实测值和预测曲线，由图可知，所有地区的开窗百分比随室内操作温度的增加而增大，两者关系均可以用 Probit 回归曲线关系来表示。但在全年温和和高原气候地区，开窗比例与操作温度的关系并不紧密，说明在这两个地区，影响开窗的因素除了操作温度外，可能还有其他因素。在寒冷温和地区，当室内操作温度为 20℃时，预测的开窗百分比仅为 17.3%，这里的 20℃是指冬季集中供暖时的室内温度，因而开窗百分比较低，这里的预测曲线并不能说明过渡季节居民的开窗比例与室内操作温度的关系。

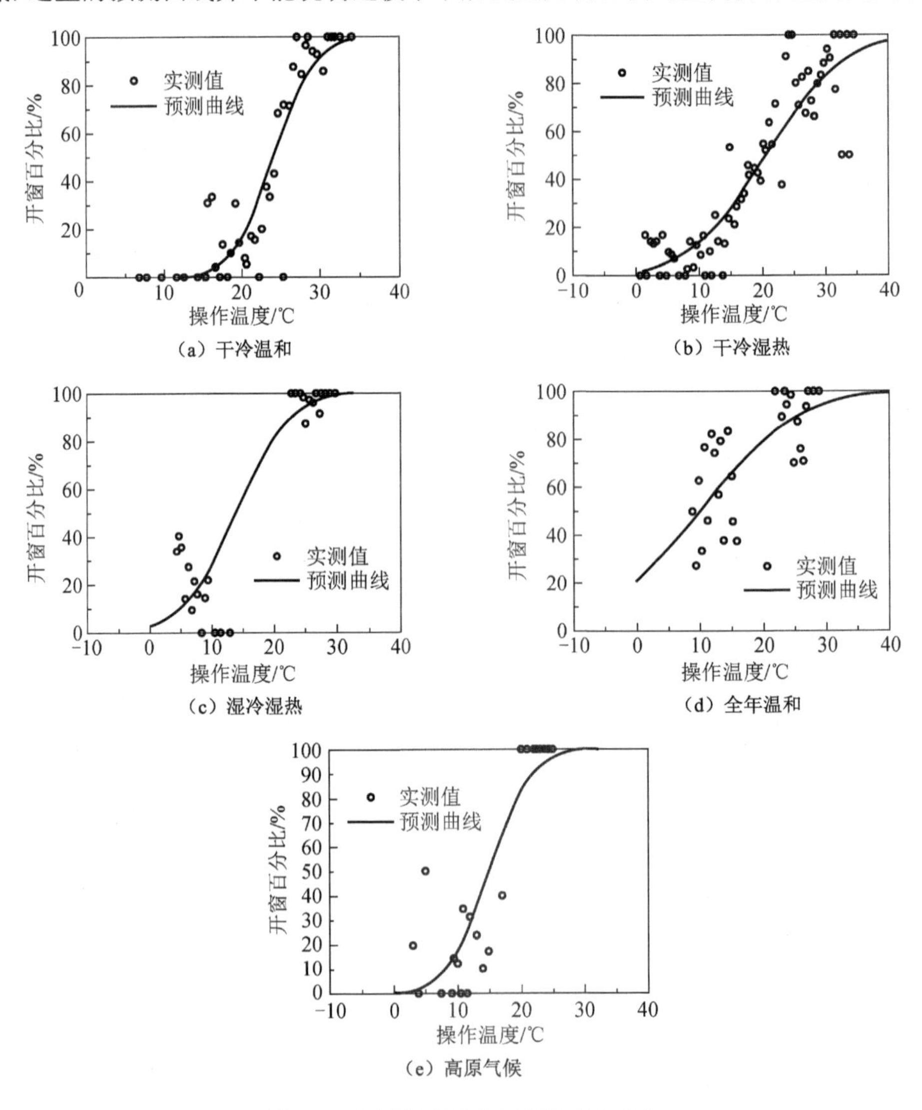

图 4.17　开窗百分比与操作温度的关系

图 4.18 给出了相同操作温度时由 Probit 回归曲线预测得到的开窗百分比，当室内温度在 0℃时，很少有人开窗；当室内温度在 30℃时，大多数人均开窗；而当温度在 10℃和 20℃时，开窗比例差异较大，最大开窗比例相差 60%以上。以上分析表明，在同样的操作温度下，各地预测开窗百分比有一定差异，温度低时差异较大，温度高时差异较小。

图 4.18 还给出了相同开窗百分比时预测的操作温度，随着开窗比例的增加，预测的操作温度越来越高，不同地域气候之间预测操作温度的差值越来越小。

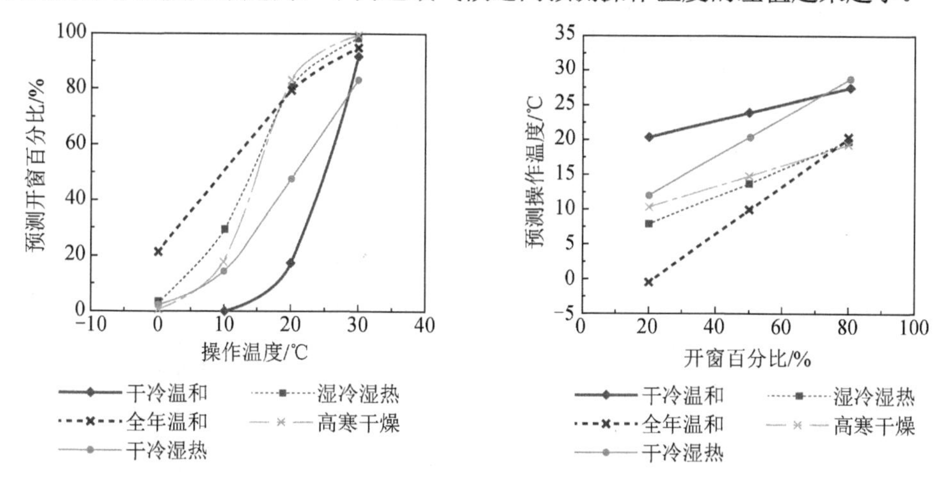

图 4.18　开窗百分比与操作温度的关系

4.4.1.3　空气流速

根据调查统计结果，得出不同气候区室内空气流速分布频率图（图 4.19 和图 4.20）。

图 4.19 是夏季不同气候区空气流速分布频率图。由图中可见，各气候区空气流速在 0.02～1.0m/s，分布频率大致相同。根据我国现行《民用建筑供暖通风与空气调节设计规范》（GB 50736—2012）对舒适性空调室内设计参数 $v \leqslant 0.3$m/s 的要求，各气候区空气流速有普遍升高的趋势。这表明夏季人们普遍希望自然通风，或者通过电风扇等技术手段增强室内空气流速，以加快对流换热来改变室内热环境。

图 4.20 是冬季不同气候区室内空气流速分布频率图。由图中可见：严寒地区室内空气流速较低，90%的样本 $v \leqslant 0.1$m/s。这主要是由于该地区虽然室外气候寒冷、风速大，但住宅门窗密闭性好，加之人们对新风量的需求不高所形成的；寒冷地区较严寒地区室内风速略高一些，这可能因为该地区住宅门窗普遍密闭性差，冷风渗透量大，加之人们有开窗习惯引起的；夏热冬冷、夏热冬暖地区室外温度通常在零度以上，且湿度较大，人们也有开窗习惯，所以室内流速在 0.1～0.2m/s。

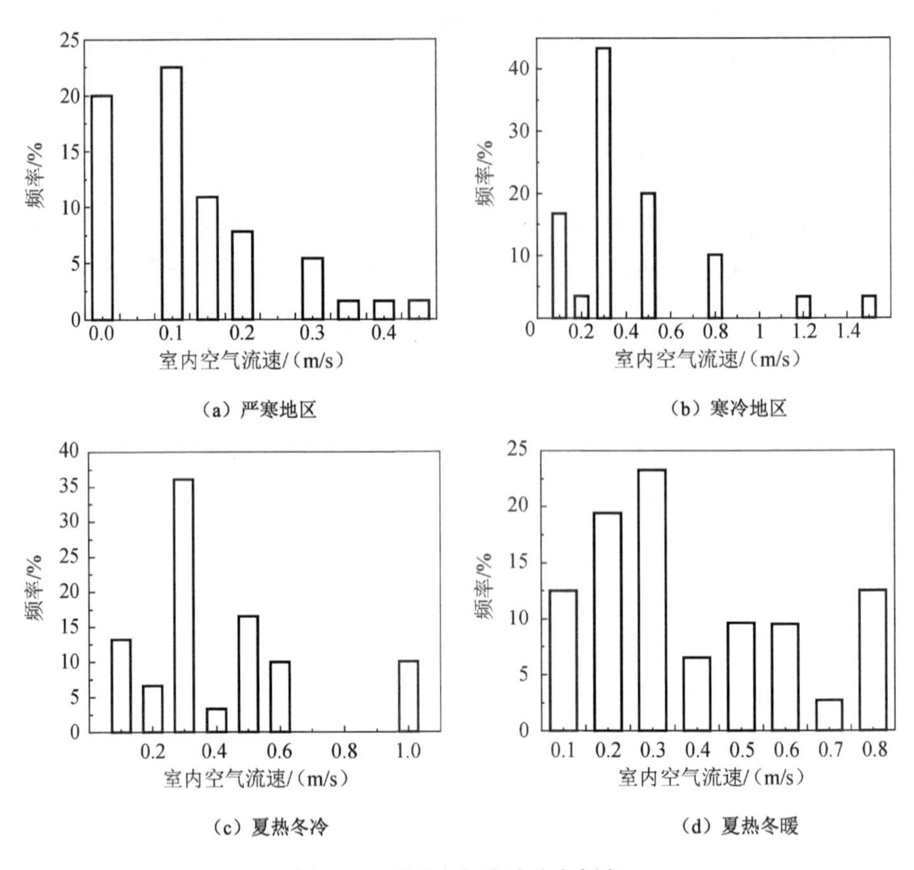

(a) 严寒地区　(b) 寒冷地区

(c) 夏热冬冷　(d) 夏热冬暖

图 4.19　夏季空气流速分布频率

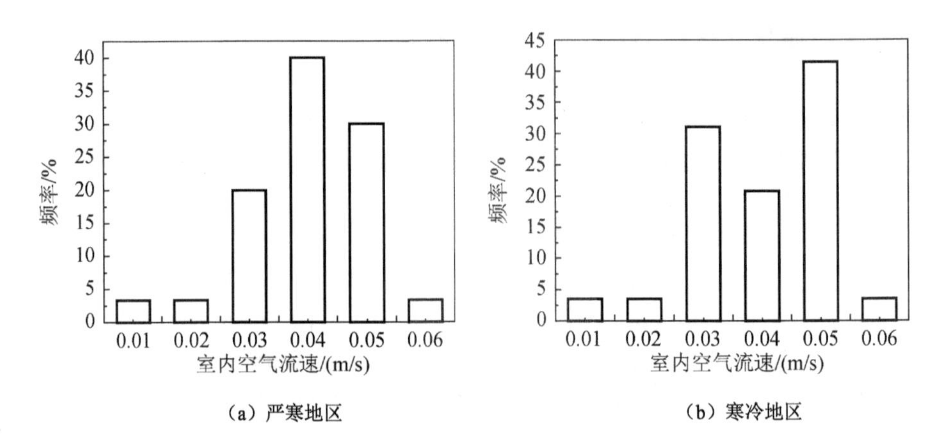

(a) 严寒地区　(b) 寒冷地区

图 4.20　冬季空气流速分布频率

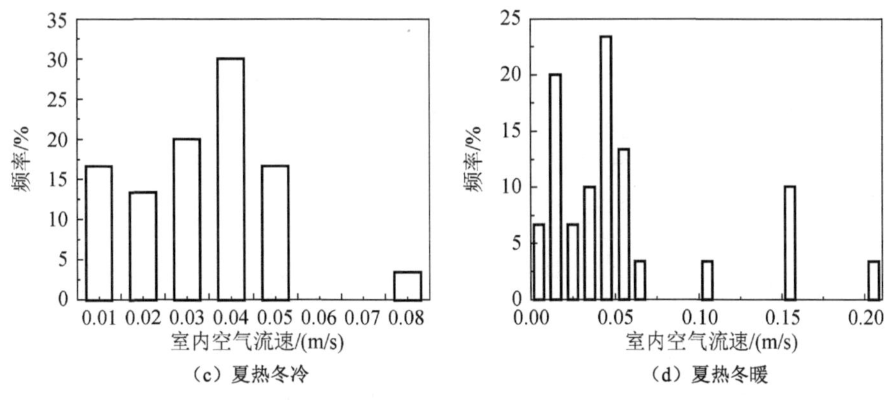

图 4.20　冬季空气流速分布频率（续）

夏、冬季不同气候区空气流速随操作温度变化关系图（图 4.21 和图 4.22），其回归方程如表 4.12 所示。

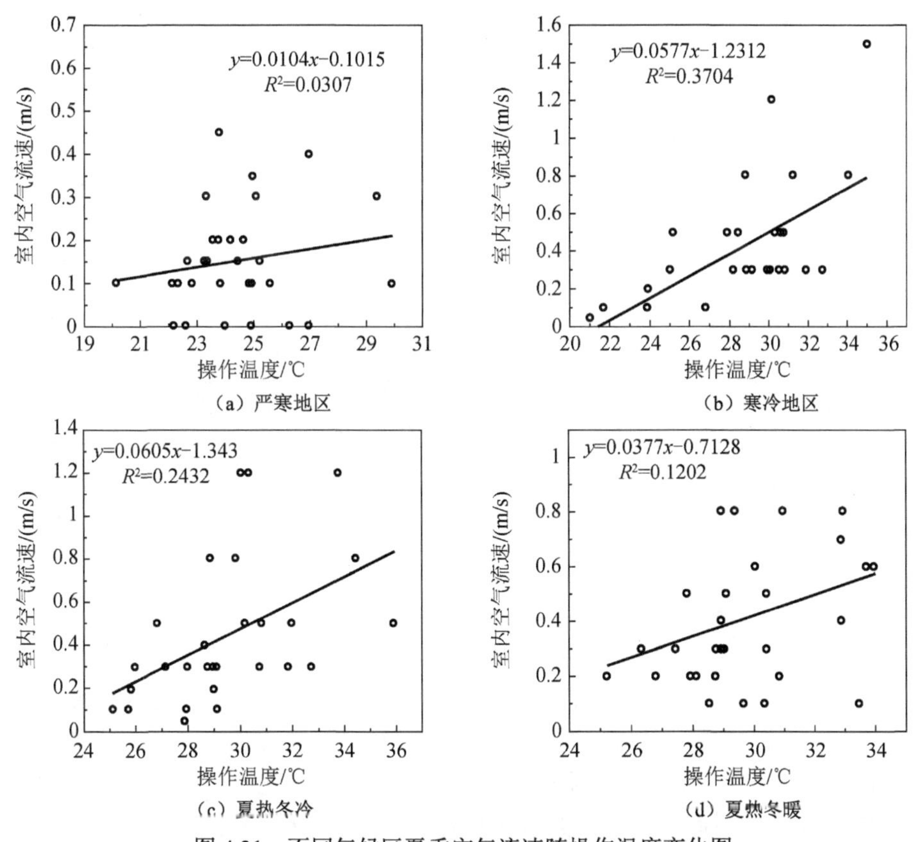

图 4.21　不同气候区夏季空气流速随操作温度变化图

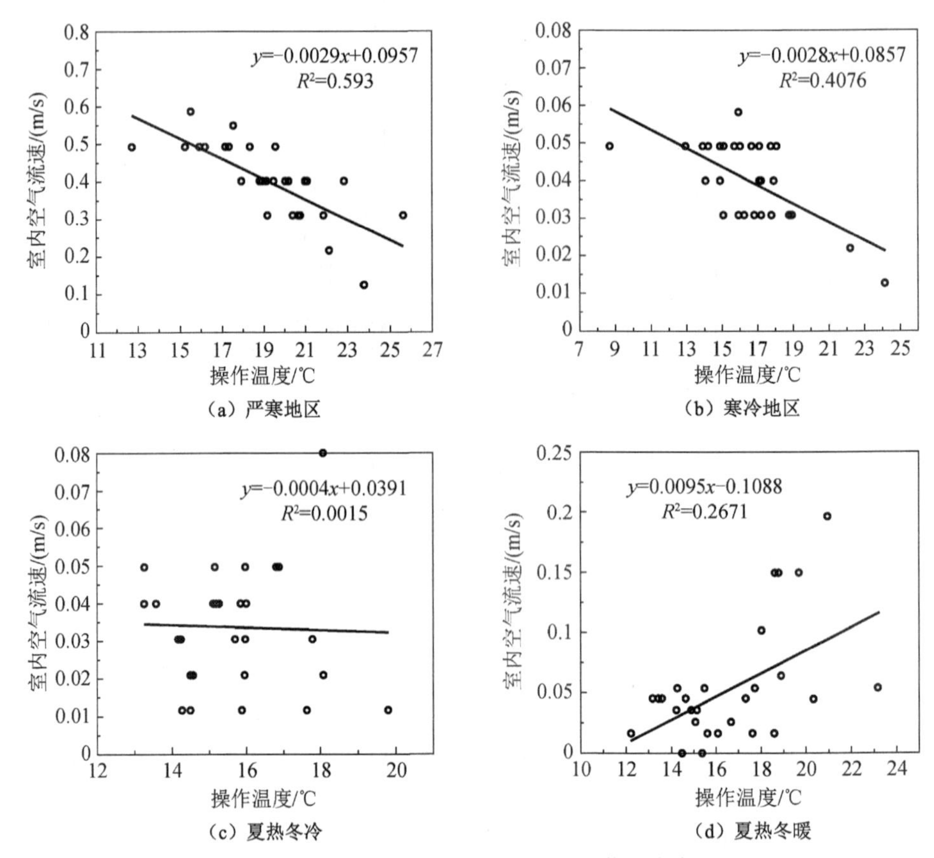

图 4.22　不同气候区冬季空气流速随操作温度变化图

表 4.12　不同气候区空气流速与操作温度的回归方程

季节	气候区	回归方程	R^2
夏季	严寒地区	V=0.0104 · t_{op}−0.1015	0.0307
	寒冷地区	V=0.0577 · t_{op}−1.2312	0.3704
	夏热冬冷地区	V=0.0605 · t_{op}−1.343	0.2432
	夏热冬暖地区	V=0.0377 · t_{op}−0.7128	0.1202
冬季	严寒地区	V=−0.0029 · t_{op}+0.0957	0.5930
	寒冷地区	V=−0.0028 · t_{op}+0.0857	0.4076
	夏热冬冷地区	V=−0.0004 · t_{op}+0.0391	0.0015
	夏热冬暖地区	V=0.0095 · t_{op}−0.1088	0.2671

以上结果可见，当人们有能力对环境进行控制时（如开窗），会更容易对环境产生满意，而在炎热季节自然通风建筑物的居住者，就会通过加大室内的空气流速来满足心理需要，居住者感觉舒适温度的范围也相应宽一些。

de Dear 学者对此也进行了类似的研究，其回归方程[14]为

$$V=-0.56+0.03t_{op} \qquad R^2=0.34 \tag{4.4}$$

香港学者 Horace 得出的回归方程[15]为

$$v=-0.35+0.02t_{op} \qquad R^2=0.34 \tag{4.5}$$

通过对比发现，调查结果与上述回归结果基本相似，说明室内空气流速与操作温度有一定的线性相关性，并且在夏季空气流速与操作温度呈正线性关系，即随着操作温度的升高，空气流速也呈现上升的趋势，这表明夏季人们普遍希望自然通风，或者通过电风扇等技术手段增强室内空气流速，以加快对流换热来改变室内热环境；在冬季，除夏热冬暖地区外，其他地区空气流速与操作温度呈负线性关系，这表明冬季人们习惯关闭门窗来减小室内空气流速，从而达到室内保温的目的。

4.4.1.4　新陈代谢率

调查时受试者大多是坐着看材料或在填写调查问卷，其行为属于坐姿式的轻体力活动，根据 ASHRAE 标准规定，新陈代谢率定为 $M \leqslant 1.2$met（70W/m^2）。对所调查样本进行回归分析发现：人体新陈代谢率与操作温度没有明显的线性关系，其拟合结果见图 4.23。这符合新陈代谢率主要受劳动强度的影响较大，而受周围物理环境的影响较小的规律。

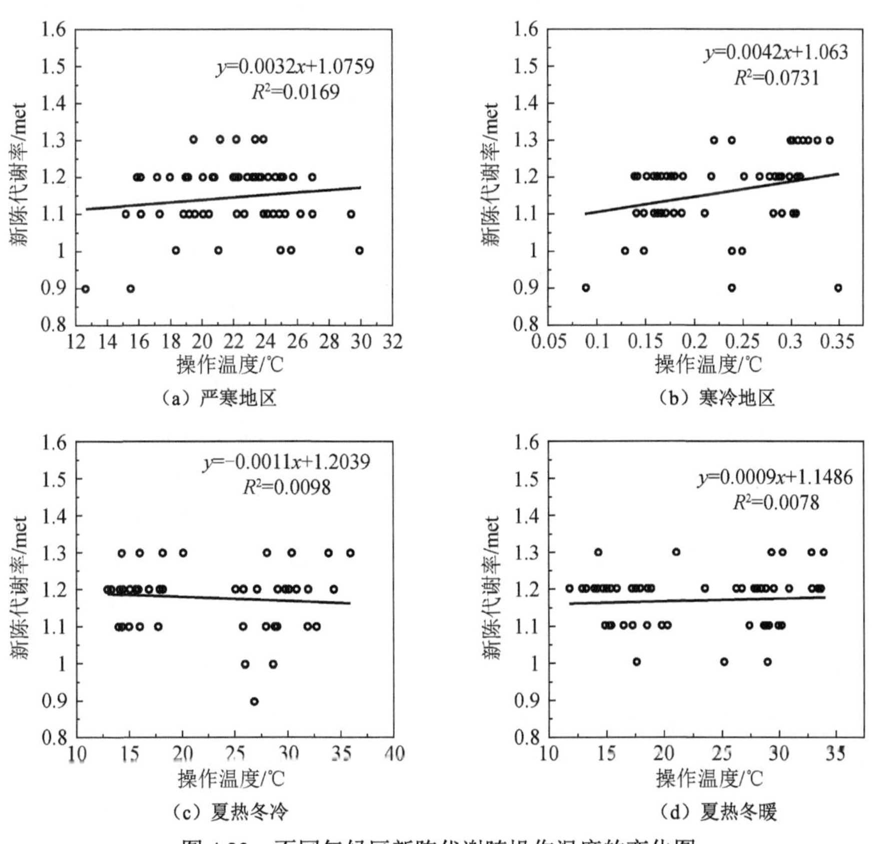

（a）严寒地区　（b）寒冷地区

（c）夏热冬冷　（d）夏热冬暖

图 4.23　不同气候区新陈代谢随操作温度的变化图

4.4.2 心理适应

4.4.2.1 热感觉的适应性

人们在长期反复外界环境刺激的作用下，热感觉对环境刺激的变化会逐渐变得不敏感，这就是热感觉的适应性。通过研究热感觉与室内外温度之间的关系，不仅可以看出不同地域气候室内外环境温度的刺激范围，而且还可以分析热感觉随温度变化的敏感程度。

1. 平均热感觉投票和室外温度的关系

分别把每一个地域气候的室外温度和热感觉的数据按从小到大排序，再按Bin法对温度进行0.5℃的分组，求出每一组对应的平均温度和平均热感觉投票，再对平均温度和平均热感觉投票进行回归分析，得到的方程和曲线图如表4.13和图4.24所示。

表4.13 平均热感觉投票与室外温度的回归方程

<table>
<tr><th>地域气候</th><th>建筑运行模式</th><th>回归方程</th><th>相关系数</th></tr>
<tr><td rowspan="2">干冷干热</td><td rowspan="2">集中供暖</td><td>$MTS=0.0363t_{out}+0.1319$</td><td>0.8153</td></tr>
<tr><td>$MTS=0.0007t_{out}^2+0.0144t_{out}-0.1065$</td><td>0.8208</td></tr>
<tr><td rowspan="2">寒冷温和</td><td rowspan="2">集中供暖</td><td>$MTS=0.0283t_{out}+0.2553$</td><td>0.7583</td></tr>
<tr><td>$MTS=0.0010t_{out}^2+0.0084t_{out}+0.0137$</td><td>0.8192</td></tr>
<tr><td>寒冷湿热</td><td>自然通风</td><td>$MTS=0.0614t_{out}-1.1213$</td><td>0.9130</td></tr>
<tr><td>湿冷湿热</td><td>自然通风</td><td>$MTS=0.0657t_{out}-1.1715$</td><td>0.9350</td></tr>
<tr><td>全年温和</td><td>自然通风</td><td>$MTS=0.1075t_{out}-2.2098$</td><td>0.9420</td></tr>
<tr><td>高原气候</td><td>自然通风</td><td>$MTS=0.0492t_{out}-1.2522$</td><td>0.7340</td></tr>
</table>

对于干冷干热和寒冷温和地区，冬季室外温度均在0℃以下，冬季建筑采用主动式供暖，故回归模型的二次函数拟合关系均要优于线性关系。其他地区，均为自然调节模式，从经验和散点图判断可知均呈线性关系。从回归系数来看，冬季集中供暖模式的干冷干热和寒冷温和地区居民的敏感性均小于采用其他自然调节模式建筑中的居民的敏感性。对于自然调节模式建筑中的居民，寒冷湿热和湿冷湿热两个地区居民的热感觉对温度的敏感性较为接近，其他地区相差较大，敏感性最大的地区约为最小地区的5倍，即，对于高原气候地区，居民热感觉每变化1个单位，室外温度需变化约20℃。高原气候地区，全年以高寒为主导气候特征，虽然全年温差小，但日温差较大，人们着装较厚，因而对温度的变化很不敏感。这说明地域气候特征不同，所形成的环境刺激的类型和持续时间不同，人们的心理热反应也必然不同，因而不同地区对气候的适应性也不同。

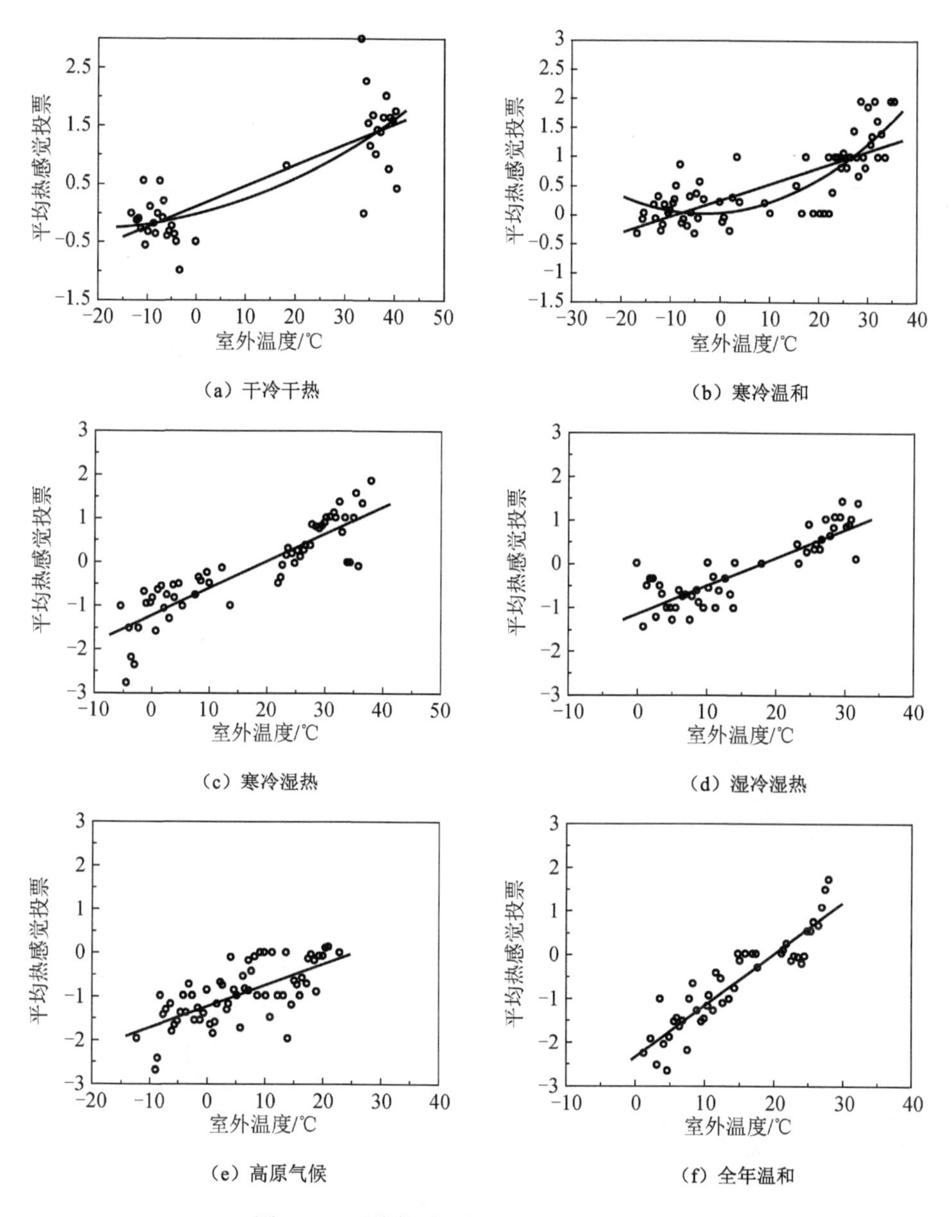

图 4.24　平均热感觉投票与室外温度的关系

图4.24给出了不同地域气候平均热感觉投票与室外温度关系的散点图以及拟合曲线图。全年温和地区实测值和预测曲线的相关性最好，其次是湿冷湿热地区，相关性最差的是高原气候地区，这说明高原气候地区人们热感觉的个体差异较大，居民热感觉的变化不仅受室外温度影响，还可能受其他因素的影响。当室外温度在 10℃以下时，干冷干热和寒冷温和地区热感觉变化较小，当温度高于 10℃时，

热感觉投票基本随室外温度的增加而增加，而在其他地区，全年热感觉均随室外温度的增加而增加。

2. 平均热感觉投票和操作温度的关系

参考平均热感觉投票和室外温度的分析方法，分别得到不同地域气候平均热感觉投票和操作温度的散点、回归直线图（图 4.25）以及回归模型（表 4.14）。从散点图可以判断，人们的热感觉投票与操作温度均呈线性相关。当人们的平均热感觉投票为 0 时，所对应的室内温度即为全年中性温度，从全年中性温度来看（表 4.14），湿冷湿热地区全年中性温度最低，为 16.8℃，干冷干热、寒冷温和、寒冷湿热地区，全年中性温度较为接近，而高原气候地区较高，均为 25℃以上。可以看出，冬季干冷地区全年中性温度较为接近，全年湿度较高的地方（湿冷湿热地区）人们的中性温度最低，全年以冷为主导气候特征的地区其中性温度均较高，这是因为，全年主导气候特征为冷时，如青藏高原地区，人们全年的热感觉投票以冷为主，人们期望更加温暖的环境，因而感觉中性的温度就较高。

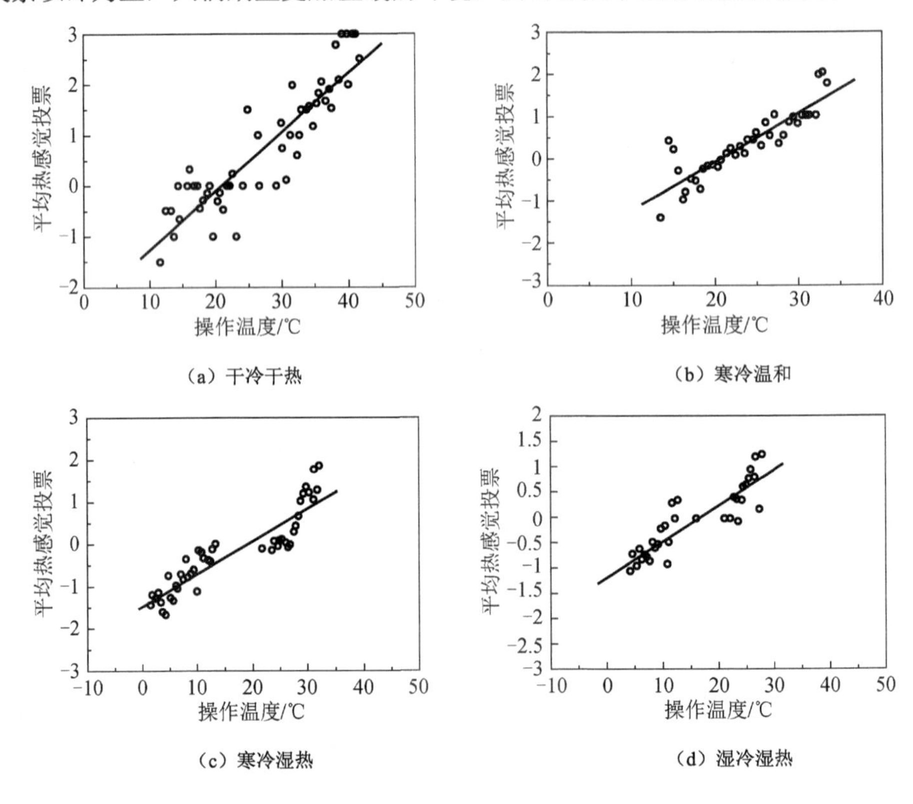

图 4.25　平均热感觉投票与操作温度的关系

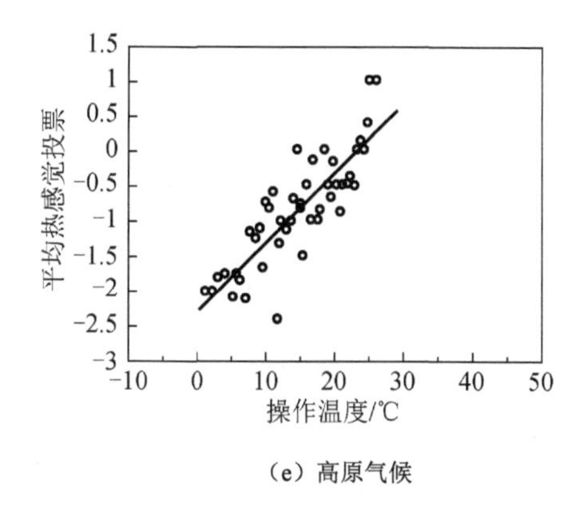

（e）高原气候

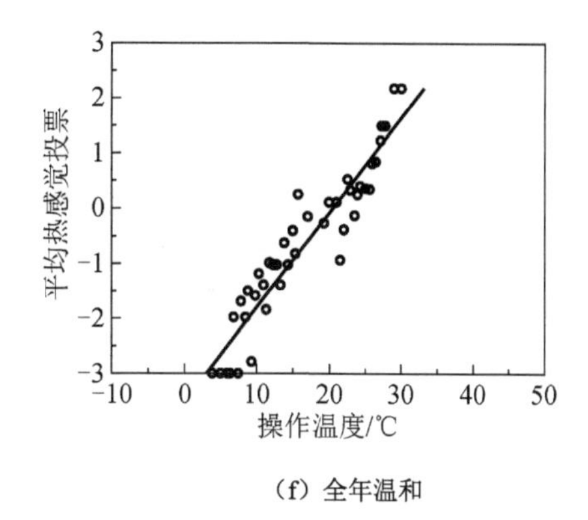

（f）全年温和

图 4.25　平均热感觉投票与操作温度的关系（续）

表 4.14　平均热感觉投票与操作温度的回归方程

气候区	回归方程	R^2	全年中性温度/℃
干冷干热	$MTS=0.1080t_{op}-2.2124$	0.8630	20.5
寒冷温和	$MTS=0.1174t_{op}-2.3615$	0.8588	20.1
寒冷湿热	$MTS=0.0801t_{op}-1.6410$	0.7617	20.5
湿冷湿热	$MTS=0.0778t_{op}-1.3082$	0.9041	16.8
全年温和	$MTS=0.1425t_{op}-3.0967$	0.8982	21.7
高原气候	$MTS=0.0770t_{op}-1.9760$	0.5925	25.7

3. 平均热感觉投票和室内外温度的关系

为考察同一地域气候，平均热感觉投票和室内外温度的关系，取平均热感觉投票为-2、-1、0、+1、+2，按照热感觉投票和室内外温度的回归曲线，分别得到预测的室内外温度，如图 4.26 所示，随着热感觉的增加，室内外温度均呈增加的趋势，但热感觉随室外温度变化的敏感性均要高于操作温度，两者呈剪刀状分布，即当热感觉投票在较冷一侧（热感觉投票小于 0），时，同样的热感觉其预测得到的操作温度要大于室外温度，当热感觉投票在较热一侧（热感觉投票大于 0），同样的热感觉其预测得到的室外温度要大于操作温度。

在六个地域气候中，干冷干热和寒冷温和地区因气候和建筑的运行模式较为接近，故热感觉和室内外温度的关系也较为接近，当热感觉投票为 0 时，干冷干热地区预测室外温度约为 5.7℃，预测室内温度约为 20.5℃，预测室内温度比室外高出 14.8℃；寒冷温和地区预测室外温度约为-2.2℃，预测室内温度约为 20.1℃，预测室内温度比室外高出 22.3℃，这与当地冬季集中供暖模式有关；而在其他四个地区，建筑均采用自然调节模式，当热感觉投票为 0 时，预测得到的室外温度与操作温度较为接近。不同的气候产生不同的建筑运行模式，不同建筑运行模式下，热感觉投票和预测室内外温度的关系也不相同，即便在同一建筑运行模式内，由于各地气候的差异，热感觉随室内外温度的变化也会有所差异，即人的心理适应因环境气候的不同而不同。

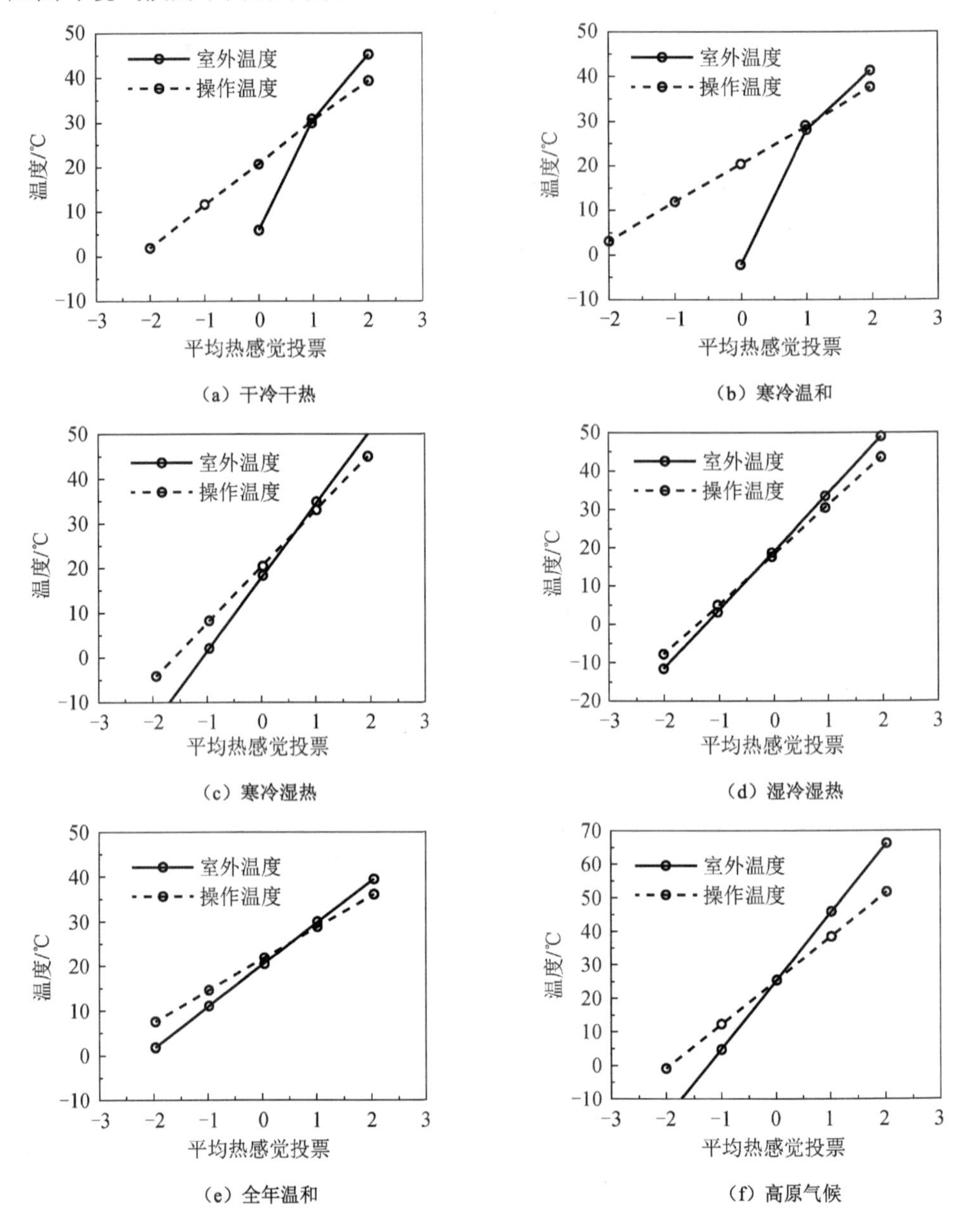

图 4.26　平均热感觉投票与室内外温度的关系

4.4.2.2　热接受率

根据 ASHRAE 55 标准和 ISO 7730 标准规定：80%的居民能接受的环境即为

热舒适环境，即 PPD≤20%的温度为人们可接受的舒适温度。

图 4.27 是夏季不同气候区热不接受率随操作温度变化关系图；图 4.28 是冬季不同气候区热不接受率随操作温度变化关系图，由各图可见，各气候区居民 80%满意率时舒适区温度范围如表 4.15 所示。

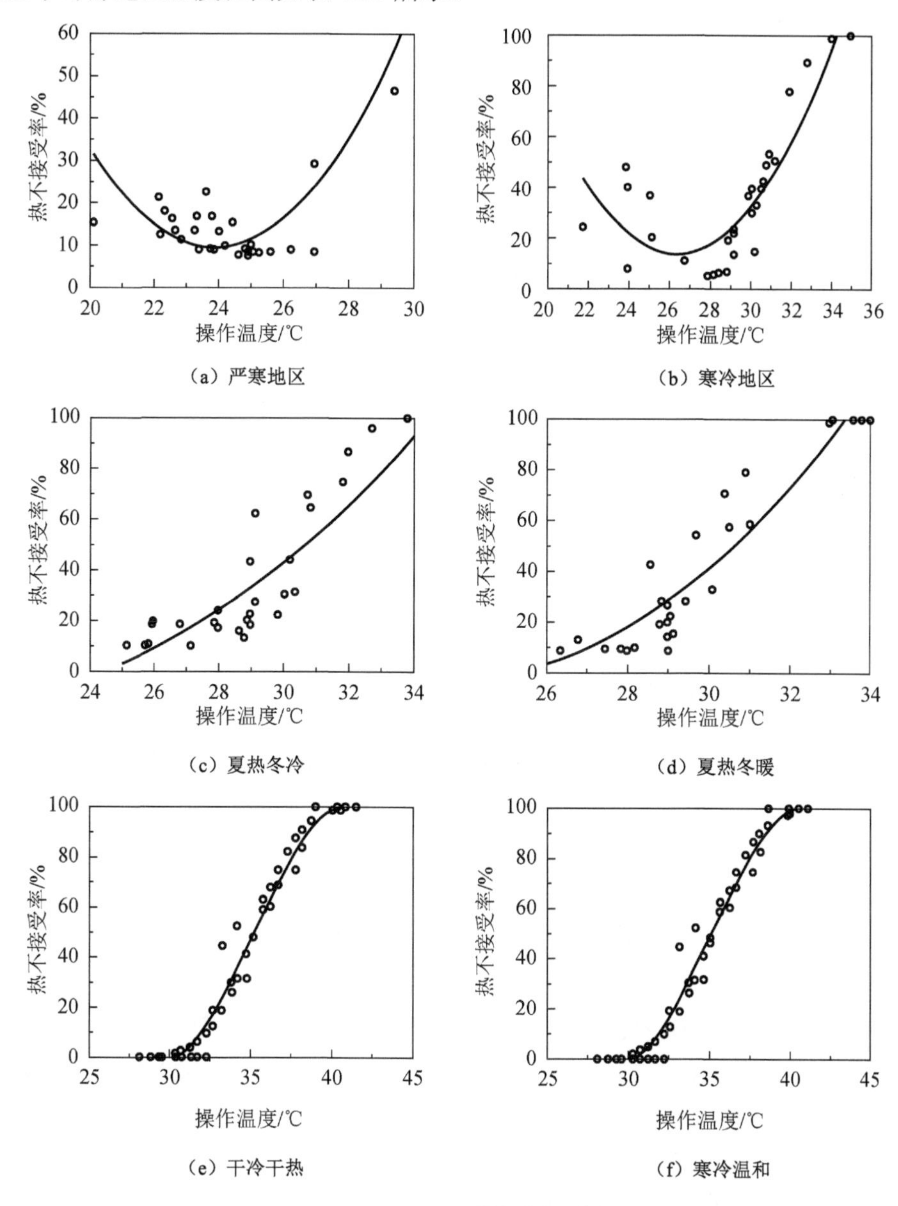

图 4.27 不同气候区夏季热不接受率随操作温度变化

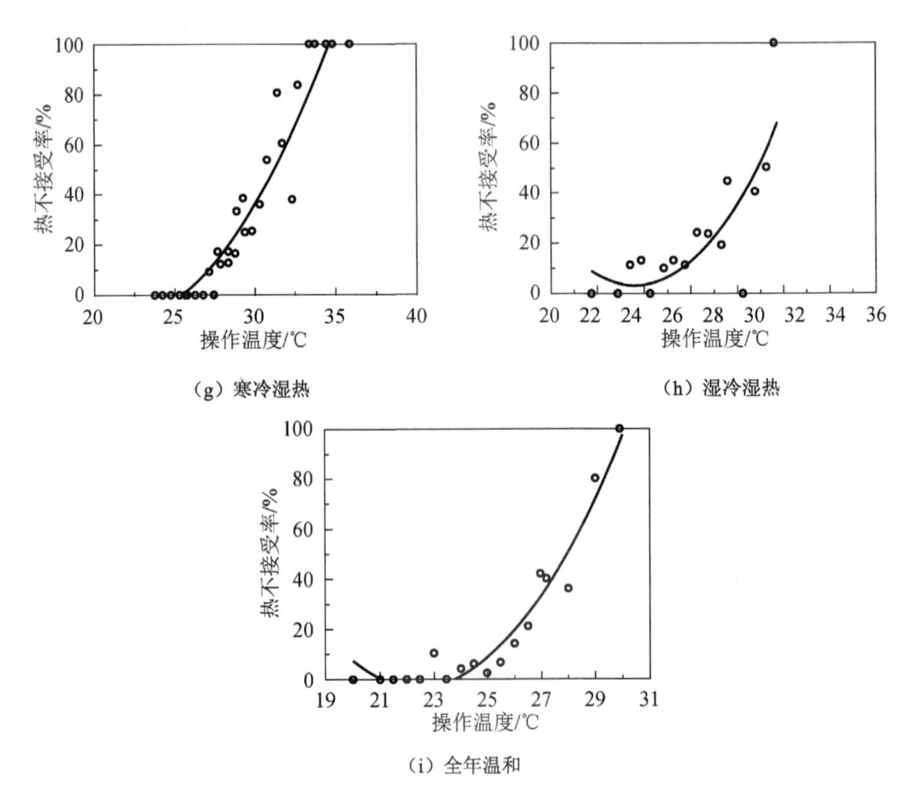

图 4.27　不同气候区夏季热不接受率随操作温度变化（续）

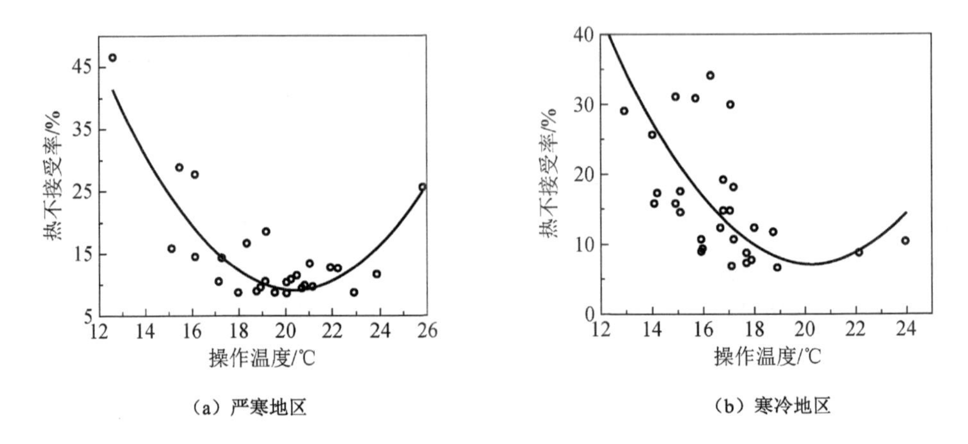

图 4.28　不同气候区冬季热不接受率随操作温度变化

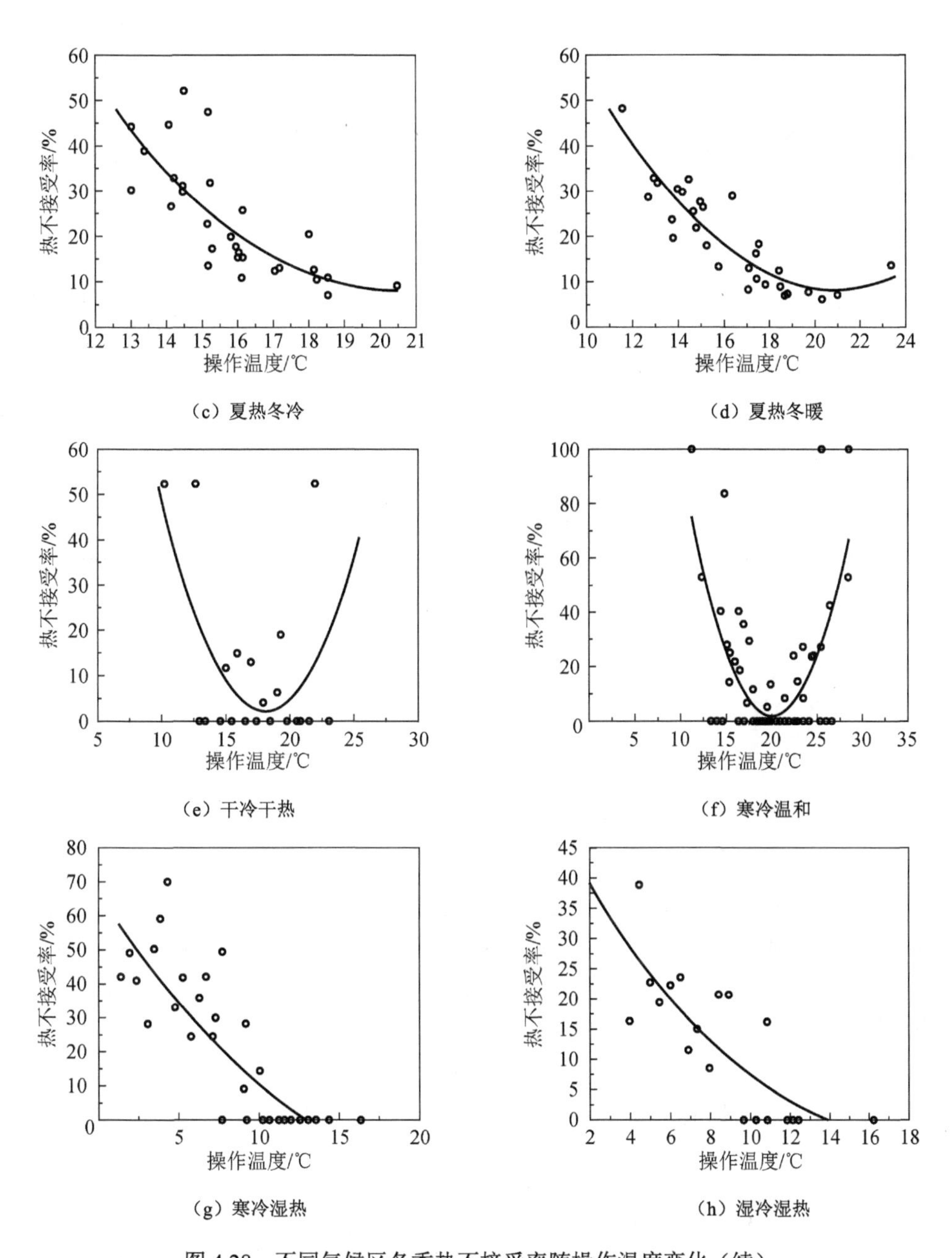

图 4.28　不同气候区冬季热不接受率随操作温度变化（续）

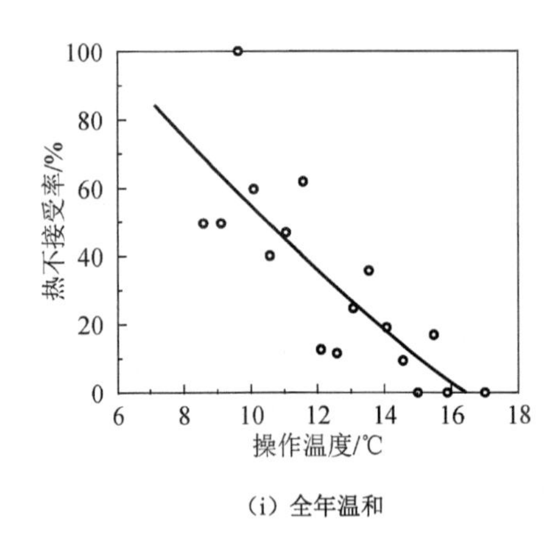

（i）全年温和

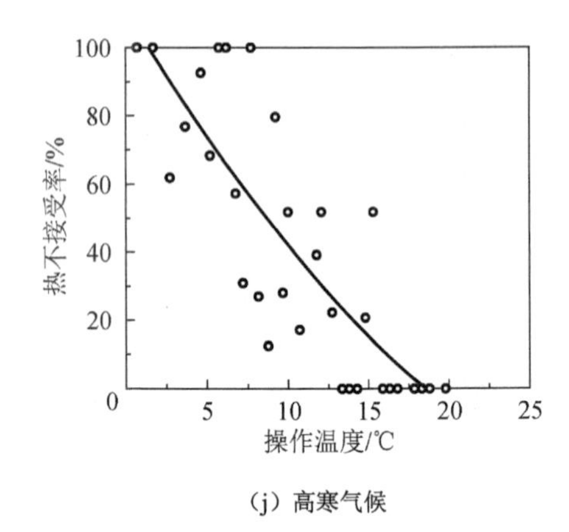

（j）高寒气候

图 4.28　不同气候区冬季热不接受率随操作温度变化（续）

表 4.15　舒适区温度范围

地区	舒适温度/℃	
	冬季	夏季
严寒	16.3～24.2	21.3～262
寒冷	15.8～23.9	23.8～29.1
夏热冬冷	16.5	27.8
夏热冬暖	16.2	28.3
干冷干热	16.2～24.7	27.8～32.5
寒冷温和	17.5～25.1	23.2～30.1
寒冷湿热	10.5～14.8	23.5～26.5
湿冷湿热	10.8～12.9	23.2～25.7
全年温和	15.2～17.1	21.2～23.5
高寒气候	12.7～20.3	

对照热舒适标准的取值范围，上述结果与之比较舒适区域宽了很多，说明居民对热环境的适应性增强了。再者，对于我国这样一个地域辽阔，南北气候差异大的国家来说，制定一个统一的标准显然是不够的，建议可以根据各地不同气候区的气候特点，分别制定相应的标准和规范，这对于因地制宜，更好地节约能源有重大意义。

4.4.2.3　热中性温度

根据热中性温度计算方法，对本次调查样本 MTS 与 t_{op}进行回归分析，线性拟合的结果夏季见图 4.29，冬季见图 4.30。

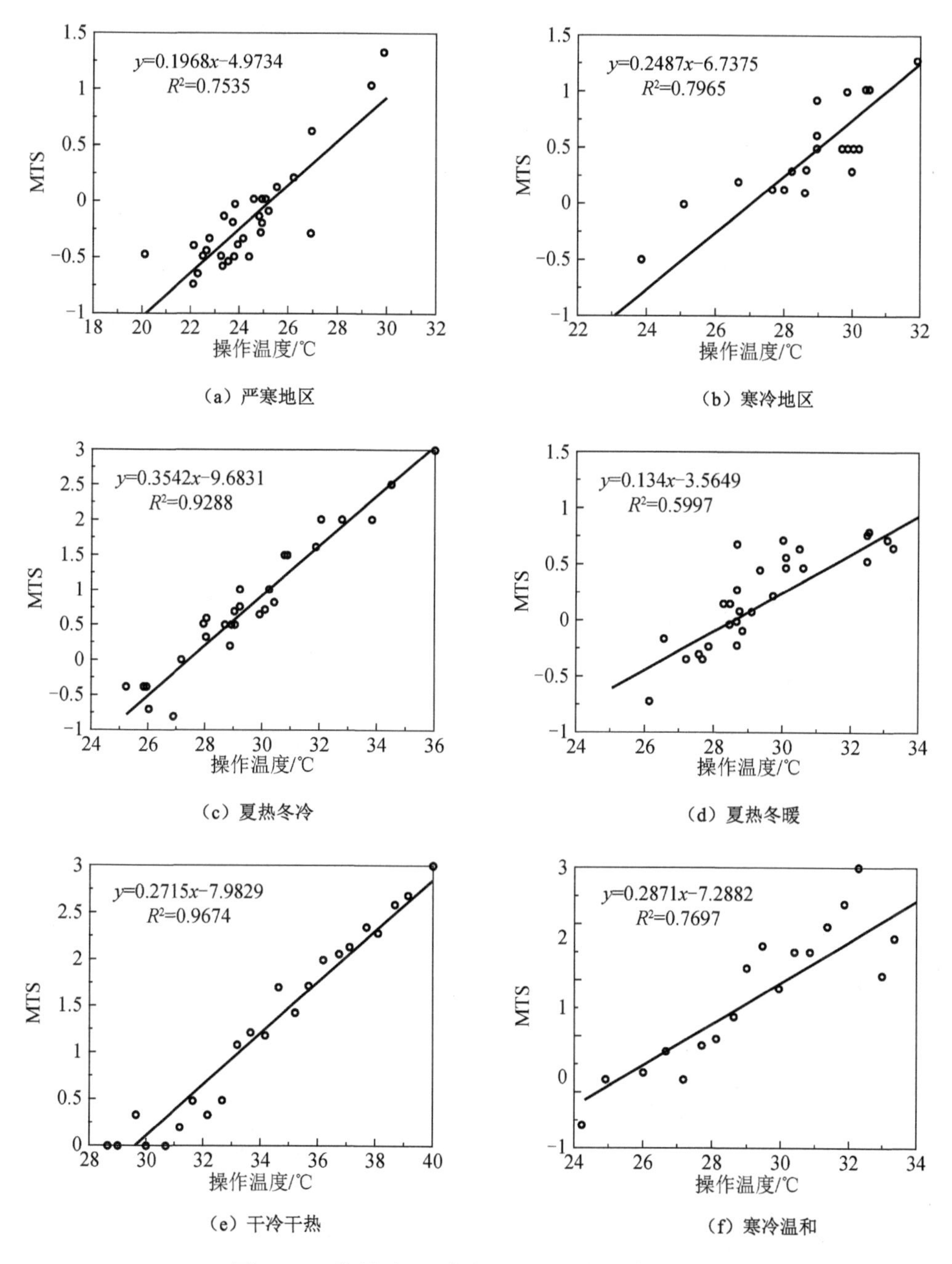

图 4.29　不同气候区夏季 MTS 随操作温度的变化

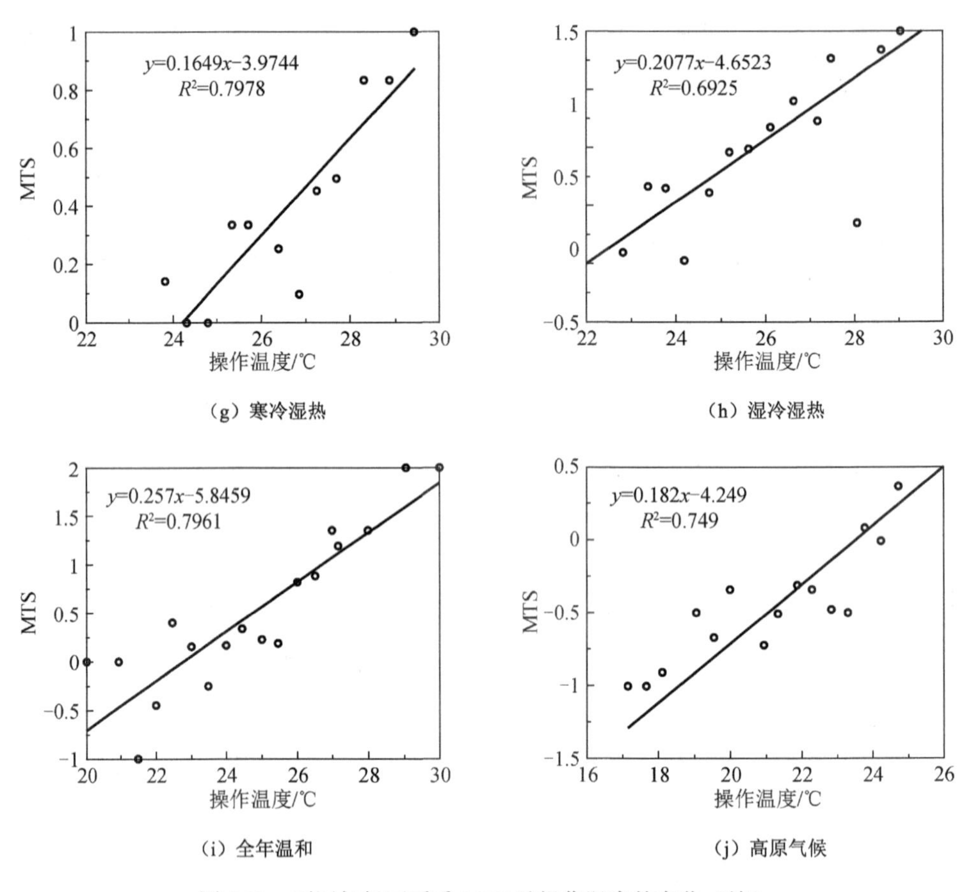

（g）寒冷湿热　（h）湿冷湿热

（i）全年温和　（j）高原气候

图 4.29　不同气候区夏季 MTS 随操作温度的变化（续）

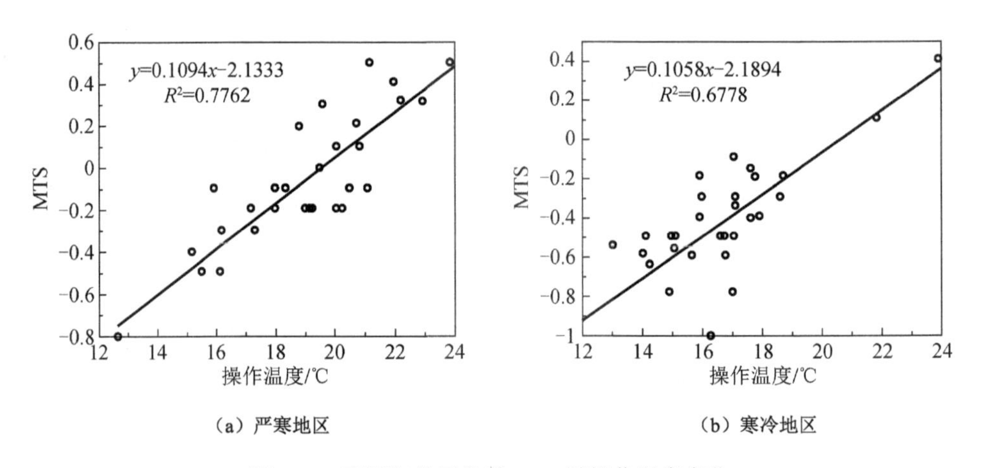

（a）严寒地区　（b）寒冷地区

图 4.30　不同气候区冬季 MTS 随操作温度变化

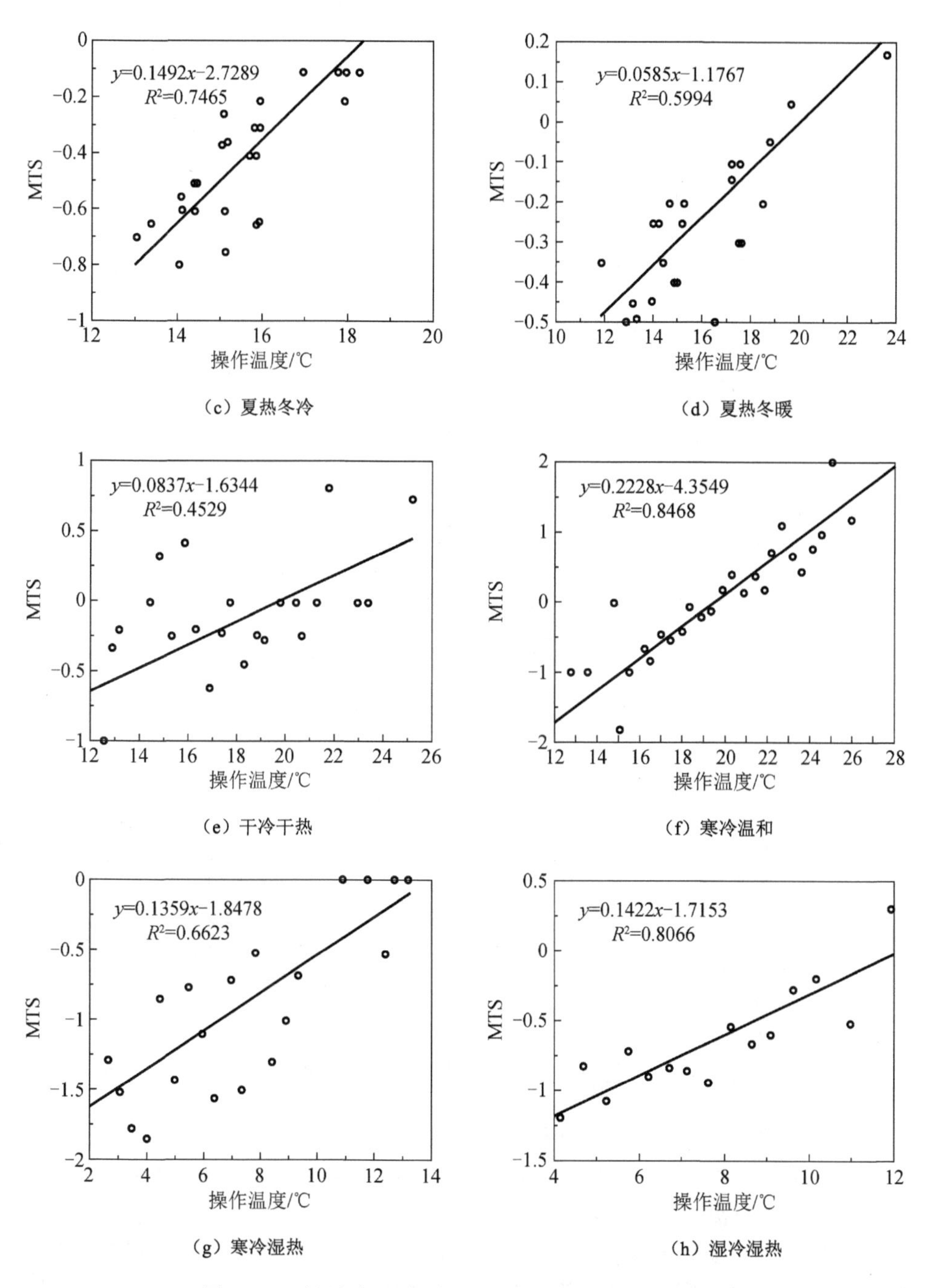

（c）夏热冬冷　（d）夏热冬暖

（e）干冷干热　（f）寒冷温和

（g）寒冷湿热　（h）湿冷湿热

图 4.30　不同气候区冬季 MTS 随操作温度变化（续）

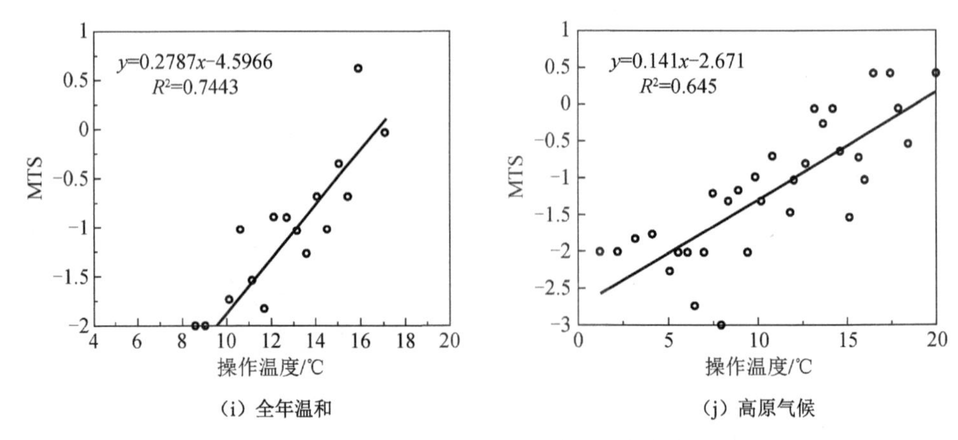

（i）全年温和　（j）高原气候

图 4.30　不同气候区冬季 MTS 随操作温度变化（续）

令 MTS=0，求出其对应的热中性温度，见表 4.16。

表 4.16　热感觉和操作温度的回归方程以及中性温度

季节	地区	回归方程	相关系数	中性温度/℃
夏季	严寒地区	MTS = 0.1968t_{op}−4.9734	0.8680	25.3
	寒冷地区	MTS = 0.2487 t_{op}−6.7375	0.8925	27.1
	夏热冬冷	MTS = 0.3542 t_{op}−9.6831	0.9637	27.3
	夏热冬暖	MTS = 0.1340 t_{op}−3.5649	0.7744	26.6
	干冷干热	MTS = 0.2715 t_{op}−7.9829	0.5871	29.0
	寒冷温和	MTS = 0.2871 t_{op}−7.2882	0.8773	25.4
	寒冷湿热	MTS = 0.1649 t_{op} −3.9744	0.8932	24.1
	湿冷湿热	MTS = 0.2077 t_{op}−4.6523	0.8322	22.4
	全年温和	MTS = 0.2570 t_{op} −5.8459	0.8922	22.8
	高原气候	MTS = 0.1820 t_{op} −4.2490	0.8654	23.3
冬季	严寒地区	MTS = 0.1094 t_{op} −2.1333	0.8810	19.5
	寒冷地区	MTS = 0.1058 t_{op} −2.1894	0.8233	20.7
	夏热冬冷	MTS = 0.1492 t_{op}−2.7289	0.8640	18.3
	夏热冬暖	MTS = 0.0585 t_{op} −1.1767	0.7742	20.1
	干冷干热	MTS = 0.0837 t_{op} −1.6344	0.6730	19.5
	寒冷温和	MTS = 0.2228 t_{op}−4.3549	0.9202	19.6
	寒冷湿热	MTS = 0.1359 t_{op}−1.8478	0.8138	13.6
	湿冷湿热	MTS = 0.1422 t_{op}−1.7153	0.8981	12.1
	全年温和	MTS = 0.2787 t_{op} −4.5966	0.8627	16.5
	高原气候	MTS = 0.1410 t_{op} −2.6710	0.8031	18.9

由表 4.16 可见，冬季，湿冷湿热和寒冷湿热地区人们的中性温度较低，最低为 12.1℃，这是因为这两个地区冬季室外温度较低，且未采用集中供暖所致。其他地区冬季中性温度在 16～20℃。夏季，各地中性温度相差较大，最高的为干冷干热（吐鲁番）地区，为 29.0℃，最低的为湿冷湿热的汉中、全年温和的昆明地区，约为 22.5℃，说明中性温度不仅跟当地的气候、季节有关，还跟建筑的运行

模式有关。

另外，鉴于不同气候区具有不同的气候特点，人的气候适应能力也略有不同。例如，同样的气候特征，处于夏热冬暖地区的广州人与处于寒冷地区的北京人对冷的感觉有差别，同样，处于严寒地区的哈尔滨人与处于夏热冬冷地区的上海人对热的感觉也有差别。

4.4.3　生理适应

热舒适适应性原则提出人体为了适应不断变化的气候环境，需要不时调节自身的热平衡来达到所需的舒适要求，当舒适温度趋近于室内平均温度时，人会感到舒服，也就是说，人体在不断地调整自己，当接近室内平均气温时，会感到舒适。图 4.31、图 4.32 是室内平均中性温度与操作温度、室内平均温度的拟合结果。从结果可见，二者回归趋势相同，线性系数也相似，可见中性温度与室内温度有一定的相关性，说明人体为了适应不断变化的气候环境，需要不时调节自身的热平衡来达到所需的舒适要求，有一定的生理适应性。

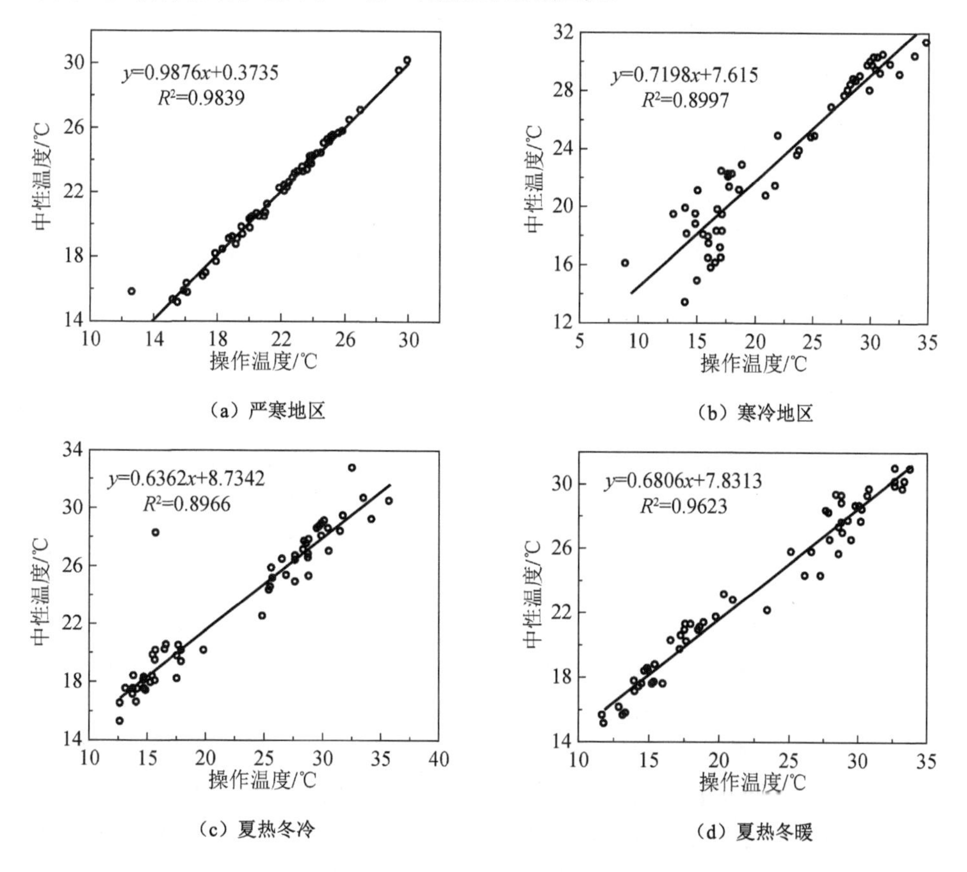

（a）严寒地区　（b）寒冷地区

（c）夏热冬冷　（d）夏热冬暖

图 4.31　不同气候区中性温度随操作温度变化关系图

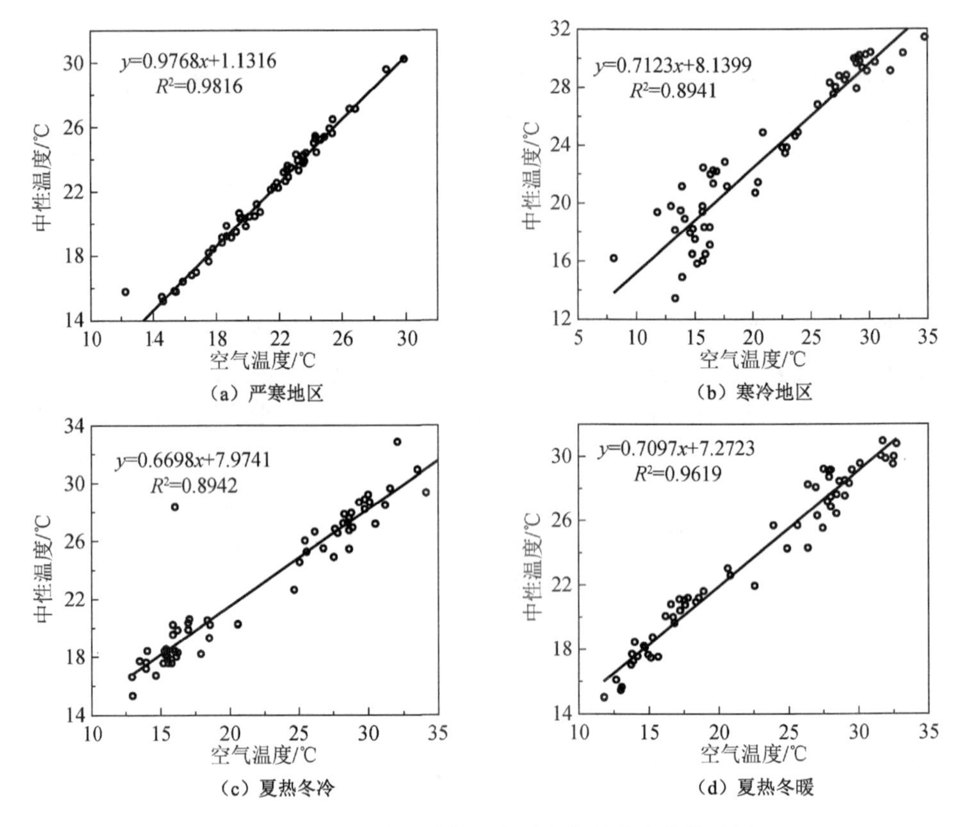

图 4.32　不同气候区中性温度随空气温度变化关系图

4.5　人体热舒适气候适应性模型

虽然气候不会改变人与热环境之间的基本作用机制，但各种群体的文化背景、环境意识、热反应特点以及建筑设计方式都将受到气候条件的影响。而且，气候还会影响人们的生活、行为方式以及热感觉等。因此，不同地域气候人们感觉舒适的温度也会不同，研究人们的中性温度和室外气候之间的关系对于正确评价室内热环境有重要意义。

Humphreys 最早给出了中性温度和室外主导温度之间的线性关系式，1998 年以来，de Dear 和 Brager，Nicol 和 Humphreys 借助于美国 ASHRAE 的 RP 项目以及欧盟的 SCATs 项目，分别建立了全球和欧盟范围内的热适应模型，并成为 ASHRAE 55—2004 和欧盟 EN 15251 自然通风建筑或自由运行建筑的适应性热舒适标准。随后，各国学者相继建立了基于一定地域气候的热适应模型。相对于 PMV 模型，自然通风建筑内由热适应模型所计算出来的舒适区间更为宽泛，不仅更加贴近人们的实际情况，而且可以降低采暖空调设备的运行时间和运行能耗，达到节能的目的。

4.5.1　考虑室外温度的人体热舒适气候适应模型

人体热适应理论的实施方法是：通过对不同气候区、不同季节的热舒适现场研究，找出室内热舒适与室外典型气候特征之间的变化关系。本书在我国不同气候区 20 个代表城市的夏、冬两季，做了大量的热环境与热舒适方面的调研与测试工作，并且对受试者遇到冷、热反应的热适应行为也进行了详细的统计与分析。根据国外学者提出的“气候适应性模型”，即建立人体室内舒适温度和室外气温的关系式，形式如 $T_n=a+bt_{out}$。通过对平均室外温度（t_{out}）与中性温度 T_n 的回归分析，结合表 4.15 得出的舒适区温度范围，得到我国不同气候区“人体热舒适气候适应性模型”，其拟合结果分别见图 4.33。

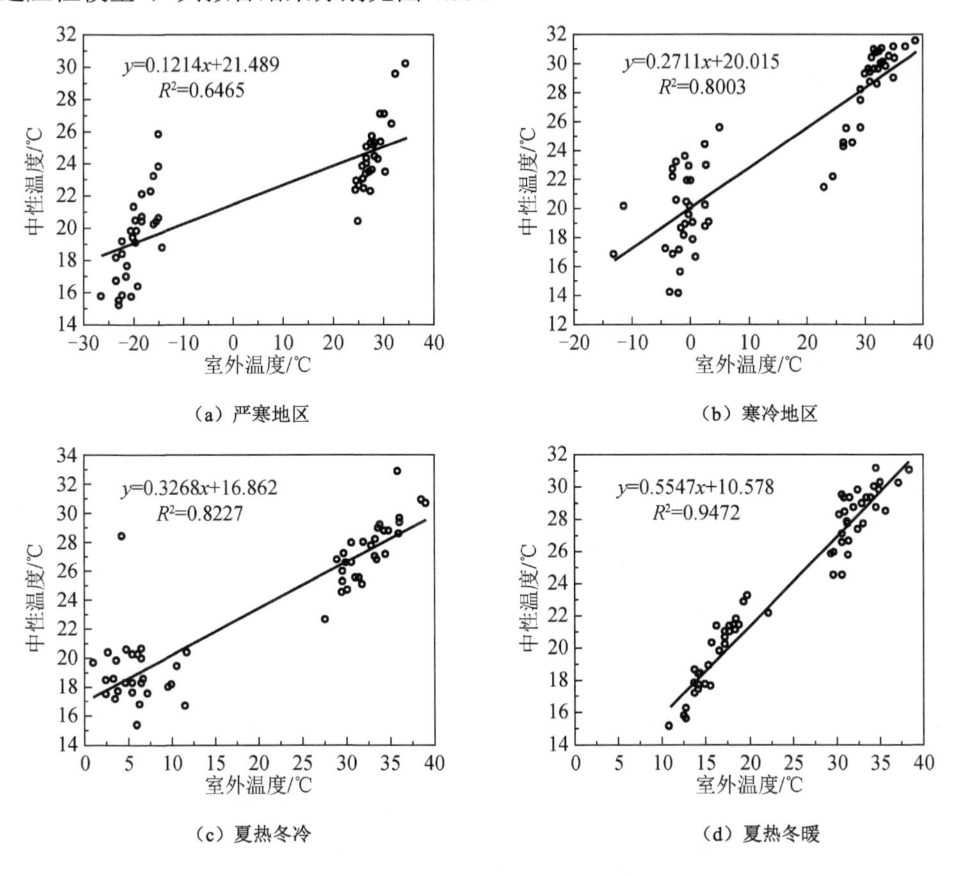

图 4.33　不同气候区气候适应模型

线性回归方程如表 4.17 所示。

表 4.17　不同气候区热适应模型

气候区	气候适应模型	可接受温度范围	相关系数
严寒地区	T_n=0.121t_{out}+21.488	16.3<T_n<26.2	R=0.8041
寒冷地区	T_n=0.271t_{out}+20.014	15.8<T_n<29.1	R=0.8946
夏热冬冷	T_n=0.326t_{out}+16.862	16.5<T_n<27.8	R=0.9070
夏热冬暖	T_n=0.554t_{out}+10.578	16.2<T_n<28.3	R=0.9733

我国不同气候区“气候适应性模型”的建立，很好地解决了室外气候条件和人体热舒适之间的关系，且计算简单、适用性强。该模型可以预测不同气候情况下的室内舒适温度，而且由此确定的室内舒适温度是不定值，在瞬态变化。正是这种不断波动变化，使人们在长期的生活环境中，学会逐渐去协调、忍耐，进而采取一定的适应性措施来满足自己的舒适感；该模型还能够预测建筑物适应该地区主导气候的舒适区，有利于建筑的热工设计和寻求设备的经济运行方式，目前也被建筑师用来进行建筑方案设计阶段的气候分析。

迄今为止，许多国家的研究学者对人体的热舒适和热感觉进行了大量的现场研究，并建立了各地区的“气候适应性模型”，其公式为

（1）Humphrey：

$$T_n=0.16t_{out}+18.6 \tag{4.6}$$

（2）Auliciema：

$$T_n=0.31t_{out}+17.6 \tag{4.7}$$

（3）Nicol：

$$T_n=0.36t_{out}+18.5 \tag{4.8}$$

（4）Horance：

$$T_n=0.16t_{out}+18.3 \tag{4.9}$$

本节建立的我国“气候适应性模型”与上述调查结果对比，无论是舒适温度的常数，还是方程的斜率，都有一定的相似性，说明本节建立模型的可行性。

4.5.2　适应性热舒适和典型气候特征

从影响适应性热舒适的各因素分析中可知，室外气候对人的生理适应和心理适应影响最大，室外气候对人体热适应的影响还表现在季节性差异上，人们对相同建筑热环境的热舒适会发生季节性偏移，夏季可接受的温度偏高，冬季可接受的温度偏低[17]。因此，以下分冬夏两个季节分别论述不同气候特征对热适应的影响。

4.5.2.1　冬季典型气候特征对热适应的影响

冬季根据室外温度的高低，可以分为冬季寒冷和冬季温和两种类型。

当室外气候较为严寒，超过人们的生理和心理调节能力，室内没有主动采暖已不能满足人们基本的生理需求，因此，建筑通常会有良好的保暖措施（建筑的

平面布局、墙体、屋顶的传热系数较小，窗户通常为双层中空窗）和集中供暖设施或者个体空间供暖设备等，室内气候一般维持在较为稳定、舒适的水平（一般在 20℃左右）。长期生活在中性环境的人群对冷热刺激的生理调节能力逐渐被削弱，对室内温度的要求就较为严格[17]。因此，冬季寒冷或严寒地区人们的中性温度与室外温度的关系较为复杂。

当室外气候较为温和，环境刺激在人们生理和心理可以调节的范围之内时，一般可不采取集中供暖设施，室内温度随室外温度的变化而变化，考虑到室内的热量以及建筑围护结构的保温作用，房间的温度可以维持在高于室外 3℃以上的水平，人们经常生活在较低的室内温度环境内，而且室温随气候的波动较大，人们在这种低温长期波动的刺激作用下，生理和心理适应能力均得到加强，对温度波动的敏感性变小，感觉舒适的温度较低，而且湿冷比干冷感觉舒适的温度更高，可接受温度的下限也更高。

4.5.2.2　夏季典型气候特征对热适应的影响

夏季典型的气候特征有温和、湿热和干热，温和气候对人的热应力较小，感觉舒适的温度通常在中性环境范围内。不管干热还是湿热，如果采用空调作为主要的制冷措施，则室内温湿度在舒适的中性环境内，长期停留在空调环境中的人们的生理和心理适应能力较弱，中性温度限制在较小的范围内，与室外温度的关系也较为复杂，而对于长期生活在自然调节建筑中的人群，不管是干热还是湿热的气候特征，对人体的热适应均有较大的影响。

典型干热和湿热的气候特征为分别：干热气候区当地强烈的太阳辐射使得白天气温迅速升高，夏季白天的气温为 40～50℃，而在夜间，由于长波辐射的冷却作用而迅速散热，夜间为 15～25℃，日较差可达 20℃。水蒸气含量较低，相对湿度随气温而波动，大致由午后小于 20%至夜间大于 40%。湿热气候区夏季的温度最高约为 30℃，极端值可达 38℃，日较差较小，约为 8℃。大气中水汽的含量较高，相对湿度经常为 90%或更高。太阳直接辐射及散射辐射的强度随着云层条件而变化较大。

由于湿度不同，干热和湿热气候区夏季人们的皮肤温度和出汗率有所不同，其行为适应也大为不同，如干热气候区白天大多关闭窗户、夜间开窗通风，而湿热气候区不分白天晚上均需要开窗通风。干热和湿热气候区的服装行为也大为不同，干热气候区夏季当地女性的传统服装通常为长衣长裤、头巾，男性为长袍及帽子，服装热阻一般为 0.6clo 左右，在巴基斯坦，夏季人们的服装热阻可能达到 0.9clo（排除服装热阻计算的误差）。而在湿热气候下，人们夏季的着装通常为裙子、背心、短裤等，服装热阻一般为 0.35clo 左右，已经达到了社会文化所需的最低限度。干热气候区的行为适应还包括午休（降低新陈代谢率），休息场所在院子、室内和屋顶之间变换，大量喝红茶或水等。干热气候区人们的生理性自主调节和行为调节，使得人们可以接受比湿热气候区更高的温度。

干热和湿热气候下人们的生理和行为适应因温度和湿度的不同而有很大的差异。同理，长期生活在干热或湿热气候下的人们，也已经从心理上适应和接受了当地的气候。因此，干热气候下人们的舒适温度通常比湿热条件下要高出 2～3℃，甚至更多。

4.5.2.3　典型气候特征下人体中性温度的变化趋势

前文分析可知，冬季采用集中供暖夏季采用空调的建筑，其室内温度范围较为狭窄，人们对环境变化的适应能力较弱，中性温度与室外温度的关系也较为复杂，而在自然通风建筑中，室外波动气候环境的持续不断刺激，人们根据室外温度的变化不断地调节自己的生理和心理适应能力，使得中性温度随室外温度的变化而变化。虽然中性温度和室外温度之间的线性关系在所有地区的自然调节建筑中保持不变，但不同地域气候下热适应模型的斜率和截距却有所不同，在相同的室外温度作用下，不同地域气候人们的中性温度并不相同，那么，自然通风建筑中，人体中性温度的变化趋势与典型气候特征又有什么关系呢？

一般来说，热适应模型可以用式表示为

$$T_n=aT_{a,out}+b \tag{4.10}$$

式中：T_n 为中性温度（℃）；$T_{a,out}$ 为室外温度（℃）；b 为截距；a 为回归系数。

图 4.34 给出了中性温度的变化趋势与典型气候特征之间的关系。可以看出，中性温度随室外温度的变化趋势不仅与冬夏季的中性温度有关，还与当地的年温差（最热月与最冷月的温差）有关。而冬夏季的中性温度又与当地冬夏不同的典型气候特征的组合有关。

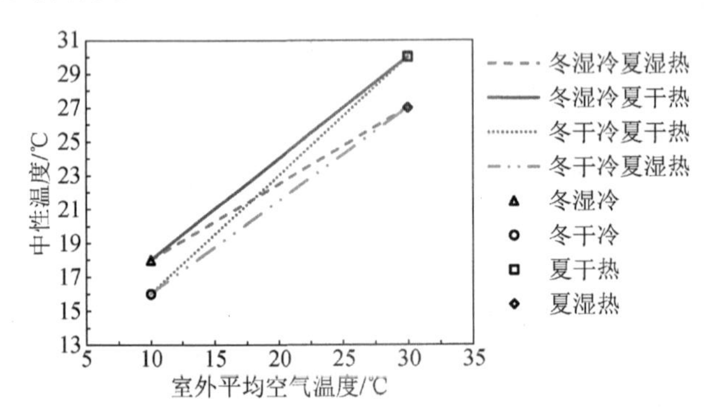

图 4.34　中性温度与室外平均空气温度的变化规律

对于冬季干冷夏季干热的气候组合，其冬季的中性温度较低，夏季的中性温度较高，在年温差不变的情况下，中性温度随室外温度变化的敏感性最大。

对于冬季湿冷夏季湿热的气候组合，其冬季的中性温度较高，夏季的中性温度较低，在年温差不变的情况下，中性温度随室外温度变化的敏感性最小。

对于冬季干冷夏季湿热或者冬季湿冷夏季干热的气候组合，中性温度随室外温度变化的敏感性居于中间。

当然，在冬夏季中性温度不变的情况下，年温差越小，则中性温度随室外温度变化的敏感性越大。

4.5.3　不同气候要素作用下中性温度和室外温度的关系

虽然不同地域气候条件下自然通风建筑中中性温度和室外温度之间的线性关系保持不变，但中性温度的回归系数却各不相同，尤其是干热气候条件和湿热气候条件下。Nicol 将全球三个著名的数据库，1998 年 ASHRAE 数据库、1975 年 Humphreys 的全球数据库以及 1999 年 Nicol 的巴基斯坦数据库中的数据按调研所在地的气候进行分类，分为"湿热"（hot-humid，简称 hh）、"干热"（hot-dry，简称 hd）和"温和"（temperate，简称 temp）气候[18]。图 4.35 给出了这三个数据库中自由运行建筑中不同调研地点，以及室外平均相对湿度的不同水平下舒适温度和室外平均温度之间的关系，在同样的室外平均温度下，自由运行建筑中的人们在湿热气候下比在干热气候下期待更低的舒适温度。

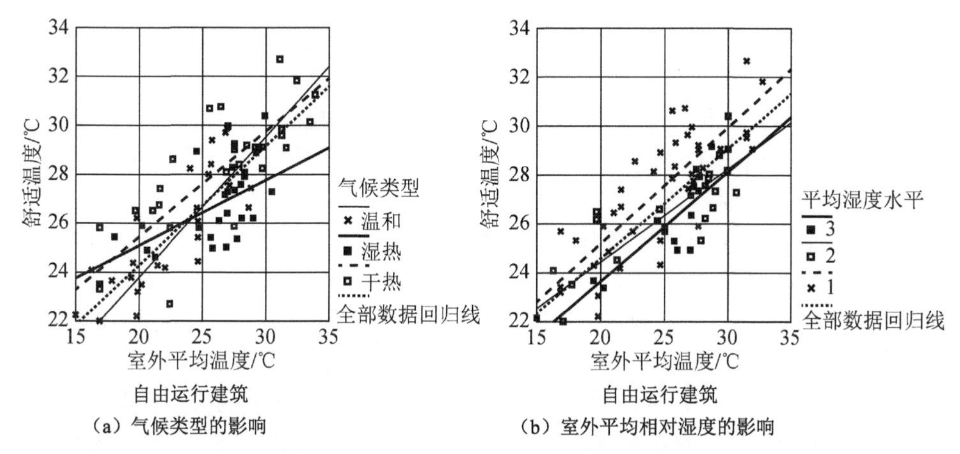

（a）气候类型的影响　　（b）室外平均相对湿度的影响

图 4.35　在不同的室外温度水平下，不同气候类型和室外平均相对湿度对舒适温度的影响

（图片来源：Fergus Nicol, 2004）

1 代表湿度较低，湿度小于 64%；2 代表湿度介于两者之间；3 代表湿度较高，湿度大于 75%。

同样，图 4.35（b）中可以看出，在温暖气候下，人们在湿度较高时比在湿度较低时期望更低的舒适温度。这说明，温度之外的其他气象参数有可能对中性温度起着一定的影响。因此，有必要在中性温度和室外温度的基础上，进一步分析中性温度和其他室外气象参数的关系。

前已述及，室外气候影响人体适应性的形成，而室外气候要素中的温度对人体的适应性起着主导作用，但高温作用下湿度对人体热舒适的影响更加明显，其他因素如风速、太阳辐射等对人体热舒适的影响作用也同样不容忽视。以下具体分析不同湿度、风速、太阳辐射和压力条件下中性温度和室外温度的关系。

4.5.3.1　不同湿度作用下中性温度和室外温度的关系

湿度对人体热舒适的影响主要表现在高温条件下粘在皮肤表面和周围的水蒸气分压力差的大小，蒸发热损失的驱动力由皮肤及周围空气的水蒸气压力差所决定，因此，采用水蒸气分压力比采用相对湿度更能表达人们的舒适水平。根据室外平均水气压的高低将我国不同地域气候划分为湿度低和湿度高两种类型。冬季，湿度低的地区包括拉萨、银川、吐鲁番、渭南，室外平均水气压为2.12±1.1hPa，湿度高的地区包括汉中、昆明，室外平均水气压为9.0±3.2hPa，其中，湿度高的地区的室外平均水气压约为湿度低的地区的4倍。夏季，湿度低的地区包括拉萨、吐鲁番、包头、银川，室外平均水气压为13.4±4.7hPa，湿度高的地区包括渭南、汉中，室外平均水气压为 27.0±2.2hPa，其中，湿度高的地区的室外平均水气压约为湿度低的地区的2倍。

首先对冬季两种不同湿度状况下人们的中性温度和室外温度的关系进行回归，如图4.36（a）所示，在同样的室外温度作用下，湿度低的地区人们的中性温度普遍高于湿度高的地区。这一方面是因为湿度低的地区室外温度也低，人们采用主动供暖设备来提高室内温度，因而人们的中性温度也随之提高；另一方面，冬季湿度低的地方太阳辐射强度较大，如青藏高原的拉萨，拉萨冬季虽无主动式供暖设备，但人们的中性温度普通较高，因此，湿度低的地区中性温度比湿度高的地区的中性温度要高。

夏季，湿度低（干热）和湿度高的地区（湿热）中性温度和室外温度之间的关系均呈二次曲线关系［图4.36（b）所示］，两者相交于27.1℃和28.9℃，在此范围内，湿度对中性温度的影响较小，当室外温度高于28.9℃时，在同样的室外温度作用下，湿度低的地区（干热地区）的中性温度明显高于湿度高（湿热地区），且随着室外温度的增加，两者差值呈增加的趋势。因为湿度影响着人的蒸发力从而决定排汗的散热效率，在湿度高的地区，人体的皮肤湿润度较高，汗液蒸发效率减弱、散热能力下降而使人感觉不舒适，感觉舒适的中性温度较低，而在湿度低的地区，皮肤表面较为干燥，汗液的蒸发能力较强，散热能力远大于湿度高的地区。

以上是分季节比较的情况，接下来将冬夏湿度均较低（拉萨、吐鲁番、包头和银川）以及冬夏湿度均较高（汉中、昆明）地区的中性温度与室外温度进行回归分析，得到的回归方程分别为

湿度低：

$$T_n=0.011T_{rm}^2-0.027T_{rm}+18.96 \qquad R=0.8386 \quad P<0.001 \tag{4.11}$$

湿度高：

$$T_n=-0.018T_{rm}^2+1.247T_{rm}+5.963 \qquad R=0.9235 \quad P<0.001 \tag{4.12}$$

两个方程相交于18.3℃和24.2℃［图4.36（c）］，当室外温度在此范围内时，湿度高和湿度低的地区人们的中性温度较为接近，这与实验室结果[19]较为接近。

超过此范围，在同样的室外温度情况下，湿度低的地区人们的中性温度均高于湿度高的地区的中性温度。由以上分析可知，湿度对高温作用下人体中性温度的影响是显而易见的，但在低温条件下，因为建筑的运行模式不同以及其他气象因素的耦合影响，两者中性温度上的差异是否由湿度的不同而引起的还需进一步验证。

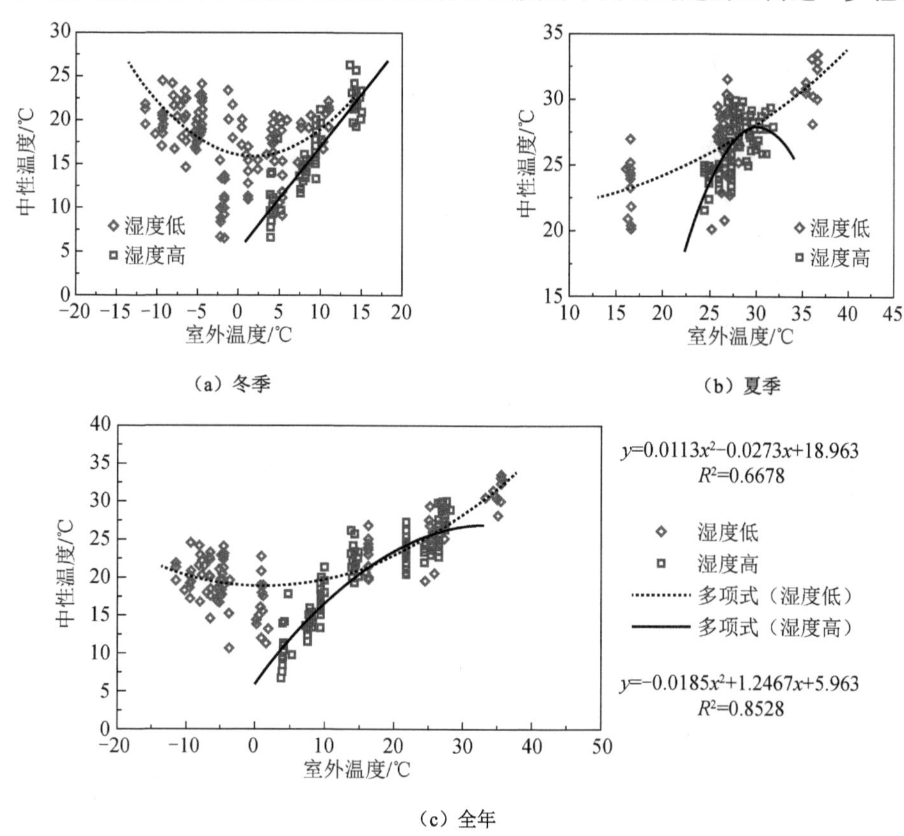

图 4.36　不同湿度条件下中性温度与室外温度的关系

4.5.3.2　不同辐射作用下中性温度和室外温度的关系

按调研期间平均太阳日总辐射量的大小，对不同地域气候进行辐射高低的分类。冬夏两个季节相比，夏季辐射总量比冬季要高。根据冬季辐射量的大小分为辐射低和辐射高的地区，辐射低的地区包括吐鲁番、银川、包头、渭南和汉中，其日总辐射量的均值为 7.314±1.98MJ/m^2，辐射高的地区包括拉萨和昆明，其总辐射日总量的均值为 14.03±2.29MJ/m^2，辐射高的地区的日总辐射量均值约为辐射低的地区的 2 倍。夏季，辐射低的地区包括渭南、汉中，其日总辐射量的均值为 10.87±3.98MJ/m^2，辐射高的地区包括吐鲁番、银川、包头、拉萨和昆明，其总辐射日总量的均值为 21.85±2.26MJ/m^2，夏季辐射高的地区的总辐射日总量均值约为辐射低的地区的 2 倍。从全年日总辐射量来看，渭南冬夏均较低，而吐鲁番、银川、包头则属于冬季较低夏季较高。拉萨和昆明因为地处高原，故全年太阳辐射强度均较高。因此，拉萨和昆明的日总辐射量属于“冬夏均高”，吐鲁番、银川和包头属于“冬低夏高”，渭南属于“冬低夏低”。

图 4.37（a）和（b）分别给出了冬季和夏季不同太阳辐射强度下中性温度与室外温度的关系，冬季，同样的室外温度下，太阳辐射强度高的地区居民的中性温度要高于太阳辐射强度低的地区，冬季太阳辐射强度低的地区，随着室外温度的增加，人们的中性温度呈降低的趋势，这是因为采暖方式的变化所引起的。冬季太阳辐射强度高的地区，人们的中性温度随室外温度的增加呈增加的趋势。

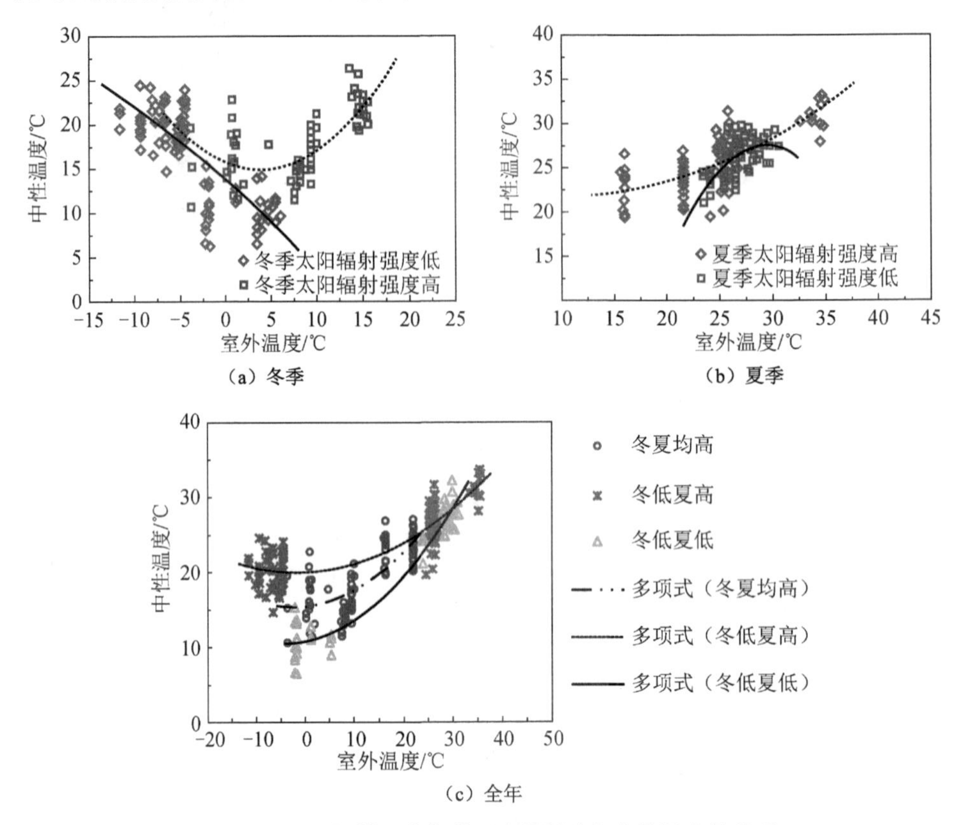

图 4.37　不同辐射强度条件下中性温度与室外温度的关系

夏季，两条曲线相交于 26.8℃和 29.2℃，太阳辐射强度高的地区，随着室外温度的增加，人们的中性温度也呈增加的趋势，但在太阳辐射强度低的地区，当温度高于 29.2℃时，中性温度随室外温度的增加而减少，这是因为太阳辐射低的地方，相对湿度大，空气中水蒸气分压力较大，当温度较高时，皮肤表面的高湿润度阻碍了汗液的蒸发，从而使人感觉不舒适，因而中性温度随温度的升高而反而降低。但在太阳辐射强烈的地区，空气中水蒸气含量较少，排汗效率大大提高，感觉舒适的温度也随之增加。这说明夏季太阳辐射对人体中性温度的影响受湿度和温度等其他因素的影响。

从冬夏太阳日总辐射量高低的角度，取三种工况进行对比，如图 4.37（c）所示，方形代表该地区冬季辐射强度低夏季辐射强度高的工况（冬低夏高），菱形代表冬夏太阳辐射强度均较高，圆形代表冬夏太阳辐射强度均较低。在同样的室外温度作用下，冬季三个不同工况下的中性温度有很大不同。在全年自然调节模式下，如冬夏均高和冬夏均低两种工况，太阳辐射强度高的地区其全年中性温度均要大于太阳辐射强度低的地区，而对于冬季采用集中供暖模式的冬低夏高工况来说，情况则较为复杂。冬季中性温度最大的是冬低夏高工况，其次是冬夏均高，最小的是冬夏均低，冬低夏高工况中性温度最大的原因主要是冬季室内主动供暖，室内温度较高所致。以上分析表明，不管冬夏，太阳辐射强度较高的地方，人们的中性温度也随之增加，中性温度的增加还受室外温度和建筑运行模式的共同影响。

4.5.3.3　不同风速作用下中性温度和室外温度的关系

分别对不同典型地域气候下 9 个地区调研期间的平均风速进行对比，发现吐鲁番、汉中、包头不管冬夏其室外风速都相对较低，冬季均值为 1.0m/s，夏季均值为 1.2m/s，而拉萨、昆明、银川和渭南冬夏风速相对较高，冬季均值为 2.2m/s，夏季均值为 2.1m/s，风速高的地区平均风速约为风速低的地区的 2 倍。在此基础上，将所有数据按平均风速进行分类，分为平均风速低和平均风速高两类，对这两类的中性温度和室外温度分别按冬、夏和全年进行回归分析，如图 4.38 所示。

冬季，平均风速高的地区人们的中性温度要高于平均风速低的地区。夏季，风速低和风速高的地区的中性温度与室外温度的回归方程分别为

平均风速低：

$$T_n=-0.072T_{rm}^2+5.06T_{rm}-57.64 \quad R=0.7591 \quad P<0.001 \tag{4.13}$$

平均风速高：

$$T_n=0.022T_{rm}^2-0.594T_{rm}+26.50 \quad R=0.6928 \quad P<0.001 \tag{4.14}$$

两条曲线相交于 26.7℃和 33.5℃，当温度低于 26.7℃时，平均风速高的地区人们的中性温度要高于风速低的地区，这与冬季的结论相符，这是因为，低温时风速加大，人体与周围环境之间的对流换热强度加大，对流散热量增加，这时就需要较高的舒适温度来补偿散失的热量。当温度在 26.7℃和 33.5℃之间时，风速对人体中性温度的影响并不显著，但当温度高于 33.5℃时，随着室外温度的增加，风速高的地区的中性温度大于风速低的地区的中性温度，且两者中性温度的差值随着室外温度的增加而增加，这说明风速对人体舒适度的改善作用在室外温度 33.5℃以上时更为显著。

从全年来看［图 4.38（c）］，风速对人体中性温度的影响在夏季比冬季更明显，夏季，风速高的地区人们的中性温度较高，冬季，两者相差不多，这是因为，冬季人们着装较厚，由于风速增加而引起的对流换热并不明显，而夏季人们着衣量较少，由风速提高而引起的对流换热和蒸发散热明显增加。

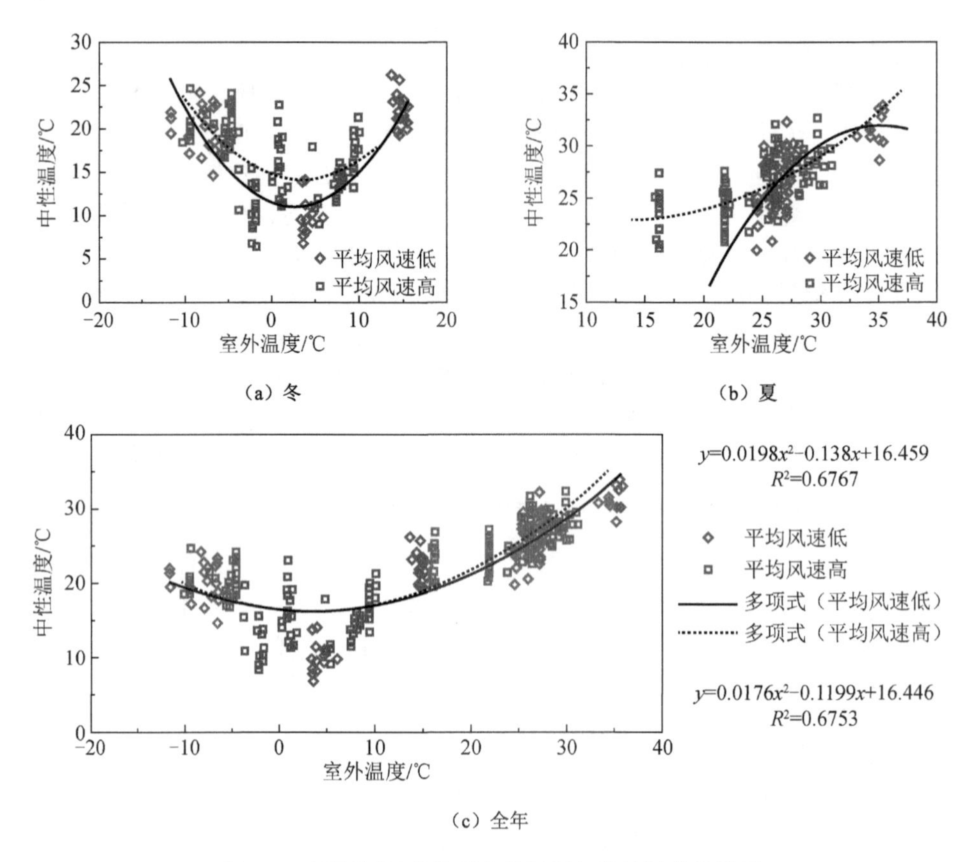

图 4.38　不同风速条件下中性温度与室外温度的关系

4.5.3.4　不同压力作用下中性温度和室外温度的关系

大气压力是由于地球周围大气的重力而产生的压强，是重要的气象要素之一，其大小与高度、温度等条件有关。在地球表面，随地势高度的增加，大气压的数值是逐渐减小的。我国地势最高的青藏高原大气压力最低，拉萨地处青藏高原，压力仅为标准大气压力的2/3；而昆明位于云贵高原，包头和银川位于内蒙古高原，这三个地区的平均大气压力为标准大气压的 0.85 倍；而其他地区，包括渭南、汉中、吐鲁番，其大气压力接近于标准大气压，因此，根据调研地点所处大气压力的不同分为三组，分别为：1 标准大气压（1Pa）、0.85 倍标准大气压（0.85Pa）和 0.65 倍标准大气压（0.65Pa），对这三组的中性温度和室外温度分别按冬、夏和全年进行回归分析，如图 4.39 所示。

冬季，为排除不同供暖模式对人体中性温度的影响，这里仅取非集中供暖模式下的样本进行分析，见图 4.39（a）中虚线以右的区域。图中曲线代表标准大气压地区中性温度随室外温度的变化曲线，图中菱形蓝点代表 0.65Pa 时大气压所对应的中性温度，可以看出，在相同的室外温度下，气压较低的地区的中性温度要高于标准大气压地区所预测的中性温度。图 4.39（b）给出了夏季不同压力条件下中性温度与室外温度的关系，图中虚线和实线分别代表 0.85Pa 大气压和 1Pa 大气压时中性温度和室外温度的回归线，显然，0.85Pa 大气压时所预测的中性温度要高于 1Pa 大气压时预测的中性温度。

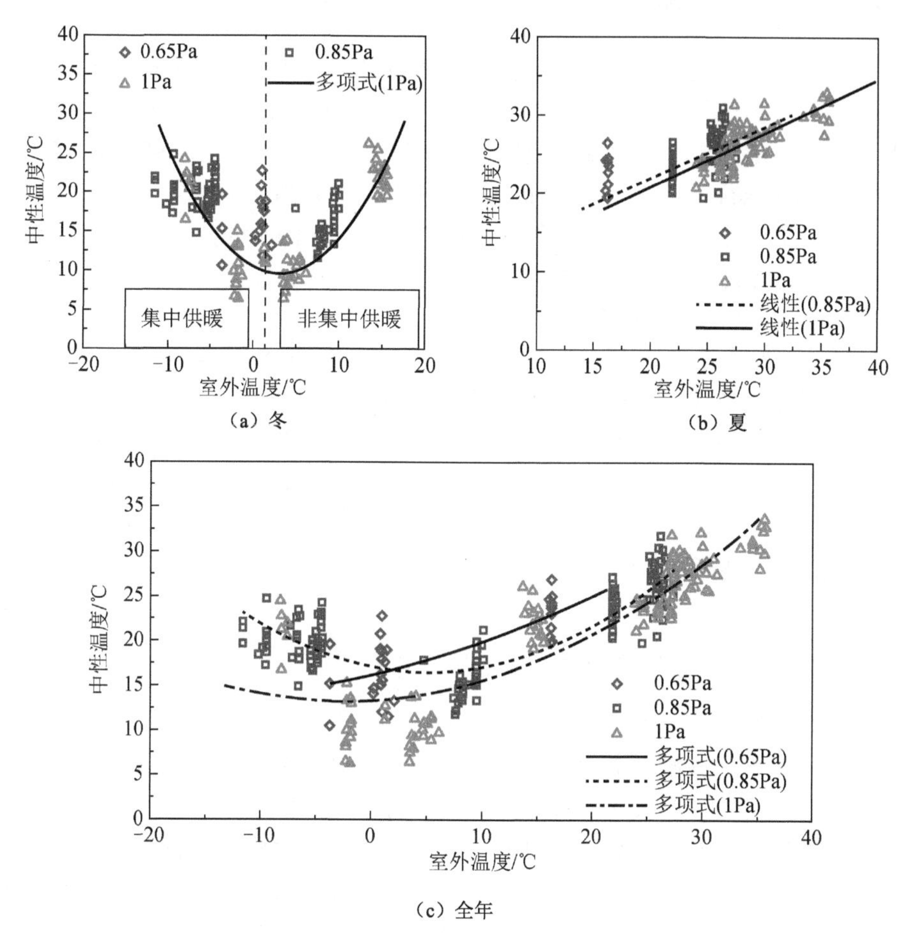

图 4.39　不同压力条件下中性温度与室外温度的关系

图 4.39（c）反映了全年不同压力条件下中性温度与室外温度的作用关系，当室外温度较低，建筑采用集中供暖模式时，不同压力条件下中性温度与室外温度的关系较为复杂，但当室外温度较高，建筑采用非集中供暖模式时，压力较低的地区的中性温度要高于标准大气压地区的中性温度，而且压力越低，其预测的中性温度越高。

通过以上中性温度和室外各气候要素的分析可知，虽然室外温度是影响人体舒适温度的主要因素，但在其他气候要素不同的情况下，中性温度和室外温度的关系并不相同。而且室外气象各要素之间相互耦合，如温度高的地区，太阳辐射强烈，其水蒸气含量较少；而海拔较高大气压力较低的地方，其太阳辐射较强。因此，要想正确分析中性温度和室外各气象要素之间的关系，必须考虑多因素对中性温度带来的综合影响。

4.5.4 考虑双因素影响的气候适应模型

人们感觉舒适的温度与室外温度具有强烈的相关性，这在热舒适的现场研究中已经得到证实。但与人们舒适温度相关的室外温度，Humphreys 在早期的现场研究中采用的是历史月平均温度或气象站所提供的月平均温度，1998 年 ASHRAE 数据库中，de Dear 采用的是产生中性温度所对应的调研期间的月平均温度。采用月平均温度虽然可以粗略反映人们的中性温度在一年内不同月份的变化规律，但温度在一个月是连续波动变化的，如果仍采用月平均去预测某一天的舒适温度，就可能与事实不符。而 Nicol 在欧盟的 SCATs 项目中采用的是权重连续平均温度（α=0.8）。权重连续平均因为考虑过去温度的权重对中性温度的影响而越来越受到人们的青睐，ASHRAE 55—2010 在其新修订版本中规定，如果要使用热适应模型去预测某一天的舒适温度时，室外温度的输入形式应采用指数权重连续平均温度，但该公式中α的取值不再是欧盟标准所推荐的 0.8，而是 0.6～0.9，那么，在中国的现场研究中，室外温度的输入参数该采用哪种形式？在建立双因素影响的热舒适气候适应模型之前，首先需要确定影响中性温度的室外环境参数的时间尺度。

4.5.4.1 影响中性温度的室外温度的时间尺度

选用“一候”的平均温度和测试时即时平均温度对比分析，研究中性温度与气候的关系。候是气候学上的一种基本时间单位，主要是指动植物生长、发育过程及活动规律对气候的反应。另外，非生物的一些变化规律（如始霜、解冻等）也与气候有着十分密切的关系。对上述规律的记载，就是物候历。《素问•六节藏象论》中记有“五日谓之候，三候谓之气，六气谓之时，四时谓之岁”。每候以一个物候现象相应，叫“候应”，如“鸿雁来”“寒蝉鸣”蚯蚓出”“桃始华”“水始冰”等。研究发现，热舒适与过去人们的热经历紧密相关，而最近的热经历对人们热舒适的影响最大，所占权重也最高。由于连续五日为一候，过去五天的气候对人们的热舒适可能有较大影响。我们取过去五天作为最近的热经历，采用权重的方法，得到过去五天的权重连续日平均温度的计算公式为

$$T_{rm5}=（T_{od\text{-}1}+0.7T_{od\text{-}2}+0.5T_{od\text{-}3}+0.3T_{od\text{-}4}+0.2T_{od\text{-}5}）/2.7 \tag{4.15}$$

式中：T_{rm5}为过去五天的权重连续日平均空气温度（℃）；$T_{od\text{-}1}$为过去第一天的日平均温度（℃）；$T_{od\text{-}2}$为过去第二天的日平均温度（℃）；…；$T_{od\text{-}5}$为过去第五天的日平均温度（℃）。

1. 室外五天的权重连续日平均气象参数

以湿冷湿热地区的中性温度作为因变量，以室外五天的权重连续日平均温度、水气压、太阳总辐射及风速作为自变量，将以上数据输入 SPSS 软件进行单因素分析，曲线估计时所选择的常用模型为线性、二次函数、对数函数、指数函数和幂函数。

湿冷湿热地区中性温度和室外五天权重连续日平均气象参数之间的回归模型汇总和参数估计值见表 4.18，两者之间的散点图和回归曲线如图 4.40 所示。从回归模型的显著性检验结果来看，中性温度和室外各气象参数之间的五种估计模型均具有统计学上的显著意义（P<0.001）。从回归模型的决定系数 R^2 来看，中性温度和室外温度、水气压的决定系数均在 0.9 以上，而和太阳辐射和风速的决定系数较小，说明中性温度和室外温度、水气压的相关性要高于和太阳辐射、风速的相关性。从单因素分析五种回归模型的决定系数来看，当自变量为室外温度时，其线性和二次回归模型的决定系数最高，均为 0.957，当自变量为水气压时，两者之间的线性、对数和二次函数关系相关性最高。当自变量为太阳辐射和风速时，二次函数的相关性最高。

表 4.18　湿冷湿热地区的回归模型汇总和参数估计值

室外气象参数	方程	模型汇总					参数估计值		
		R^2	F	d_{f1}	d_{f2}	P	常数	b_1	b_2
室外温度	线性	0.957	1090.800	1	49	<0.001	6.927	0.677	
	对数	0.956	1060.842	1	49	<0.001	−1.543	7.955	
	二次	0.957	535.450	2	48	<0.001	6.486	0.799	−0.004
	幂	0.933	680.870	1	49	<0.001	4.609	0.512	
	指数	0.931	664.077	1	49	<0.001	7.958	0.043	
水气压	线性	0.953	1000.027	1	49	<0.001	5.423	0.063	
	对数	0.954	1006.888	1	49	<0.001	−31.732	9.832	
	二次	0.954	496.497	2	48	<0.001	2.911	0.109	0.000
	幂	0.931	659.989	1	49	<0.001	0.660	0.633	
	指数	0.930	648.841	1	49	<0.001	7.217	0.004	
太阳总辐射	线性	0.620	80.019	1	49	<0.001	−1.680	0.018	
	对数	0.683	105.396	1	49	<0.001	−136.93	22.178	
	二次	0.820	109.225	2	48	<0.001	−67.409	0.131	−0.00005
	幂	0.645	89.171	1	49	<0.001	0.001	1.404	
	指数	0.583	68.630	1	49	<0.001	4.686	0.001	
风速	线性	0.333	24.432	1	49	<0.001	−20.043	4.488	
	对数	0.341	25.390	1	49	<0.001	−68.644	40.592	
	二次	0.372	14.210	2	48	<0.001	−210.102	47.223	−2.379
	幂	0.322	23.314	1	49	<0.001	0.067	2.569	
	指数	0.313	22.332	1	49	<0.001	1.468	0.284	

注：P 为模型 F 检验的显著性概率值（显著性水平为 0.05）。

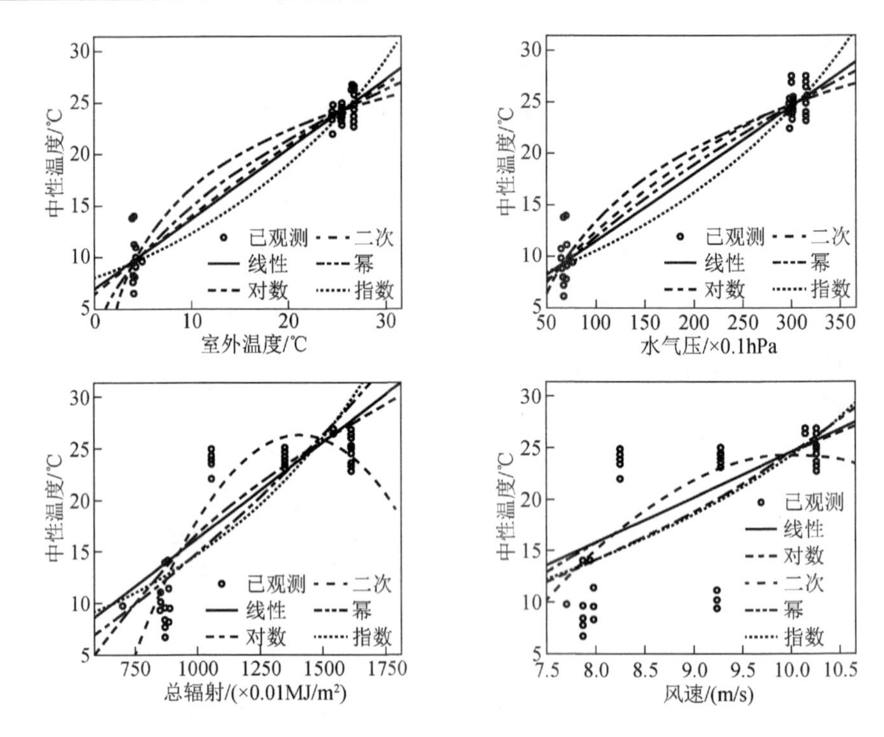

图 4.40　湿冷湿热地区中性温度和室外各气象参数之间的散点图和回归曲线

按照以上的方法和步骤，分别对寒冷温和、干冷干热、寒冷湿热、温和湿热、全年温和和高原气候进行中性温度和室外五天权重连续平均气象参数之间的单因素相关分析，结果表明：决定系数较高的为线性或二元函数关系，取五种回归模型中决定系数最高的进行汇总，如表 4.19 所示。

表 4.19　中性温度与室外单一气象要素的决定系数

典型地域气候	与单一气象要素之间				
	室外温度	水气压	太阳总辐射	风速	直接辐射
干冷干热	0.8575	0.8105	0.8052	0.7777	—
寒冷温和	0.7214	0.7241	0.7160	0.3078	—
寒冷湿热	0.8322	0.8322	0.8322	b	—
湿冷湿热	0.9571	0.9539	0.8199	0.3719	—
温和湿热	0.7998	0.7981	0.7330	0.4930	0.5430
全年温和	0.8247	0.8276	0.8047	0.1920	0.7821
高原气候	0.6309	0.6315	0.5838	0.1930[a]	0.4586

注：显著性水平均为 0.05。a 表示回归模型显著性检验的 P=0.01；b 代表回归模型显著性检验的 P>0.05，其他均表示中性温度和室外各气象参数的回归模型具有高度统计学意义，显著性检验的 P<0.01。

除寒冷湿热和高原气候中性温度和风速之间的关系较为特殊外，其他地域气候中性温度和室外主要环境参数的单因素分析的相关性均具有高度统计学意义（$P<0.001$）。从中性温度和不同室外参数的决定系数来看，中性温度和室外温度、水气压的相关性均要高于和太阳总辐射、直接辐射、风速的相关性。

2. 室外即时气象参数

以湿冷湿热地区（汉中）为例，把调研期间每个人的中性温度作为因变量，以及该中性温度所对应的即时室外气象参数作为自变量，按照同样的方法进行回归分析，分别得到中性温度和室外温度、水气压、太阳总辐射和风速的不同形式回归模型和参数估计值，如表 4.20 所示。

表 4.20　湿冷湿热地区中性温度和室外气象参数之间回归模型汇总和参数估计值

室外气象参数	方程	模型汇总					参数估计值		
		R^2	F	d_{f1}	d_{f2}	P	常数	b_1	b_2
室外温度	线性	0.939	748.052	1	49	<0.001	6.077	0.660	
	对数	0.932	668.576	1	49	<0.001	−5.429	8.930	
	二次	0.943	397.416	2	48	<0.001	2.249	1.478	−0.025
	幂	0.914	518.484	1	49	<0.001	3.575	0.576	
	指数	0.921	569.029	1	49	<0.001	7.508	0.043	
水气压	线性	0.951	959.598	1	49	<0.001	4.627	0.070	
	对数	0.951	959.744	1	49	<0.001	−36.968	10.870	
	二次	0.954	500.402	2	48	<0.001	1.812	0.117	0.000
	幂	0.925	601.618	1	49	<0.001	0.475	0.698	
	指数	0.922	578.205	1	49	<0.001	6.879	0.005	
太阳总辐射	线性	0.685	106.664	1	49	<0.001	4.663	0.158	
	对数	0.432	37.305	1	49	<0.001	−4.515	5.572	
	二次	0.763	77.138	2	48	<0.001	9.525	−0.050	0.001
	幂	0.398	32.383	1	49	<0.001	3.983	0.348	
	指数	0.643	88.430	1	49	<0.001	7.001	0.010	
风速	线性	0.333	24.487	1	49	<0.001	7.963	1.254	
	对数	0.331	24.279	1	49	<0.001	−4.708	11.213	
	二次	0.334	12.054	2	48	<0.001	4.794	2.001	−0.039
	幂	0.316	22.609	1	49	<0.001	3.831	0.713	
	指数	0.320	23.025	1	49	<0.001	8.552	0.080	

注：P 为模型 F 检验的显著性概率值（显著性水平为 0.05）。

表 4.20 和图 4.41 为湿冷湿热地区中性温度和室外各气象参数之间回归模型的汇总、参数估计值以及曲线估计图，中性温度和室外温度、水气压、太阳总辐射和风速之间的五种回归关系（线性、对数函数、二次函数、幂函数和指数函数）均具有统计学上的高度意义（$P<0.001$）。从决定系数 R^2 的大小来看，中性温度和室外温度、水气压、太阳总辐射和风速之间的二次函数关系的决定系数均要稍大

于线性关系和其他函数关系，一般来说，在自然调节建筑中，中性温度和室外温度呈线性相关，之所以这里会出现二次函数的相关性要高于线性，一方面是可能因为调研仅在冬季和夏季进行，缺乏过渡季节的数据所致，另一方面也可能是因为该地区冬季室外温度较低，人们通过关闭门窗、间歇式使用采暖设备、增加着衣量等使得中性温度随室外温度的变化与其他季节不同。但中性温度和室外温度、水气压、风速之间的线性关系和二次函数关系的决定系数相差不大，结合经验，从方便应用的角度来讲，在自然调节模式下中性温度和室外温度、水气压、风速之间采用线性更为合适。

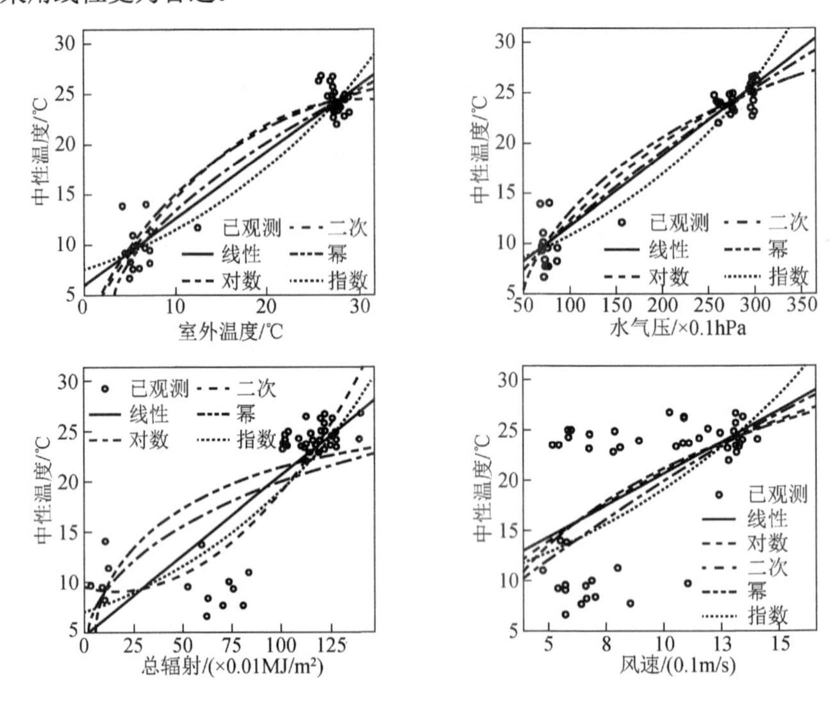

图 4.41　湿冷湿热地区中性温度和室外各气象参数之间的散点图和回归曲线

采用以上的方法和步骤，分别对干冷干热、寒冷温和、寒冷湿热、全年温和地区进行中性温度和室外主要气象参数的单因素分析（因高原气候地区的逐时室外气象参数缺失，故这里不包含这两个地区的数据）。统计分析的结果见表 4.21。

表 4.21 给出了中性温度和各气象参数之间回归模型的决定系数，从表中可以看出，除干冷干热地区和全年温和地区中性温度和室外风速之间的回归关系不具有统计学意义（$P>0.05$）外，其他大多数均具有高度统计学意义（$P<0.001$）。

表 4.21　中性温度和单一气象参数之间二次或线性回归模型的决定系数

典型地域气候	与单一气象要素之间				
	室外温度	水气压	太阳总辐射	风速	太阳直接辐射
干冷干热	0.8474	0.8534	0.3272[a]	0.2107[b]	—
寒冷温和	0.6613	0.6677	0.3114	0.2275	—
寒冷湿热	0.8338	0.7871	0.3879	0.3909	—
湿冷湿热	0.9385	0.9514	0.6852	0.3332	—
全年温和	0.8015	0.7950	0.7236	0.0047[b]	0.2521

注：显著性水平均为 0.05。a 表示回归模型显著性检验的 P=0.04；b 代表回归模型显著性检验的 P>0.05，其他均表示回归模型均具有高度统计学意义，显著性检验的 P<0.001。

从决定系数的大小来看，各地区中性温度和室外温度、水气压的相关性最高，其次是太阳辐射，相关性最弱的是室外风速。干冷干热、寒冷温和、湿冷湿热地区中性温度和室外水气压的相关性要大于和室外温度的相关性，而在寒冷湿热和全年温和地区中性温度和室外温度的相关性要大于和水气压的相关性。

4.5.4.2　中性温度和室外气候参数的多因素相关性分析

从上节分析可知，中性温度和室外各气象参数之间在进行单因素分析时，除风速外，中性温度和室外其他气象要素之间均具有显著相关性，一种结果的出现往往是多个因素、多个环节共同作用的结果。抛开其他因素，仅考察其中一个影响因素对结果的影响，所得出的结论是片面的，甚至可能是错误的。本节所要讨论的问题是如何同时考虑多个因素对舒适温度的影响，在此基础上，建立舒适温度的多因素适应模型。

在建立中性温度和室外各气候要素之间的关系时，首先要考虑气候各要素如温度、水气压、太阳辐射等因素之间的高度自相关对模型的影响。当因变量与自变量组之间存在多重线性关系时，应用多重线性回归模型可以很好地刻画它们之间的关系。多重逐步线性回归方法每向模型中引入一个自变量，均要考察原来在模型中的自变量是否还有统计学意义，是否可以被剔除，该方法可以用来筛选存在多重共线性的自变量组合中对因变量变异解释较大的变量，而将解释较小的变量排除在模型之外[20]。因此，该方法可用来筛选回归模型的自变量。考虑到室外气象要素之间存在高度相关性，研究采用多重逐步回归法，选用两种室外时间尺度，室外五天权重连续日平均气候参数和室外即时气象参数，分别考察室外温度、水气压、太阳辐射、风速等气候要素对中性温度的作用关系。

1. 室外五天权重连续日平均气候参数

室外气象参数首先选择五天权重连续日平均气象参数。先选择湿冷湿热地区的数据进行分析，湿冷湿热地区中性温度和室外气象参数之间的线性关系均具有统计学意义（$P<0.001$），故将湿冷湿热地区所得到的居民的中性温度作为因变量，室外五天权重连续日平均温度、水气压、风速和太阳日总辐射作为自变量，输入SPSS软件，选择逐步回归法，得到结果如下。

在湿冷湿热地区，当输入四个自变量（室外温度、风速、水气压、太阳日总辐射量）时，逐步回归的结果只有室外温度进入模型，这说明室外温度对中性温度的变异解释力度最大。在此基础上，保持因变量（中性温度）不变，把余下其他三个变量（风速、水气压和太阳日总辐射量）作为自变量输入SPSS，采用逐步多重线性回归方法进行分析，分析结果进入回归模型的变量为水气压。以上分析表明，在湿冷湿热地区，与中性温度线性关系最密切的是室外温度，其次是水气压。

以上分析是基于因变量和自变量之间为线性关系时所得结果。在干冷干热、寒冷温和冬季建筑采用集中供暖模式的地区，中性温度和室外各气象参数之间的单因素分析结果以二次函数的拟合效果最好，而在湿冷湿热、寒冷湿热、全年温和和高原气候地区，虽然中性温度和室外温度、水气压的线性拟合效果较好，但与太阳辐射或风速的二次函数拟合最好，如果因变量和自变量之间的这种二次函数关系确实存在，则无法直接进行逐步多元线性回归，解决的办法就是进行线性转换。比如 $Y=A+BX+CX^2$，可以令 $X_1=X$，$X_2=X^2$，将模型转化成线性模型 $Y=A+BX_1+CX_2$，通过这样的转换，可将原来的一元二次方程转化为二元一次方程，这样，中性温度与室外四个自变量（温度、水气压、风速和日太阳辐射总量）的二次曲线关系就转化为中性温度与室外八个自变量（温度、水气压、风速、总辐射、温度平方、水气压平方、风速平方和总辐射平方）的线性关系。如果中性温度和室外各气象参数的单因素分析中线性和二元拟合的决定系数相等或接近，则直接取线性，如果二元拟合的决定系数较大，则需要把二元进行线性转换，此时就可以应用多重逐步线性回归的方法进行变量的筛选。把多个自变量作为待检验的变量，输入SPSS软件，不同地域气候得到的结果如表4.22所示。

表4.22　中性温度与多个气候要素的筛选

不同地域气候	待检验的变量	回归方法	筛选出的变量
干冷干热	温度、水气压、风速和总辐射、温度平方、水气压平方、风速平方和总辐射平方	逐步	温度平方
	温度、水气压、风速和总辐射、水气压平方、风速平方和总辐射平方	逐步	温度
	水气压、风速和总辐射、水气压平方、风速平方和总辐射平方	逐步	水气压
	风速和总辐射、水气压平方、风速平方和总辐射平方	逐步	辐射

续表

不同地域气候	待检验的变量	回归方法	筛选出的变量
寒冷温和	温度、水气压、风速和总辐射、温度平方、水气压平方、风速平方和总辐射平方	逐步	水气压
	温度、风速和总辐射、温度平方、水气压平方、风速平方和总辐射平方	逐步	温度平方、水气压平方
寒冷湿热	温度、风速和总辐射、风速平方和总辐射平方		温度
	温度、水气压、风速、总辐射、总辐射平方	逐步	温度
	水气压、风速、总辐射、总辐射平方	逐步	水气压
	风速、总辐射、总辐射平方	逐步	风速、辐射平方
湿冷湿热	温度、水气压、风速和总辐射、温度平方、水气压平方、风速平方和总辐射平方	逐步	温度
	风速和总辐射、温度平方、水气压平方、风速平方和总辐射平方	逐步	水气压
	水气压、风速和总辐射、温度平方、水气压平方、风速平方和总辐射平方	逐步	温度平方、辐射平方
温和湿热	温度、水气压、风速、总辐射、温度平方、水气压平方、风速平方	逐步	温度平方
	温度、水气压、风速、总辐射、水气压平方、风速平方	逐步	温度
	水气压、风速、总辐射、水气压平方、风速平方	逐步	水气压
	风速、总辐射、水气压平方、风速平方	逐步	水气压平方
	风速、总辐射、风速平方	逐步	总辐射
全年温和	温度、水气压、风速、总辐射、温度平方、水气压平方、风速平方、总辐射平方	逐步	温度、总辐射、水气压平方、辐射平方
	水气压、风速、温度平方、风速平方	逐步	温度平方、水气压
高原气候	温度、水气压、风速和总辐射、水气压平方、风速平方和总辐射平方	逐步	水气压
	温度、风速和总辐射、水气压平方、风速平方和总辐射平方	逐步	温度
	风速和总辐射、水气压平方、风速平方和总辐射平方	逐步	水气压平方

分析表4.22中得到的结果，干冷干热、寒冷湿热、湿冷湿热、温和湿热地区筛选出来对中性温度影响最大的自变量均为温度，其次为水气压，而在全年温和地区，对中性温度影响较大的变量依次是温度、太阳辐射和水气压，在高原气候和寒冷温和地区，对中性温度影响较大的变量依次是水气压和温度。

2. 室外即时气象参数

按照以上同样的方法，中性温度仍为因变量，自变量采用即时室外温度、水气压、太阳辐射、风速，因高原气候地区室外太阳辐射和风速缺省，故所得结果不包含这两个地区（表4.23）。干冷干热地区对中性温度影响较大的两个自变量分别是温度、水气压；寒冷温和地区对中性温度影响较大的两个自变量依次是水气压和温度；寒冷湿热地区依次是温度、水气压；湿冷湿热地区依次是水气压、温度，全和温和地方依次是温度、风速平方、温度平方和风速。

表 4.23　中性温度与室外即时气象参数之间的筛选

不同地域气候	待检验的变量	回归方法	筛选出的变量
干冷干热	温度、水气压、风速、总辐射、温度平方、水气压平方、风速平方和总辐射平方	逐步	温度
	水气压、风速、总辐射、温度平方、水气压平方、风速平方和总辐射平方	逐步	水气压
	风速、总辐射、风速平方和总辐射平方	逐步	温度平方、水气压平方
寒冷温和	温度、水气压、风速、总辐射、温度平方、水气压平方、风速平方和总辐射平方	逐步	水气压
	温度、风速、总辐射、温度平方、水气压平方、风速平方和总辐射平方	逐步	温度、水气压平方
	温度、风速、总辐射、风速平方和总辐射平方	逐步	温度平方
寒冷湿热	温度、水气压、风速、总辐射、温度平方、水气压平方、风速平方和总辐射平方	逐步	温度
	水气压、风速、总辐射、温度平方、水气压平方、风速平方和总辐射平方	逐步	温度平方
	风速、总辐射、风速平方和总辐射平方	逐步	水气压
	风速和总辐射、温度平方、水气压平方、风速平方和总辐射平方	逐步	水气压平方
湿冷湿热	温度、水气压、风速、总辐射、温度平方、水气压平方、风速平方和总辐射平方	逐步	水气压
	温度、风速、总辐射、温度平方、水气压平方、风速平方和总辐射平方	逐步	温度、水气压平方
	风速、总辐射、温度平方、风速平方和总辐射平方	逐步	温度平方、辐射平方、辐射
全年温和	温度、水气压、风速、总辐射、温度平方、水气压平方、风速平方和总辐射平方	逐步	温度、风速平方
	水气压、风速、总辐射、温度平方、水气压平方和总辐射平方	逐步	温度平方、风速

将不同形式室外参数对中性温度的影响程度按重要性从大到小排序（表 4.24），可以看出，当室外气象参数为室外五天权重平均时，干冷干热、寒冷湿热、湿冷湿热对中性温度影响最大的因素是室外温度，其次是水气压，寒冷温和和高原气候地区对中性温度影响最大的前两个因素依次是水气压和温度；而全年温和地区影响最大的是温度，其次是总辐射。对于室外即时气象参数而言，干冷干热、寒冷湿热地区对中性温度影响最大的两个因素分别是温度和水气压，而寒冷温和和湿冷湿热地区对中性温度影响最大的两个因素分别是水气压和温度。全年温和地

区依次是温度和风速。

表 4.24　不同形式室外参数对中性温度影响程度排序（按重要性从大到小排序）

不同地域气候	室外五天权重连续日平均气象参数	室外即时气象参数
干冷干热	温度平方、温度、水气压	温度、水气压、温度平方、水气压平方
寒冷温和	水气压、温度平方、水气压平方、温度	水气压、温度、水气压平方、温度平方
寒冷湿热	温度、水气压、风速	温度、温度平方、水气压、水气压平方
湿冷湿热	温度、水气压、温度平方	水气压、温度、水气压平方、温度平方
全年温和	温度、总辐射、水气压	温度、风速平方、温度平方、风速
高原气候	水气压、温度、水气压平方	—

不管室外气象参数采用哪种形式，干冷干热、寒冷温和和寒冷湿热地区对中性温度影响最大的前两个室外气象因素的重要性顺序是一致的，要么为温度和水气压，要么为水气压和温度。而湿冷湿热地区对中性温度影响最大的两个室外气象因素的重要性顺序并不一致，但总体来说，这四个地区以及高原气候地区对中性温度影响最大的两个室外气象因素均为温度和水气压。全年温和地区较为特殊，当室外气象参数为室外五天权重平均时，对中性温度影响最大的前两个因素为温度和总辐射，而当室外气象参数为室外即时气象参数时，影响最大的前两个因素分别为温度和风速，这说明在全年温和地区，虽然温度依然是主导因素，而水气压已经不再是第二影响因素，这是因为在气候温和的地区，水气压对人体热舒适的影响较小，而辐射和风速对人体热舒适的影响要大于水气压。

结合以上不同地域气候多重逐步回归分析的结果，不管是室外五天权重连续日平均气象参数还是即时室外气象参数，除全年温和地区外，影响中性温度的最主要的两个室外气象参数为温度和水气压，因此可以考虑在现有中性温度和室外温度线性关系的基础上引入第二个变量，即水气压。

4.5.4.3　考虑室外温度和水气压影响的热适应模型

如何用一个单一的指数来评价环境要素对人体的综合作用，是学者们数年来探求解决的一个重要问题。常用的方法可以分为三大类：第一类是直接指数，选择环境要素中一个主要因素，作为气象条件的指数。如有的标准中规定了温度的上限，而不计及湿度、风速、辐射热的作用。第二类指数是通过合理推导得出的，这一类指数的计算方法很多，如 Belding 和 Hatch 的热强度指数和 Fanger 的 PMV 和 PPD，都是从人体的热平衡出发的，计算中考虑了所穿的衣服和劳动强度。以人体出汗量的多少作为热强度指数，也是学者们推崇的一种指数，也就是第三类通过经验方法得出的指数，如著名的 Yaglou 的有效温度法和后来的修正有效温度等。

因为有效温度指标代表了温度和水气压对人体热反应的影响，那么，是否可以用室外有效温度来表示温度和水气压对中性温度的影响呢？早在 1998 年，de

Dear 在 ASHRAE 的 RP-884 项目最初的研究报告中，热适应模型中的室外气象参数采用的就是考虑湿度影响的新有效温度 ET^*，但因为 ET^* 要求更专业的软件和操作来计算，工程实践中大多数暖通工程师不可能都会使用，因此在 ASHRAE 55—2004 的适应性热舒适标准中时又采用了简单的室外空气温度。因此，考虑双变量影响的热适应模型需要考虑到应用时的简单方便和易于操作。

线性回归模型要求变量之间必须是线性关系，曲线估计只能处理能够通过变量变换转化成线性关系的非线性问题，因此这些方法都有一定的局限性。而非线性回归分析（nonlinear regression analysis）是探讨因变量和一组自变量之间的非线性相关模型的统计方法，其参数的估计是通过迭代的方法获得的，这种方法可以估计因变量和自变量之间具有任意关系的模型，可根据自身需要随意估计方程的具体形式。因此，本文采用这种回归方法研究中性温度和温度、水气压的关系。

建立非线性回归模型时，仅当指定一个描述变量关系准确的函数时结果才有效，因此，模型的第一步是要确定因变量和自变量之间准确的函数关系。根据上节分析，中性温度和室外温度、水气压均存在显著线性（或二元曲线）关系，而且室外温度和水气压之间也存在显著的影响关系，这说明了这两个自变量之间可能存在交叉影响。于是，对于寒冷湿热、湿冷湿热、全年温和和高原气候地区，可建立如式（4.16）所示的非线性回归方程；对于干冷干热和寒冷温和地区，可建立如式（4.17）所示的非线性回归方程。

$$T_n=a+bT_{rm5}+cP_{rm5}+dT_{rm5}\times P_{rm5} \tag{4.16}$$

$$T_n=a+bT_{rm5}+cP_{rm5}+dT_{rm5}\times P_{rm5}+eT_{rm5}^{\ 2}+fP_{rm5}^{\ 2} \tag{4.17}$$

式中：T_n 为中性温度（℃）；T_{rm5} 为室外五天权重连续日平均温度（℃）；P_{rm5} 为室外五天权重连续日平均水气压（0.1hPa）。

因此，选择如式（4.16）和式（4.17）所示的多元非线性回归方程，相比于有效温度借助于软件的计算，操作更简单，实用性更强。

首先选取湿冷湿热地区的数据为例，因变量为中性温度，自变量为室外温度和水气压，按照式（4.17）所建立的回归模型，利用 SPSS 软件中的非线性回归分析方法，得到中性温度和室外温度、水气压的预测回归模型，即

$$T_n=4.218+2.956T_{rm5}-0.095P_{rm5}-0.004T_{rm5}\times P_{rm5} \tag{4.18}$$

式中：T_n 为中性温度（℃）；T_{rm5} 为室外五天权重日平均温度（℃）；P_{rm5} 室外五天权重日平均水气压（0.1hPa）。

从模型可以看出，中性温度随室外温度的增加而增加，但随室外水气压的增加而减小，同时，室外温度和水气压的交互作用项也使中性温度下降，从回归系数来看，相对于室外温度，水气压对中性温度的影响较小，室外温度和水气压的交互项对中性温度的影响更小，以上所得结果与实际相符，在湿冷湿热地区，当室外温度较高时，湿度对人热舒适的影响才比较显著，而且湿度越高，人的蒸发散热量越小，人们感觉越不舒服，感觉舒适的温度也越低。

按照同样的方法，对其他地域气候的中性温度和室外温度、水气压进行多元非线性回归。汇总不同地域气候双变量回归模型（表 4.25），可以看出，寒冷湿热地区双变量回归模型中一次项室外温度和水气压的系数为正，表明单独增加温度和水气压对中性温度都有增加作用，两因素相比，水气压对中性温度的影响大于室外温度的影响；交互项的系数为 0.0005，表示两者的交互作用对中性温度有微弱正效应。

表 4.25　不同地域气候双变量回归模型

地域气候	双变量回归模型
寒冷湿热	$T_n=9.5297+0.0277T_{rm5}+0.0444P_{rm5}+0.0005T_{rm5}\times P_{rm5}$
湿冷湿热	$T_n=4.1407+2.0234T_{rm5}-0.0402P_{rm5}-0.0026T_{rm5}\times P_{rm5}$
全年温和	$T_n=1.8066+1.4399\times T_{rm5}+0.0608\times P_{rm5}-0.0049\times T_{rm5}\times P_{rm5}$
高原气候	$T_n=14.5253+0.2743T_{rm5}+0.1694P_{rm5}-0.0073T_{rm5}\times P_{rm5}$
干冷干热	$T_n=83.0139+7.3926T_{rm5}-4.5856P_{rm5}-0.2552T_{rm5}\times P_{rm5}+0.4110T_{rm5}^2+0.0559P_{rm5}^2$
寒冷温和	$T_n=23.0459+0.2150T_{rm5}-0.1301P_{rm5}+0.0003T_{rm5}\times P_{rm5}+0.0064T_{rm5}^2+0.0005P_{rm5}^2$

在湿冷湿热地区，从回归模型的各个系数来看，中性温度随室外温度的增加而增加，随水气压的增加而减少，两因素相比，温度增加对中性温度的正效应要大于水气压增加对中性温度的负效应；温度和水气压的交互作用对中性温度有微弱负效应。

全年温和地区，单独增加温度和水气压均可以使中性温度增加，温度对中性温度的影响要大于水气压对中性温度的影响，两者的交互作用对中性温度有微弱负效应。

高原气候地区，单独增加温度和水气压均可以使中性温度增加，温度对中性温度的影响略大于水气压的影响，两者的交互作用对中性温度有微弱负效应。

干冷干热地区，一次项系数为正，说明单独增加温度可以使中性温度增加，单独增加水气压却会使中性温度减少，温度增加的正效应大于水气压增加的负效应，而温度和水气压的交互作用也会使中性温度减小，二次项的系数为正，说明温度和水气压的成倍增长都会使中性温度增加，但这种正效应较为微弱。

寒冷温和地区，除温度和水气压的交互项对中性温度有微弱正效应外，其他均与干冷干热地区相同。

4.6　人体热舒适气候适应模型的综合评价

4.6.1　与 PMV 模型的比较

PMV 模型的舒适温度是将变量如空气温度、空气流速、相对湿度、服装热阻以及活动水平等代入 PMV 计算公式中，迭代产生操作温度，直到 PMV=0 为止。

PMV 模型能够很好地预测室内舒适温度，而对于自然通风的建筑来讲，人们似乎更能适应并接受比 PMV 模型预测的更高的室内温度。下面以寒冷地区为例来说明，图 4.42 是由“气候适应性模型”和 PMV 模型二者得到的舒适温度比较图。由图中可见，由“气候适应性模型”得到的舒适温度的范围显然更宽一些，这表明该模型无论是对于空调设备的经济运行还是节能计算都是非常有意义的。

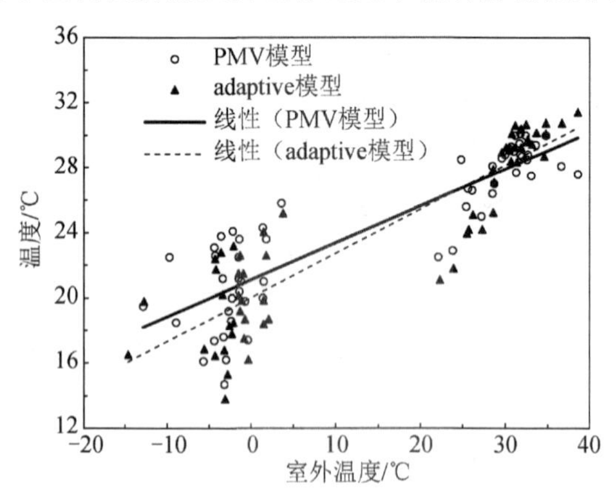

图 4.42　由 PMV 模型和 adaptive 模型得到的室内舒适温度的比较

4.6.2　节能计算

用来给建筑物采暖或制冷的能量与建筑物内外的温差成比例。因此，随着室外温度的升降而增减室内温度的建筑物所用的能量较少，相反长期不受室外温度影响来增减室内温度的建筑物在保持其舒适时所用的能量要多。

下面以北京、西安、重庆、广州四个城市为例，依照本节的“气候适应性模型”和采用 ASHRAE 所颁布标准的最高温度（夏季：26℃）来进行空调系统冷负荷的计算分析。表 4.26 是北京、西安、重庆、广州四个城市的室外气象参数。

表 4.26　夏季空调室外气象参数

城市	干球温度/℃	湿球温度/℃	大气压力/（mmHg）	空气流速/（m/s）
北京	33.8	26.5	751	1.9
西安	35.6	26.6	675	2.2
重庆	36.0	27.4	730	1.6
广州	33.6	28.0	754	1.9

空调系统的能量计算公式[21,22]为

$$Q_{eng} = \rho V\left[C_{pa}\left(T_{on} - T_{le}\right) + h_{fg}\left(g_{on} - g_{le}\right)\right]S \tag{4.19}$$

其中，相对湿度下的含湿量：

$$g = 0.622\frac{\phi P_{ss}}{P_{at} - \phi P_{ss}}$$

湿球状态下的含湿量：

$$g = \frac{0.622}{\dfrac{P_{at}}{P'_{ss} - P_{at}A(t - t')} - 1}$$

饱和水蒸气分压力：

$$P_{ss} = \log^{-1}\left[30.590\,51 - 8.2\log(t + 273.16) + 0.002\,480\,4 \times (t + 273.16) - \frac{3142.31}{(t + 273.16)}\right]$$

上述式中：Q_{eng} 为能量损耗（kJ）；ρ 为空气密度，1.2kg/m^3；V 为空气的体积流量（m^3/s）；C_{pa} 为空气的热容量，1.023kJ · kg^{-1}K^{-1}；T_{on} 为进气温度（℃）；T_{le} 为出气温度（℃）；h_{fg} 为水的蒸发潜热，2454kJ · kg^{-1}；g_{on} 为进空气含湿量（kg · kg^{-1}）；g_{le} 为出空气含湿量（kg · kg^{-1}）；P_{ss} 为饱和水蒸气分压力（kPa）；P_{at} 为水蒸气分压力，101.32kPa；P_{ss}' 为湿球状态下的饱和水蒸气分压力（kPa）；A 为常数，6.66 ×10^{-4}C^{-1}；t 为干球温度（℃）；t' 为湿球温度（℃）；ϕ 为相对湿度；S 为时间（s）。

将各城市室外气象参数代入公式（4.19），结合“气候适应性模型”所确定的被动式室内舒适温度和用 ASHRAE 所颁布的标准温度分别进行空调系统能量的计算，得出“气候适应性模型”相对于 ASHRAE 标准的空调系统节能率如图 4.43 所示。

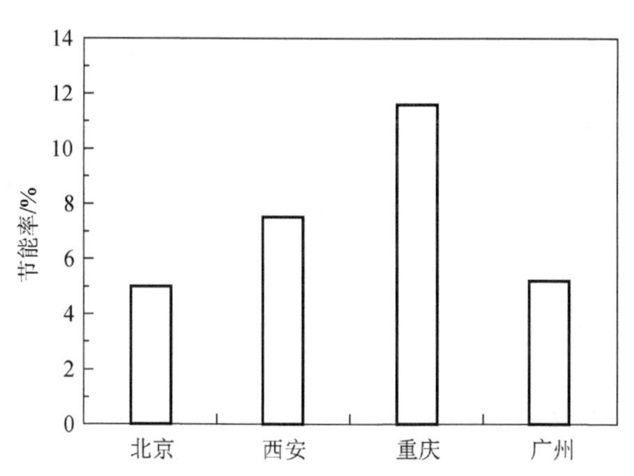

图 4.43　不同城市气候适应性模型的空调节能率

由图 4.43 可见，北京、西安、重庆、广州各城市采用本节的“气候适应性模型”比用 ASHRAE 所颁布的 26℃标准的最高温度在制冷负荷方面要节约 5%～10%或更多的能量。事实上，许多空调工程师把自己设计的系统定位在 22℃的室内温度水平。如以该标准为基础，节能则更多。因此，随着室外温度而变化的室内温度可以节约大量的能源，其不仅在购买超大空调设备方面节约了大量资金，而且还节约了大量的电能。

4.6.3 被动式气候设计策略分析

早在20世纪初就有一批建筑师在现代建筑科学的基础上，进行现代建筑设计结合气候问题的研究。从1963年美国普林斯顿大学出版社出版的《设计结合气候》（V.olgyay, *Design with Climate: Bioclimatic Approach Architectural Regionalism*, Princeton University Press, N.J.，1963）到20世纪90年代一系列生态建筑设计名著的诞生，此间，西方建筑师对此问题进行了系统广泛的理论探讨。具体地讲，建筑气候设计是指在规划建筑方案设计过程中，根据建设基地的区域气候特征，遵循建筑环境控制技术基本原理，综合建筑功能要求和形态设计等需要，合理组织和处理各建筑元素，使建筑物不需依赖空调设备而本身具有较强的气候适应和调节能力，创造出有助于促进人们身心健康的良好建筑内外环境。国外亦称此设计方法为被动式设计（passive design）。

利用被动式方法调节室内气候需要建立室外气候和室内舒适环境之间的关系，确定其偏差程度。这涉及三个方面，①设计地区气候状况的分析；②居住者热舒适的要求；③建筑能耗的大小和能耗标准。

建立室外气候和建筑的室内舒适标准之间的关系是气候设计的第一个关键问题，它涉及气候学、建筑学、生理环境学等多方面。由于被动式调控方法最终是通过一定的建筑形式和具体措施对室外气候向我们期望的热环境方面调整，建筑的气候调控最终体现在建筑的表现上，建筑调节的成功与否取决于最后达到的室内热环境状况，热舒适标准用来衡量控制方法的有效性和合理性。气候设计包括了气候、人、建筑和技术四个方面，它们相互影响、相互作用。

气候设计涉及的人、建筑和环境的关系说明了设计条件和分析步骤。室外气候条件和人们对室内热环境的期望是对建筑设计过程和建筑表达形式的两个制约条件，需要分别确立两者和建筑形式的关系，而建筑的能耗量和室内的热环境又是评价标准。整个设计过程是一个分析—设计—评价—分析的动态调整和循环过程。

建筑气候设计取决于在一定气候条件下，不同气候控制方法的有效性和改善室内热舒适的程度。在建筑设计过程中，建筑师会遇到几个问题：

（1）在设计地区气候条件下，可以应用被动式设计吗？

（2）如果可以，那么是什么样的被动式方法？

（3）如果确定了被动式设计方法和手段，能完全满足需要吗？

“气候适应性模型”建立的舒适温度与平均室外温度的关系为决定被动式气候设计策略提供了可能性。

下面就严寒地区、寒冷地区、夏热冬冷和夏热冬暖四个气候区中的代表城市进行被动式气候设计策略分析：

1. 长春（严寒地区）气候分析

气候特征：冬季漫长而严寒，时间长达7～8个月，1月平均气温在-28～-10℃；夏季短促而温凉，一般只有一至一个半月，7月的平均气温在16～23℃。年降水量有400～700mm；由于气温较低，蒸发量小，因而比较湿润，年平均相对湿度50%～70%。年太阳总辐射量为140～200W/m^2，且多集中在12月～翌年2月。冬季多大风，平均风速1.5～5m/s。

图4.44是长春月平均室外气温和室外月均最高、最低温度及中性温度图。在图4.44上利用“气候适应性模型”公式计算出室内舒适温度（T_c）。

由图4.44可见，冬季，室外平均气温远远低于舒适温度，在充分利用太阳能采暖的同时，有必要采用室内采暖，并结合建筑的高效保温、防寒设计；夏季除了一天的中午之外，气温相对凉爽，舒适温度非常接近于室外平均气温。有高容量的建筑，舒适温度很容易保证。对于中午较热时段，可以利用自然通风降温。

气候设计策略：主动式采暖为主，被动式太阳能采暖辅助+高效保温+自然通风。

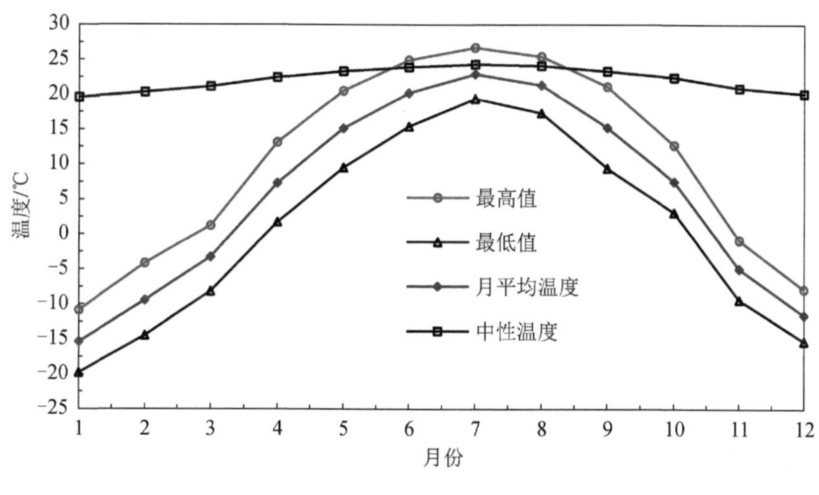

图4.44　长春气温图

2. 北京（寒冷地区）气候分析

气候特征：冬季气候寒冷，1月平均气温为-15～0℃；夏季炎热时间为两个月，且多雨，7月平均气温18～28℃；气温年较差较大，月平均温度振幅约为7℃。

图4.45是北京月平均室外气温和室外月均最高、最低温度及中性温度图。在图4.45上利用“气候适应性模型”公式计算出室内舒适温度（T_c）。

由图4.45可见，夏季舒适温度高于平均室外温度的最小值，使用具有一定蓄热性和隔热能力的材料和夜间通风，白天配合风扇，在多数情况下，可以不设空调降温；冬季室外平均气温低于舒适温度，仅仅依靠被动式太阳能不能解决室内的热舒适问题，因此需要常规的采暖设计。

气候设计策略：传统采暖+被动式太阳能采暖+建筑蓄热（夜间通风）。

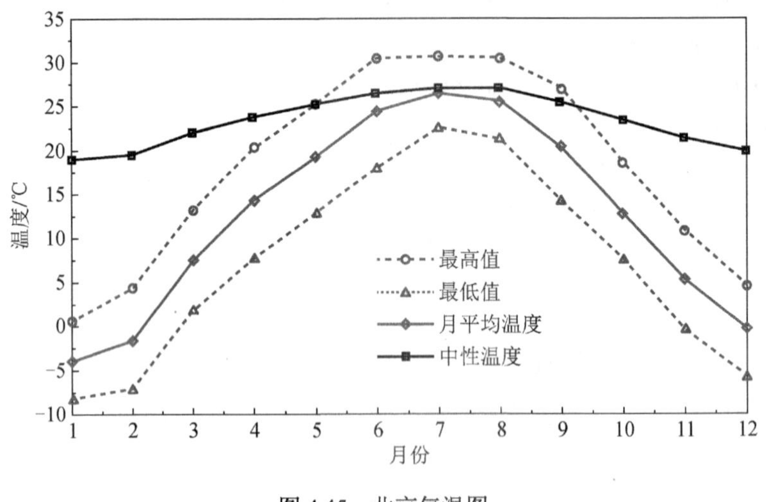

图 4.45　北京气温图

3. 上海（夏热冬冷地区）气候分析

气候特征：冬季寒冷，1 月平均气温 2～8℃；夏季湿、热共存，7 月平均气温 25～30℃。气温年较差较大。

图 4.46 是上海月平均室外气温和室外月均最高和最低温度图。在图 4.46 上利用“气候适应性模型”公式计算出室内舒适温度（T_c）。

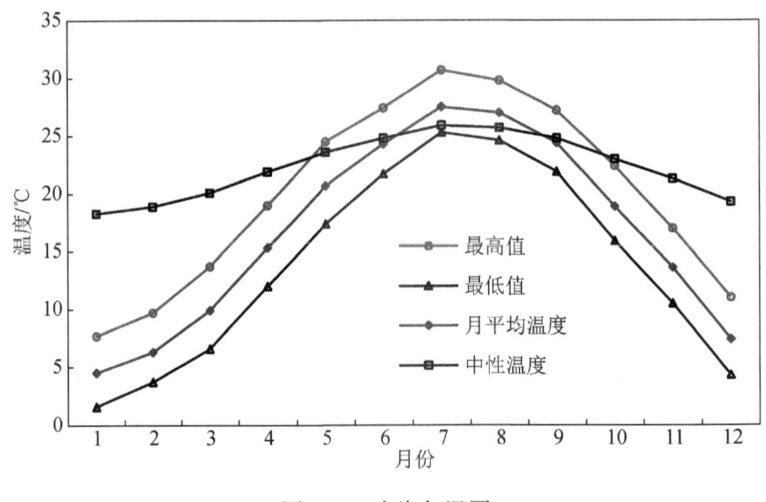

图 4.46　上海气温图

由图中可见，夏季室外气温高，即使最低的指标也只是稍低于舒适温度。这意味着夏季有必要依靠空调降温。另外，由于高温、高湿同时存在，充分考虑建筑自然通风设计，可以减少空调的使用时间；在冬季，室外平均气温低于舒适温度，在充分利用太阳能的同时，有必要采用室内采暖。

气候设计策略：被动式太阳能设计（主动式）+自然通风+空调。

4. 广州（夏热冬暖地区）气候分析

气候特征：长夏无冬，温高湿重，气温年较差和日较差均较小。雨量充沛，多热带风暴和台风。1 月平均气温高于 10℃，7 月平均气温 25～29℃，年平均日较差 5～12℃。年平均相对湿度 80%左右，年降雨量大多在 1500～2000mm。年太阳总辐射为 130～170W/m^2。夏季多东南风和西南风，冬季多东风。

如图 4.47 所示为广州月平均室外气温和室外月均最高、最低温度及中性温度图。在图 4.47 上利用“气候适应性模型”公式计算出室内舒适温度（T_c）。

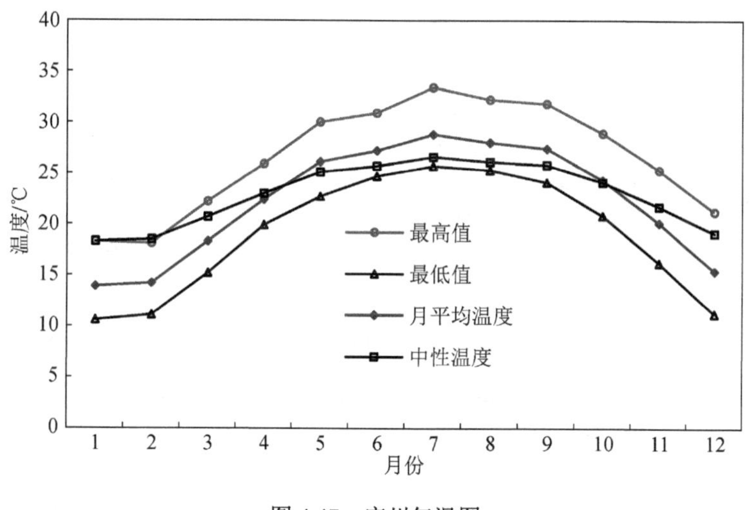

图 4.47　广州气温图

由图 4.47 可见，夏天舒适温度更接近于室外最低气温，因此，夜间的通风不可能是获得舒适的有效途径，必须依赖空调降温；在冬天，室外气温依然很高，室内舒适温度在每日的温度范围之内，如果充分利用被动式太阳能采暖，就可以获得室内舒适温度。

气候设计策略：被动式太阳能设计+自然通风+空调。

参 考 文 献

[1] 黄晨. 建筑环境学[M]. 北京：机械工业出版社，2005.
[2] 中华人民共和国国家标准. 建筑气候区划标准（GB 50178—93）[S]. 北京：中国建筑工业出版社，1993.
[3] 中华人民共和国国家标准. 民用建筑热工设计规范（GB 50176—2016）[S]. 北京：中国计划出版社，2016.
[4] 中华人民共和国国家标准. 民用建筑供暖通风与空气调节设计规范（GB 50736—2012）[S]. 北京：中国建筑工业出版社，2012.
[5] 张晴原，Joe Huang.中国建筑用标准气象数据库[M]. 北京：机械工业出版社，2004.
[6] 中国天气网. 吐鲁番城市介绍[OL]. http://www.weather.com.cn/cityintro/101130501.shtml.
[7] 中国天气网. 包头城市介绍[OL]. http://www.weather.com.cn/cityintro/101080201.shtml.
[8] 中国天气网. 渭南城市介绍[OL]. http://www.weather.com.cn/cityintro/101110501.shtml.
[9] 中国天气网. 汉中城市介绍[OL]. http://www.weather.com.cn/cityintro/101110801.shtml.
[10] 中国天气网. 昆明城市介绍[OL]. http://www.weather.com.cn/cityintro/101290101.shtml.
[11] 中国天气网. 拉萨城市介绍[OL]. http://www.weather.com.cn/cityintro/101140101.shtml.
[12] Pimbert S L, Fish D S. Some recent research into home heating[J]. Journal of Consumer Studies & Home Economics,1981,5:1-12.
[13] Nicol J F, Rajax I A. Thermal comfort, time and posture: exploratory studies in the nature of adaptive thermal comfort [R]. School of Architecture, England: Oxford Brookes University, 1996.
[14] de Dear R J, Brager G S. Developing an adaptive model of thermal comfort and preference[J]. ASHRAE Trans. 1998, 104(1):145-167.
[15] Mui K W H, Chan W T D. Adaptive comfort temperature model of air-conditioned building in Hong Kong[J]. Building and environment. 2003, 38(6):837-852.
[16] Rijal H B, Tuohy P, Humphveys M A, et al. Using results from field surveys to predict the effect of open windows on thermal comfort and energy use in building [J]. Energy and building, 2007,39: 823-836.
[17] 余娟.不同室内热经历下人体生理热适应对热反应的影响研究［博士学位论文］[D]. 上海：东华大学，2011.
[18] Nicol F. Adaptive thermal comfort standards in the hot-humid tropics [J]. Energy and Buildings, 2004, 36: 628-637.
[19] B.吉沃尼. 人•气候•建筑[M]. 陈士麟，译. 北京：中国建筑工业出版社，1982.
[20] 周翔. 偏热环境下人体热感觉影响因素及评价指标研究[博士学位论文][D]. 北京：清华大学，2008.
[21] Nakano J，Tanabe S，Kimura K. Differences in perception of indoor environment between Japanese and non-Japanese workers [J]. Energy and Buildings, 2002, 34(6): 615-621.
[22] 叶晓江，陈焕新，周朝霞，等. 武汉地区冬季教室热环境状况研究[J]. 建筑热能通风空调，2009,28(1):72-74.

第五章　不同环境调节模式下人体热适应研究——城市和农村

我国地域辽阔、气候多样、地区间经济发展不平衡，加之居民生活习惯差异较大，因而室内人体热感觉及其对气候环境的适应能力也显著不同。对于农村和城市人群来说，即使是处于同一气候区，也因为经济条件、建筑建造方式和环境调节模式的不同，从而导致居于室内的人体热感觉亦存在明显差异。我国北方广大地区，城市住宅建筑主要以冬季集中供暖、夏季间歇空调的运行模式为主；而在农村地区，由于受到经济发展水平的制约，居住建筑大多以自然通风模式为主，少部分家庭在冬季采用煤炉或电暖器等分散式采暖方式，农村和城市不同的环境调节模式必将导致城市和农村室内热环境、居民的热感觉、热舒适的不同。

随着我国经济的发展和人民生活水平的提高，对室内环境品质和居室热舒适的要求也随之提高，人们更加关注影响人体热感觉、热舒适的居室热环境指标。同时，近年来随着新农村建设的提出与发展，农村人居环境成为人们关注的焦点，改善农村居住建筑的室内热环境，提高舒适性的问题已引起越来越多的研究人员的关注。本章以寒冷地区典型农村和城市住宅为对象，采用客观的室内外环境测试和主观的热舒适问卷调查相结合的方式，对不同环境调节模式下住宅室内热环境以及居民的热感觉进行了系统分析研究工作，通过研究人体的各种气候适应性对热舒适产生的影响，从而达到节能降耗的目的。

5.1　城市和农村数据库的建立

5.1.1　样本选择

测试地点位于寒冷气候区的西安市及其周边农村，调查时间分别在冬季最冷月 1 月和夏季最热月 8 月进行。调查样本：城市住宅 128 户，以单元式砖混结构为主；农村住宅 73 户，以独立式砖混和砖木混合结构为主。受试者年龄范围都在 14～77 岁。城市受试者年龄最大为 77 岁，最小为 14 岁，平均年龄为 36.5 岁，男女比例为 1∶1；农村受试者年龄最大为 77 岁，最小为 16 岁，平均年龄为 43.1 岁，男女比例为 1∶1.25。受试人员都为长期居住的本地居民，已适应寒冷地区气候，在接受问卷调查时受试者均为静坐状态。人员背景资料统计见表 5.1。

表 5.1　人员背景统计

城市样本容量/人	233		农村样本容量/人	130	
性别/人	男	117（50.2%）	性别/人	男	58（44.4%）
	女	116（49.8%）		女	72（55.6%）
年龄/岁	最大值	77	年龄/岁	最大值	77
	最小值	14		最小值	16
	平均值	36.5		平均值	43.1
	标准差	13.7		标准差	15.2
活动状态	静坐		活动状态	静坐	

5.1.2　调查内容

调查内容包括室内外环境参数的测量和主观问卷的调查。问卷调查在进行室内外环境参数的测量的同时进行。

室内外物理环境参数的客观测量内容包括室内、外空气温度，相对湿度，平均辐射温度及空气流动速度。测试时间为每天早、中、晚三个时段，分别进行测量和问卷。调查期间进行室内、室外温湿度的测量记录，记录间隔时间为 10min。所用的测量仪器为自记式干、湿球温度计、室内气候分析仪等，所用测量仪器和主观问卷调查内容详见第三章调查方法和测试仪器。

5.1.3　数据处理方法

在调查过程中，详细记录受试者的衣着情况，并按照 ASHRAE 55—2004 标准，计算出受试者所穿服装的热阻值，以单位 clo 表示（1clo=0.155℃ · m^2/W）。考虑到椅子对坐姿受试者的服装热阻的作用，对热阻值进行了修正，修正附加值为 0.15 clo。在调查过程中受试者基本为坐着看问卷或回答问题，整个过程至少历时 20 min，所以把新陈代谢率定为 1.2 met，这是坐姿轻微活动者所具有的新陈代谢水平。

以操作温度（operative temperature）t_{op} 作为寒冷地区热舒适评价标准，来描述寒冷地区人体热感觉。操作温度 t_{op} 为空气温度 t_a 与平均辐射温度 t_{mrt} 的平均值。以操作温度 t_{op} 为自变量，通过线性回归分析得到相应的关系式，令平均热感觉投票值 MTS=0，即计算出热中性温度，利用概率统计的方法计算期望温度等。

5.2　寒冷地区城市和农村的差异

在寒冷地区，城市和农村在采暖制冷模式、经济收入、建筑空间形式和着装习惯上存在以下差异。

5.2.1　采暖制冷模式的差异

我国建筑运行模式随地域气候、经济水平的不同而存在较大差异。寒冷地区城市居住建筑主要以冬季集中供暖运行方式为主，夏季间歇式空调或混合调节模式为主，但是在农村由于受经济发展水平的制约建筑运行模式主要为自由运行模式。

对所调查的城市和农村住宅的采暖制冷设备及使用率进行统计，见表 5.2。

表 5.2　室内设备及使用率

<table>
<tr><td rowspan="2">冬季采暖方式
/使用率</td><td>城市/86 户</td><td>农村/36 户</td></tr>
<tr><td>集中供暖（暖气片）/96.5%
自备取暖器供暖/3.5%</td><td>自家间歇式采暖或偶尔采暖/80.5%
无采暖/19.5%</td></tr>
<tr><td rowspan="2">夏季制冷方式
/使用率</td><td>城市/42 户</td><td>农村/37 户</td></tr>
<tr><td>空调加电风扇/61.9%
空调/16.7%
电风扇/21.4%</td><td>电风扇/97%
无制冷/3%</td></tr>
</table>

城市居民冬季取暖方式主要为集中供暖，夏季使用的制冷设备为空调和电风扇。冬季调查的 86 户城市住宅中，有 83 户为集中供暖，占所调查比例的 96.5%，其中又有 17 户居民在集中供暖的同时，还使用了自备取暖器进行辅助取暖。调查发现，在进行辅助采暖的原因中，66.7%的住户是由于集中供暖的时间有限，不能满足住户在供暖期外对室内热环境的要求；而 16.7%的住户是由于集中供暖的温度太低，12.5%的住户是由于集中供暖只能满足个别房间的温度要求。自备取暖器的种类以冷暖式空调和电暖气为主，冷暖式空调占 65.4%，电暖气占 38.5%。自备取暖器的使用期间为每年 11 月上旬至 3 月下旬。调查中同时发现，自备取暖器并不经常使用，只是在居民长时间停留在室内以及冷的无法忍受时才使用。

调查发现，在 36 户农村住宅中，有 29 户采用了自家间歇式煤炉或偶尔使用电暖气采暖，另外 7 户则无采暖措施。

对城市住宅夏季室内制冷设备的使用情况进行统计，如图 5.1（a）～（e）所示。由图 5.1（a）～（e）可以看出，有近 61.9%住户采用空调和电风扇两种设备来缓解夏季炎热，而 21.4%的住户用于室内降温的设备只有电风扇，16.7%的住户只采用空调。空调的普及率近 80%，并且有近 20%的家庭安装了两台空调。调查还发现，在城市住户中白天家中基本无人，但只要有人在家时近 50%的居民就会开空调缓解炎热。夏季多数住户家中同时使用空调和电风扇，在这种情况下住户主要采用电风扇、辅助开空调降温，因此有近 57%的居民“只在热得无法忍受时”才开空调来制冷。在空调类型的选择上，分体式壁挂空调机占总样本的 78.8%，柜式空调机占 24.2%，另外 9.0%的住户使用窗式空调机。

夏季，农村居民采用的乘凉设备主要是电风扇，无空调的使用，调查的 36 户住宅中 35 户住户使用了电风扇。

由此可知，城市住宅冬季进行集中采暖，夏季空调制冷，有效地改善了室内热环境，而在农村虽然大部分住宅也进行冬季采暖和夏季制冷，但是采暖和制冷设备简陋，对室内热环境的改善效果不明显。虽然同为寒冷气候，但由于不同的建筑运行模式，城市和农村住宅室内的热环境和人们的热感觉可能会存在一定差异。

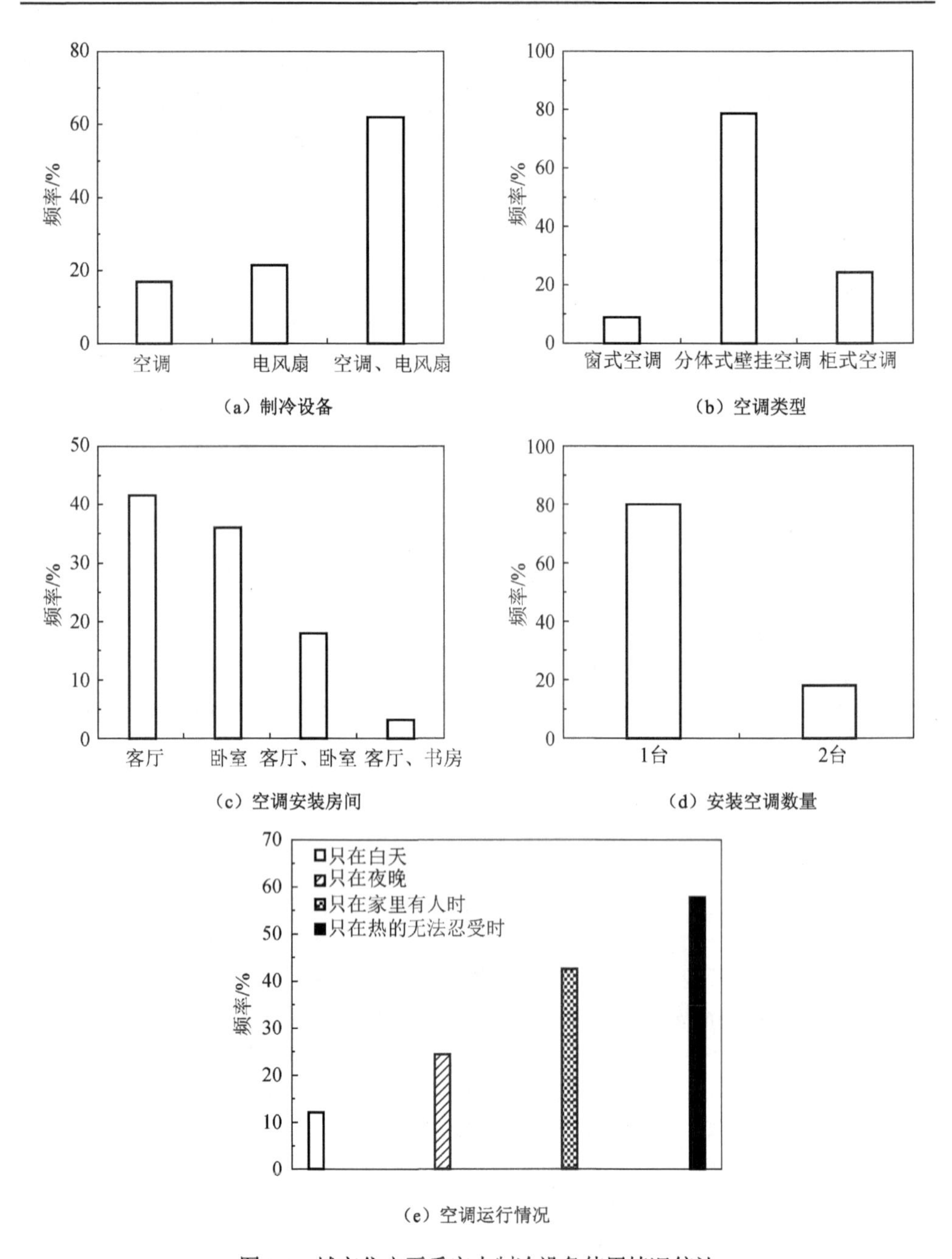

图 5.1　城市住宅夏季室内制冷设备使用情况统计

5.2.2　城乡收入的差异

改革开放以来，中国经济持续快速发展，促进了城乡居民收入总体水平不断提高，但也使经济利益在不同利益群体间重新调整，社会分层加剧。城乡收入差距不断扩大，发展严重不平衡。据农业部提供的材料，2007年农民增收难度进一步增大，城乡居民货币收入比达到历史性的3.33∶1，2008年这一比例更是扩大为3.36∶1，城乡收入差距日趋扩大。

在表5.3中，2001～2006年，西安城乡人均收入都增长较快，但是城乡收入差距也在不断拉大，城市居民收入的增长速度与幅度远远大于农民。2001年，城乡居民的绝对收入差距是4252.59元，城市居民人均收入是农村居民的2.7倍。但是到了2006年绝对差距拉大为7900.05元，城市居民的人均收入是农村居民人均纯收入的3.07倍。城乡居民收入除了在2004年略有缩小外，2005年开始加速拉大。这个差距不仅表现在城市居民与农民之间，就是城区农民与远郊县农民的收入，也有很大差距。2006年，农民人均收入最高的雁塔区是农民人均收入最低的周至县的2.24倍。

表5.3　西安市2001～2006年城乡人均收入对比

年份	2001	2002	2003	2004	2005	2006
城市居民人均收入	6743.56	7670.67	8315.13	9150.65	10387.44	11708.43
农村居民人均纯收入	2490.27	2641.44	2837.83	3142.78	3459.6	3808.38
城乡居民收入差距比	2.7∶1	2.90∶1	2.93∶1	2.91∶1	3.0∶1	3.07∶1

由于城市和农村经济发展的不平衡，居民生活水平和生活习惯存在较大差异，必然导致城乡住宅的热环境以及居民的热反应存在较大差异。

5.2.3　建筑空间形式的差异

图5.2所示为城市住宅，往往采用多、高层的单元式住宅，集中成片连在一起，建筑结构形式多为砖混、钢筋混凝土等结构，窗框材料以铝合金、塑钢为主，阳台多为封闭阳台。而村镇大多采用如图5.3所示的低层、独立式住宅，以院落为中心，围绕布置各种功能房间，大多采用砖混结构，也有采用砖木、土木结构的，窗框材料为钢、铝合金等。

图5.2　城市住宅

图5.3　农村住宅

城市和农村住宅概况统计结果如图 5.4～图 5.6 所示。

由图 5.4～图 5.6 可知，在所调查的住宅中，城市住宅建造年代多集中在 1990 年至 2000 年之间。农村住宅 1990～2000 年间建造率为 35%，2000 年后为 38%。在城市，所调查的建筑结构形式有砖混结构和钢筋混凝土结构两种，其中砖混结构占 78%；农村建筑的结构形式种类较多，20 世纪 70 年代前的建筑主要为土木结构，而从 1990 年起，建筑结构形式砖木占 44%，砖混占 22%，砖混加砖木占 28%。对于住宅的窗框材料，城市以铝合金窗为主，占总样本量的 74%，其余材料为木制、铁制及其他材料（塑钢、木制加铝合金等），所占比例均较小。

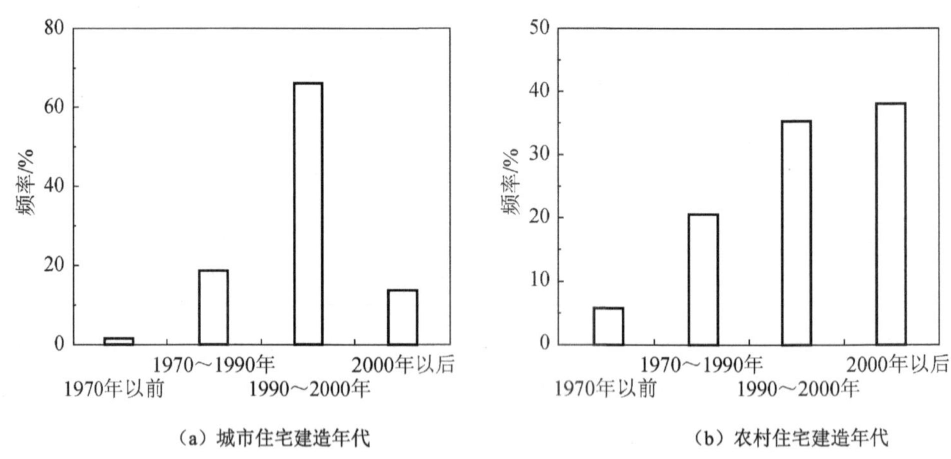

（a）城市住宅建造年代　　（b）农村住宅建造年代

图 5.4　城市和农村住宅建造年代

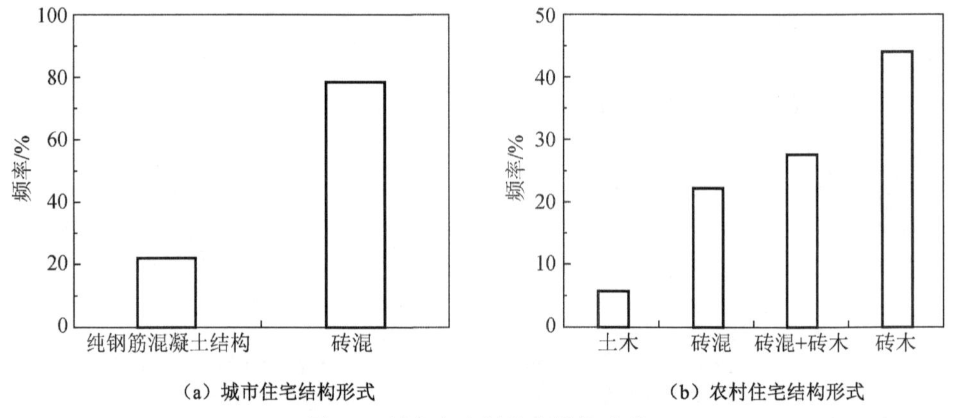

（a）城市住宅结构形式　　（b）农村住宅结构形式

图 5.5　城市和农村住宅结构形式

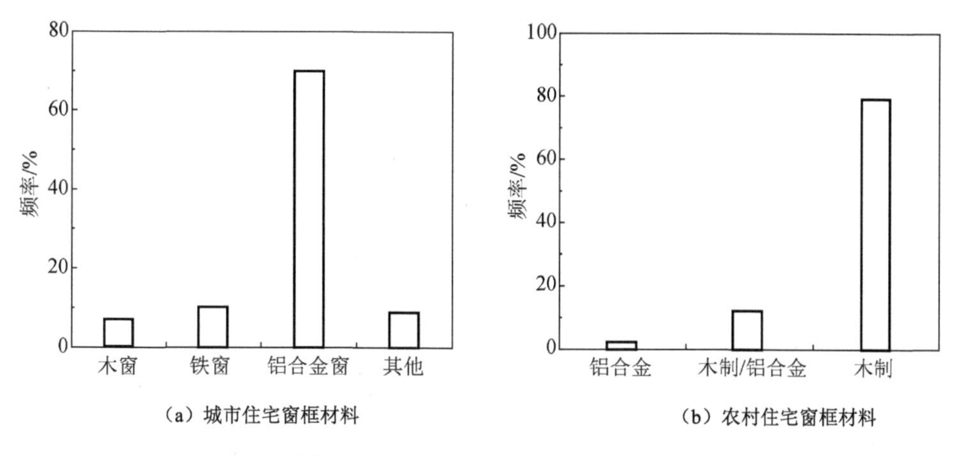

（a）城市住宅窗框材料　（b）农村住宅窗框材料

图 5.6　城市和农村住宅的窗框材料

同时，城市测试房间所在的楼层在顶层、底层、中间层均有分布，而在农村则选择居民经常活动的房间为测试房间，按当地居民生活习惯可知，测试房间主要在一层（或底层）。城市住宅建筑面积在 80m^2 及以下的样本占总样本的 58%，80～100m^2 的样本占总样本的 32%，100m^2 以上的仅占 10%，这可能与建筑物的建造年代有关。在所调查的城市住宅中，阳台全部封闭。

5.2.4　服装热阻的差异

对寒冷地区城市和农村居民的服装热阻进行数理统计和比较分析，结果见表 5.4、图 5.7 和图 5.8。

表 5.4　服装热阻　（单位：clo）

服装热阻/样本量	城市（233）		农村（130）	
	冬（153）	夏（80）	冬（66）	夏（64）
最大值	1.65	0.59	2.74	0.79
最小值	0.45	0.17	1.37	0.30
平均值	0.89	0.37	1.98	0.50
标准偏差	0.24	0.09	0.31	0.09

冬季调查统计结果显示：城市居民的平均服装热阻为 0.89clo，最大为 1.65clo，最小服装热阻为 0.45clo。其中 60%的居民的服装热阻分布在 0.70～1.10clo，这是因冬季集中供暖室内温度较高所致。而在农村，受试人员的平均服装热阻为 1.98clo，约为城市居民平均服装热阻的 2 倍；最小值为 1.37clo，这是城市居民服装热阻最小值的 3 倍，甚至比城市居民的服装热阻平均值还要高出许多；最大服装热阻值高达 2.74clo。农村居民的服装热阻分布频率主要在 1.70～2.50clo，冬季农村居民的服装热阻值较大，而城市居民的服装热阻值整体较小，原因如下所述。

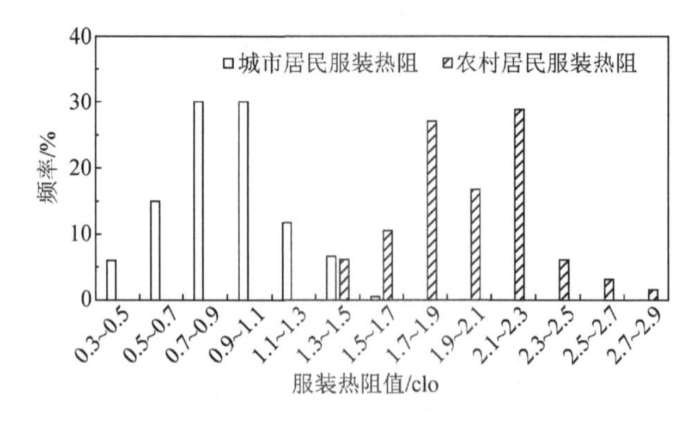

图 5.7　城市和农村居民冬季服装热阻比较

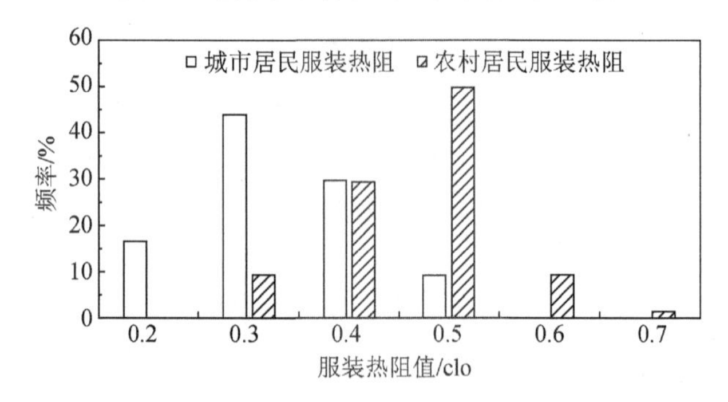

图 5.8　城市和农村居民夏季服装热阻比较

寒冷地区的城市建筑大多采用集中供暖，室内温度一般在 18～22℃，且较为稳定，居民大部分时间生活在室内，内穿中等厚度的毛衣和毛裤即可过冬，如果需要到室外活动，外加棉大衣、羽绒服、帽子、围巾或手套等，因而人们在室内和室外是两种完全不一样的着装。

而村镇居民的生活与此完全不同，村镇住宅大多以院落为中心，厨房、卫生间等各功能房间围绕院落而布置，冬季所用的柴薪、稻草及煤炭等燃料占用空间大，通常堆放在室外庭院，其居住条件决定了居民不得不经常出入室内外，做饭、去卫生间、拿取薪柴以补充住宅每日所必需的炊事及采暖燃料等。人们频繁进出室内外并不会像城市居民一样更换衣服，因为他们的衣着要保证：①在室外短期活动不会感觉太冷；②在室内活动不会感觉太臃肿；③在室内逗留时不会感觉太热[1]，因此村镇住宅人们着装较重，且室内温度不能太高。

夏季调查统计结果显示：在城市地区室内使用空调和电风扇等设备的情况下，室内人员服装热阻值分布在 0.20～0.50clo 范围内，城市居民服装热阻平均值为 0.37clo，最小值为 0.17clo，最大值为 0.59clo；农村地区夏季室内的乘凉设备仅为电风扇，部分居民家中不采用任何设备，受试居民平均服装热阻值为 0.50clo，最小值为 0.30clo，最大值为 0.79clo，其服装热阻分布为 0.30～0.70clo。城市居民的服装热阻值低于农村居民，这是由于城市住宅受到城市热岛效应的影响，虽然在室内空调制冷的条件下，室内平均温度仍然比农村自然通风住宅高，城市居民为了缓解炎热，减少衣物进行自我调节。

根据 ASHRAE 舒适标准规定，受试人员为坐姿，从事轻体力活动（新陈代谢率 $M \leqslant 1.2$met），所穿服装的热阻夏季为 0.50clo，冬季为 0.90clo。由表 5.4 中可知，农村现场测试冬季的服装热阻值偏高，不在规定的范围内。

5.2.5　生活习惯及活动量水平的差异

城市和村镇居民在起居行为和生活习惯方面有明显的差异，城市居民在办公室大多为静坐打字、整理文档等轻体力活动，在家中多以看电视、休息为主，兼做部分家务劳动，活动量较小。相比之下，村镇居民即便是农闲季节，家务劳动量仍较城市居民大，如妇女要做缝纫、手工或烹饪，或在室内做一些杂活，因此其新陈代谢率要高于城市居民。由调查可知，冬季城市居民的平均活动量水平为 1.18met，乡村的平均活动量水平为 1.34met，乡村居民的活动量水平显著高于城市居民。

5.2.6　心理期望的差异

与同地区城市居民的经济收入相比，村镇居民的收入要低很多，其在经济上无法负担过重的采暖能耗，村镇居民长期生活在温度较低的环境中，其生理上已经适应寒冷的热环境，再加上着装较厚，因此，村镇居民已经适应较低的室内温度，其对冬季室内的舒适温度心理上期望并不高。同时，由于农村居民频繁出入室内外，住户的大门白天几乎处于敞开的状态（个别地区采用棉门帘或布门帘），导致室内热量大量散失[2]，因而村镇住宅室内外的温差也不宜过大。

黄莉等[1]通过对北京郊区农宅的调研后指出，农宅的室内舒适温度维持在 10～15℃是合理的。金虹[3]等通过对严寒地区的村镇住宅冬季室内热环境研究后指出室内的舒适温度区间与人口结构有关，如果是年轻的三口之家，对室温要求低，其舒适区间为 15～16℃，如果是三代同堂，家有老人和小孩，对温度要求高，舒适区间为 15～17℃，但村镇住宅大多以第二种家庭结构较为典型。

5.3　城市和农村室内热环境的对比

对城市、农村进行冬季和夏季两个阶段室内热环境参数的测试，其测试统计如表 5.5 所示。

对实测所得的室内外物理参数进行统计整理得到，在冬季有集中供暖的城市住宅内平均室内温度为 20.3℃，最大可达到 24℃，最小值为 12.8℃；而在农村冬季室内室内温度最大值仅为 13.1℃，与城市室温的最低水平相当，平均室内温度为 5.2℃，最小值仅为 1.0℃，这是由于村镇居民冬季仅采用煤炉进行间歇采暖，甚至不采暖，冬季的室内热环境较差，而较差的室内热环境使得农村居民必须穿大量的衣物来御寒。

表 5.5　室内外环境参数统计

地点时间/样本总容量		环境参数	平均值	标准差	最小值	最大值
城市	冬季/153	室内温度/℃	20.3	2.29	12.8	24.3
		室外温度/℃	−2.5	3.80	−14.9	3.8
	夏季/80	室内温度/℃	27.5	1.17	25.3	30.2
		室外温度/℃	31.1	2.94	25.5	38.6
农村	冬季/66	室内温度/℃	5.2	2.78	1.0	13.1
		室内相对湿度/%	63.3	9.76	37.9	91.0
		室外温度/℃	−0.4	1.15	−2.5	1.5
	夏季/64	室内温度/℃	27.0	1.20	23.7	29.3
		室内相对湿度/%	70.8	5.10	60.0	84.3
		室外温度/℃	26.7	0.69	25.5	28.2

由于城市地区受到城市热岛效应的影响，在夏季室外气温平均为 31.1℃，最高值可达到 38.6℃，受室外气温的影响，室内在使用空调和电风扇等制冷设备的情况下气温平均值仍达到了 27.5℃，而室内气温最高值则到达 30℃，最低气温也在 25℃以上。农村室外平均气温为 26.7℃，最高温度为 28.2℃，室内最高气温为 29.3℃，平均气温为 27℃，但是室内湿度较大，最低相对湿度值都在 60%以上，平均相对湿度为 70.8%，最高达到 84.3%。在调查中发现，虽然室外温度和室内温度都不是很高，但是居民在室内时仍感觉到很闷热。

5.3.1　冬季室内热环境对比

5.3.1.1　城市住宅室内环境参数实测分析

统计所调查城市住宅的冬季采暖情况，97%的住宅采暖形式为集中供暖，其余 3%采用自备取暖器进行取暖。在集中供暖住宅中，有 26%的住宅同时使用空调或电暖气进行辅助采暖。

对城市住宅室内外温度的分布频率进行分析（图 5.9），采暖室内空气温度分布频率在 21℃时最高，约为 24%，而室内温度达到 18℃以上的比例约占 87%，测试所得最低室内温度都在 12℃以上。在测试期间，室外空气温度在−4～1℃的范围内变化频率最大，其中−1℃左右的分布频率最高。

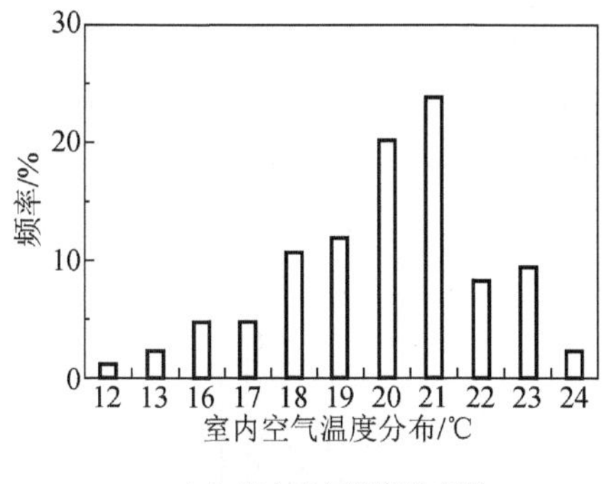

(a) 室内空气温度分布图

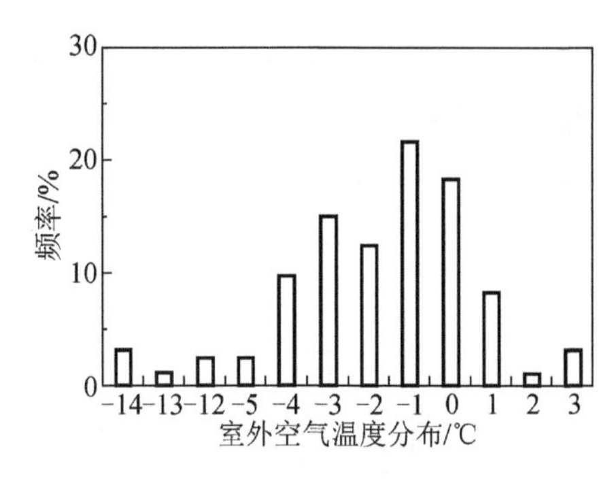

(b) 室外空气温度分布图

图 5.9　城市住宅室内外温度分布图

5.3.1.2　农村住宅室内环境参数实测分析

在农村冬季所调查的 36 户住宅中，有 29 户采用了自家煤炉或电暖气间歇采暖，另外 7 户则无采暖措施；按采暖和无采暖进行分类，分别对农村住宅室内外温度进行统计归纳［图 5.10（a）、（b）］，结果表明：冬季室外温度在-2～1℃，无采暖房间的室内温度集中在 1～6℃，而采暖房间内温度集中在 2～9℃。这说明采暖房间内温度变化区间高于无采暖房间。冬季室外湿度在 40%～60%范围内，无采暖房间室内湿度集中在 60%～70%，而采暖房间湿度范围较宽在 40%～80%。

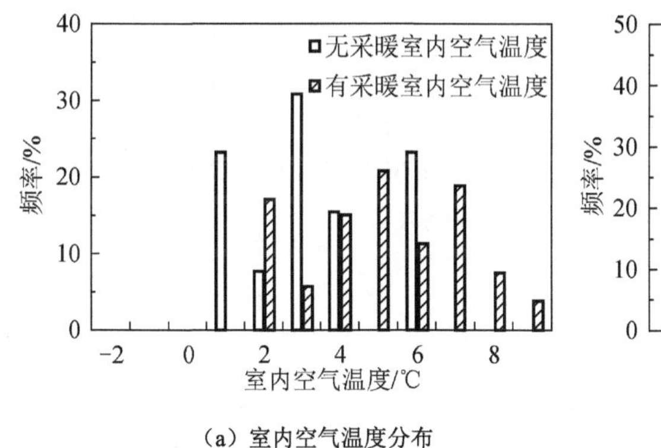

(a) 室内空气温度分布

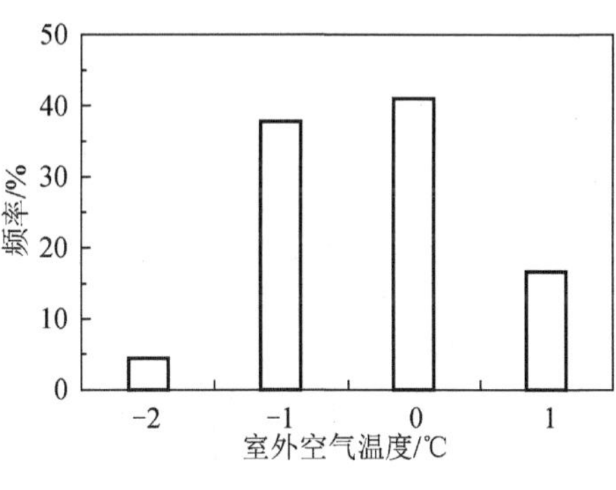

(b) 室外空气温度分布

图 5.10　农村住宅室内外空气温度统计归纳

5.3.2　夏季室内热环境对比

5.3.2.1　城市住宅室内环境参数实测分析

夏季，城市居民用来缓解炎热的措施，21.4%的住户仅使用电风扇，16.7%的住户只采用空调，有 61.9%的居民以上两种设备均采用。对城市住宅的室内外温度进行统计分析（图 5.11），结果表明，城市住宅夏季室内温度主要分布在 26～

28℃；室外温度分布范围较大，但温度分布集中在 28～33℃，其中以 31℃、32℃分布最为集中。这说明夏季该地区室外温度较高，但由于室内使用空调和电风扇等制冷设备，所以室温分布在人体能够接受的温度范围内。

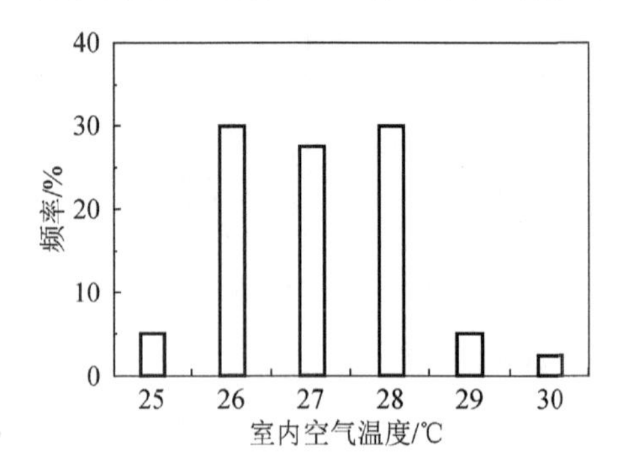

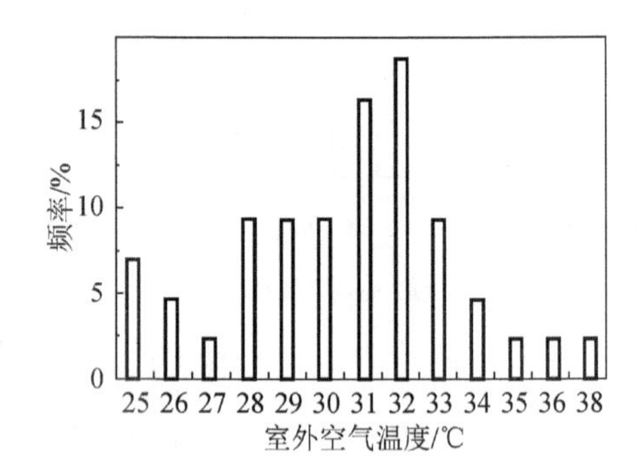

图 5.11 城市住宅室内外温度频率分布

5.3.2.2 农村住宅室内环境参数实测分析

夏季农村，所调查的 37 户住宅中有 36 户居民使用了电风扇作为乘凉设备，无空调的使用。对夏季农村住宅室内外环境参数进行统计归纳，见图 5.12。

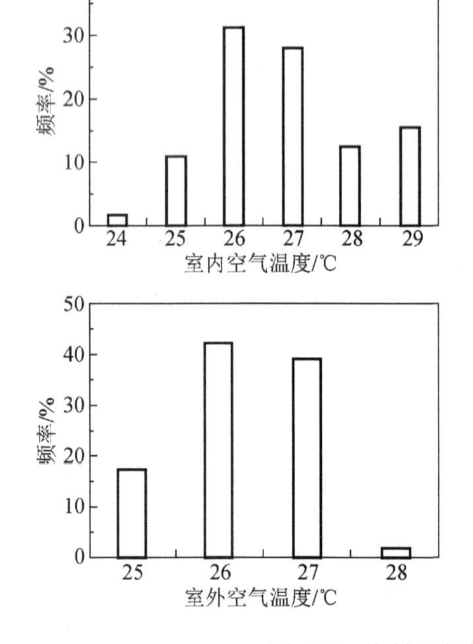

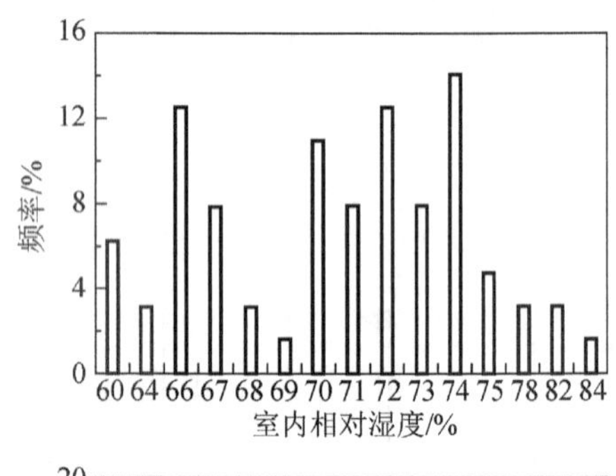

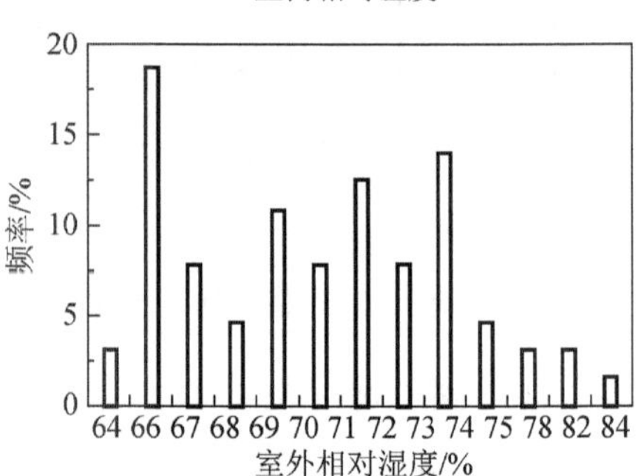

图 5.12 农村住宅室内外环境参数分布频率

可以看出，室内温度分布在 24～29℃，其中以 26℃和 27℃分布最为集中，占总比例的 60%；室内湿度分布在 60%～84%范围内，分布较广，但是集中分布在 66%～67%、70%～74%之内。室外温度分布在 25～28℃，分布在 26～27℃的温度占总比例的 81%；室外湿度分布范围较广，在 64%～84%。

5.3.3 室内温度和室外温度对比

室外温度通过建筑的围护结构影响着室内温度，为了分析室外温度对室内温度的影响程度，将测试期间的室内外温度进行统计，分别得到城市和农村地区室内外温度的相关关系，如图 5.13 和图 5.14 所示。

30
25
20
15
10
5
0
室内温度/℃
−20
−15
−10
−5
0
5
室外温度/℃
y=0.037x+20.378
R²=0.0039 P=0.443

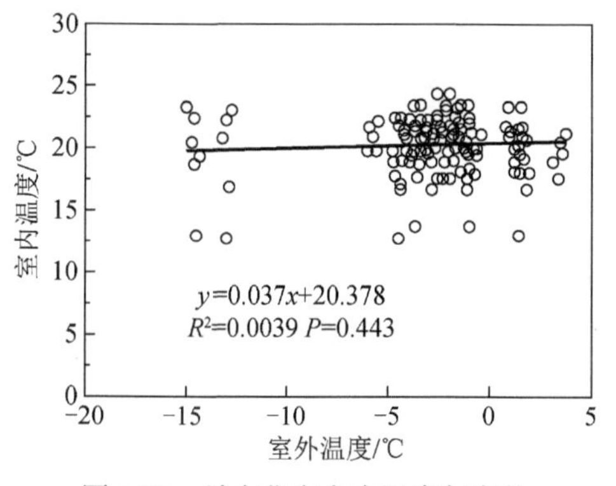

图 5.13　城市住宅室内温度与室外温度的相关性

14
12
10
8
6
4
2
0
室内温度/℃
−6
−4
−2
0
2
4
6
室外温度/℃
y=0.6846x+5.5256
R²=0.502 P＜0.001

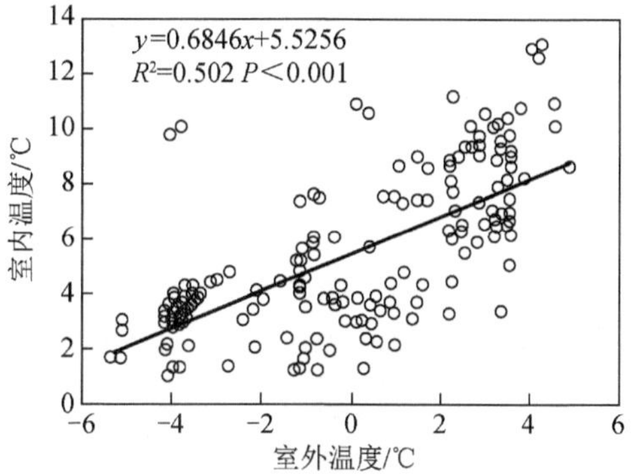

图 5.14　农村住宅室内温度与室外温度的相关性

从图 5.13 中可以看出，城市地区室外温度与室内温度两者之间的相关性并不显著（P=0.443），这是因为城市住宅围护结构的保温隔热性能较好，同时室内采暖设备的作用，使得室外温度很难对室内温度产生影响。

从图 5.14 中可以看出，农村住宅室内外温度显著相关（P<0.001），室外温度对室内温度的影响较大，当室外温度在 0℃以下时，室内温度受到影响，主要分布在 1～6℃，但是当室外温度升高时，室内温度随之较大幅度的升高，这说明农村地区住宅围护结构的保温隔热性能较差，再加入农村频繁出入室内外的生活习惯等因素的影响，使得室外温度对室内温度影响较大。

5.4 城市和农村热感觉和热舒适的对比

5.4.1 冬季

5.4.1.1 平均热感觉

对城市居民的热感觉进行调查分析，结果表明（图 5.15），城市居民早晚热感觉投票值分布频率相差不大，这是因为 96%的城市住宅冬季以集中供暖为主，其中 70%以上的住宅 24h 连续供暖，使得室内温度波动较小，居民在白天、晚上的热感觉变化不大。从图中还可以看出，无论早晚，95%以上的城市居民热感觉投票值在“稍凉”（−1）、“中性”（0）、“稍暖”（+1）之间，这表示 95%以上的居民对室内热环境是可以接受的。

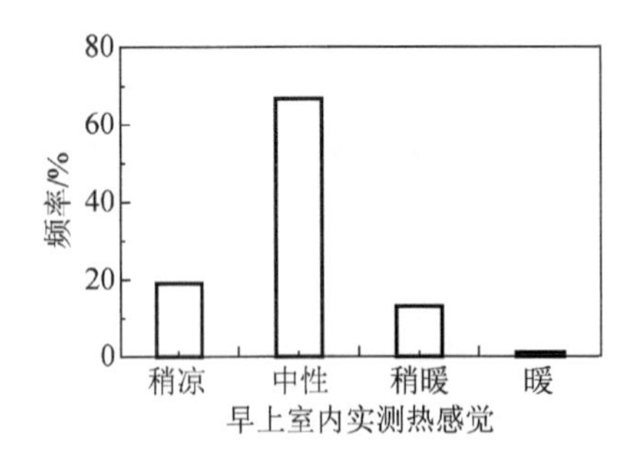

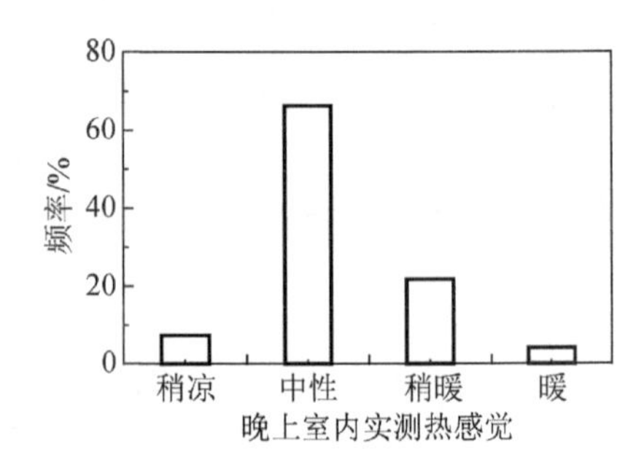

图 5.15　城市居民室内实测热感觉分布

对农村住宅居民的热感觉进行调查分析（图 5.16），调查期间冬季室外平均温度为−0.4℃，无采暖室内平均温度为 3.9℃，个体空间采暖室内平均温度为 5.6℃，从图中可以看出，无采暖住宅内 38.5%的居民感觉室内很“冷”（−3），18.0%的居民感觉“凉”（−2），有 43.5%的居民热感觉在“稍凉”（−1）、“中性”（0）之间；在个体空间采暖住宅中，有 23.9%的居民感觉“冷”（−3），有 13.8%的居民感觉“凉”（−2），有 62.3%的居民热感觉在“稍凉”（−1）、“中性”（0）、“稍暖”（+1）范围之内。虽然个体空间采暖住宅的居民热感觉整体高出无采暖住宅内的居民，但从总体来看农村居民对室内热环境的接受程度远低于城市居民。

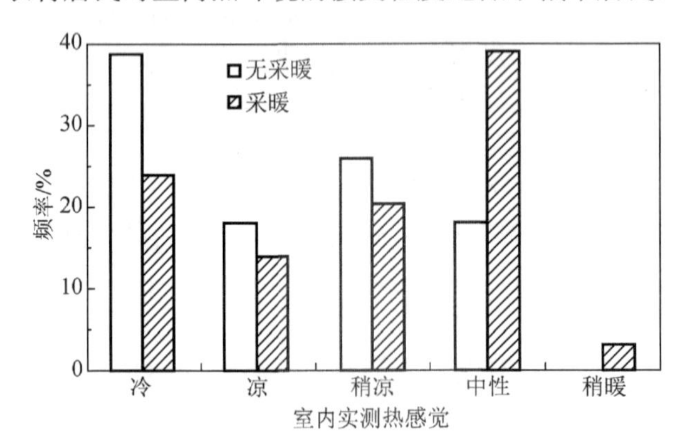

图 5.16　农村居民室内实测热感觉分布

5.4.1.2　热中性温度

将城市居民的平均热感觉投票值 MTS（mean thermal sensation）和室内平均温度进行回归分析，如图 5.17 所示。平均热感觉 MTS 与室内平均温度的回归方程为

$$\mathrm{MTS}=0.0644t_a-1.0942 \qquad (R^2=0.0532，P=0.008) \tag{5.1}$$

式中：MTS 为实测热感觉投票值；t_a 为室内温度（℃）；R^2 为决定系数。

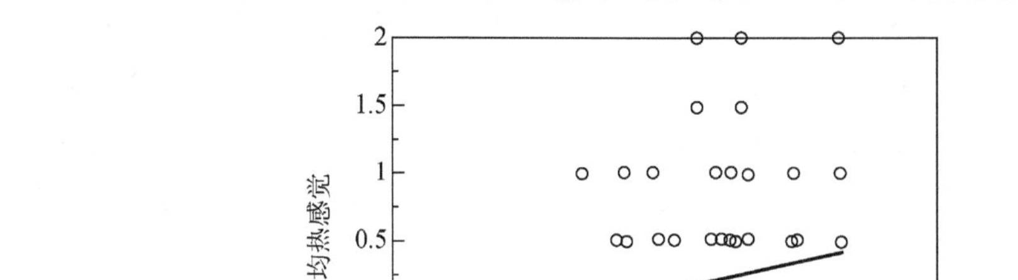

图 5.17　城市居民人体热感觉与室内温度的相关性

热中性温度为人体既不感觉到热也不感觉到冷时的温度，即中性温度等于 MTS=0 时的温度。由公式（5.1）计算得到实测热中性温度为 17.0℃。城市住宅冬季室内的平均温度为 20.3℃，比热中性温度高 3.3℃。

对农村地区平均热感觉投票 MTS 和室内平均温度进行分析，得到的散点图和回归方程如图 5.18 和式（5.2）所示为

$$\mathrm{MTS}=0.2302t_a-2.674 \qquad (R^2=0.3566，P<0.001) \tag{5.2}$$

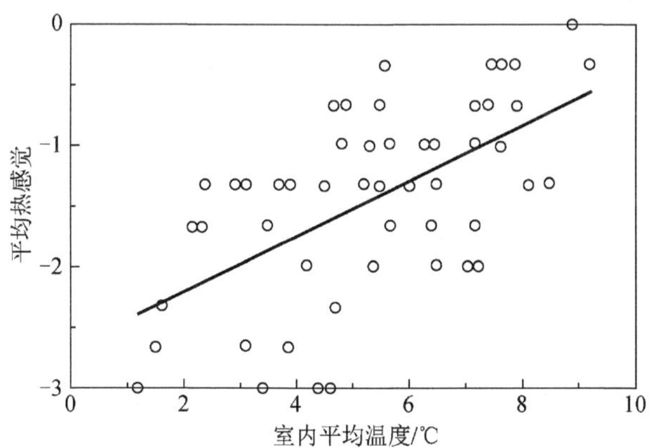

图 5.18　农村居民人体热感觉与室内温度的相关性

对于农村住宅，当 MTS=0 时，由式（5.2）可得到农村居民的实测热中性温度为 11.6℃。农村住宅冬季室内的平均温度为 5.2℃，比热中性温度低 6.4℃。这说明农村居民采取了相应的主动调节措施去适应较差的室内热环境，对热环境有较强的适应性。

5.4.1.3 期望温度

期望温度（preferred temperature）的计算采用概率统计的方法，即在某一温度区间内，统计所期望的热环境比此刻更暖和更凉的人数占该温度区间投票总人数的百分数，并将热期望与冷期望的百分比表示在同一图上，两条拟合的概率曲线的交点所对应的温度即为所期望的温度（图 5.19）。计算得到本次现场研究城市居民冬季室内期望温度为 17.4℃，高于热中性温度（17.0℃）。

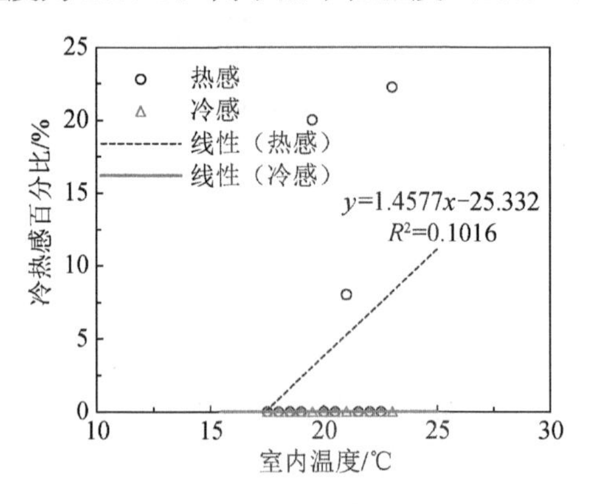

图 5.19 城市居民冬季期望温度的求解

统计农村居民所期望的热环境比此刻更暖和更凉的人数占总人数的百分数，将统计所得居民期望的热环境更暖和更凉的人数占总人数的百分数绘制在同一图上，如图 5.20 所示。农村地区冬季居民的期望温度为 12.7℃，高于热中性温度 11.6℃，可见在寒冷地区的冬季，不管农村还是城市，居民所期望的温度都要高于热中性温度。

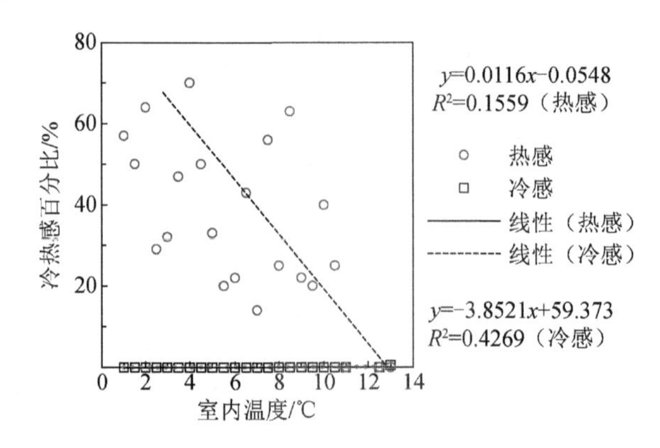

图 5.20 农村居民冬季期望温度的求解

5.4.1.4　可接受温度范围

调查居民对于室内热环境的接受能力时，采用了直接和间接两种方法。而直接方法是让居民直接判断热环境是否可以接受，间接方法是按调查表中居民填写的热感觉投票值进行统计分析得出，计算在某一温度下投票值为不接受的人数占总投票人数的百分数，即为该温度下的不可接受率，其中投票值在-1、0 和+1 之间的为可接受，-3、-2、+2 和+3 之间的为不可接受。根据 ASHRAE 标准的规定，当不可接受率在 20%以下时，至少 80%的居民满意的室内温度为可接受温度。本文采用间接法，根据居民的热感觉投票值，将统计得到的实测热不可接受投票百分比与对应的室内温度进行分析，得到城市居民冬季热不可接受率如图 5.21 所示。

城市居民冬季热不可接受率与室内温度的回归方程为

$$PD=1.2323t_a^2-49.832t_a+505.91 \qquad (R^2=0.1211,\ P<0.001) \qquad (5.3)$$

式中：PD 为实测热不可接受投票率（%）；t_a 为室内温度（℃）。

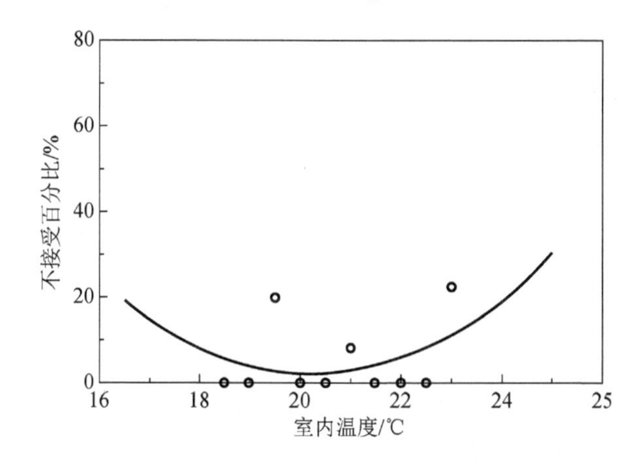

图 5.21　城市居民热不可接受投票率

由图 5.21 以及回归方程可以得知，满足 80%的城市居民的冬季可接受室内温度范围为 16.4～24.0℃。当温度为 20.2℃，热不接受率最低，此时室内空气温度达到最佳的舒适温度，与室内平均温度接近。这是由于冬季城市住宅主要以集中供暖为主，供暖温度相对稳定并且温度波动范围较小，室内平均温度 20.3℃满足大部分居民的温度要求。调查中发现，当室内温度低于人体的舒适温度时，城市居民主要采用取暖器辅助采暖。

统计农村居民对冬季的热环境直接的接受能力发现，对于无采暖房间近 40%的居民对室内热环境不太满意，但是超过 50%的居民认为室内热环境适中；采暖房间内近 50%的居民对室内热环境不太满意，35%的居民认为室内热环境适中，并且有 13%的居民对室内环境满意。经调查发现农村居民热不接受原因中 80.7%认为冬季室内太冷，这证明了当地住宅室内热环境普遍较差。

由于无采暖和采暖室内平均温度相差不大（1.7℃），受样本量的限制，以下将综合无采暖与采暖房间的居民热感觉进行统一分析。对冬季现场调查所得的每0.5℃温度区间内的热感觉投票值进行统计归纳，得到农村居民冬季热不可接受率如图 5.22 所示。农村居民冬季热不可接受率与室内温度的回归方程为

$$\mathrm{PD}=0.3307t_a^2-8.2011t_a+66.973 \quad (R^2=0.1211,\ P<0.001) \tag{5.4}$$

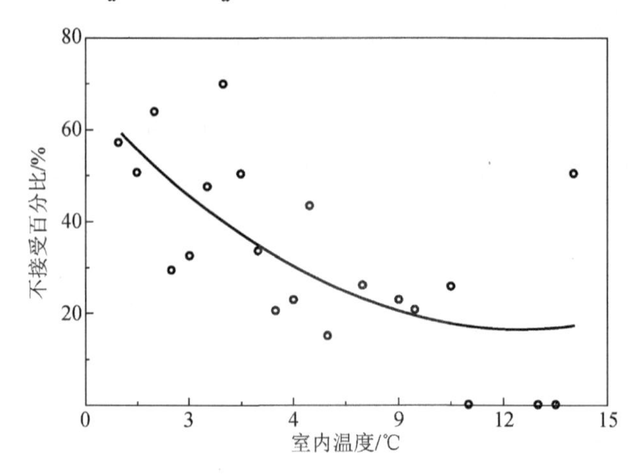

图 5.22　农村居民热不可接受投票率

由图 5.22 知，满足 80%的农村居民的冬季可接受温度下限为 9.0℃；当温度为 12.4℃时，热不可接受率最低，此时的室内空气温度达到居民的最佳舒适温度状态，这比室内平均温度 5.2℃高得多。这是由于受经济条件的制约，部分居民家冬季无采暖设备或有采暖设备但不使用，而有采暖的房间内采暖设备也相当简陋，如煤炉，多数有采暖居民家仅在冬季最冷几日使用煤炉采暖，因此有、无采暖房间平均温度均较低，仅差 1.7℃，室内热环境普遍较差。当地居民冬季采取多穿衣服、关闭门窗、多喝热水等主动调节措施来调节自身的热平衡，以适应较差的室内热环境。

5.4.1.5　热环境满意度

对城市居民的室内热湿环境实测满意度进行了调查，其统计分析结果如图 5.23 所示。调查发现：83.5%的城市居民对室内的温度环境“比较满意”，而近 40%的居民对室内湿度感到“无所谓”和“比较满意”，但是 55%的居民对室内的湿环境“不太满意”。

对农村居民的室内热环境主观满意度进行统计分析，如图 5.24 所示。对于采暖房间，近 40%的农村居民对室内热环境“不太满意”，但是超过 50%的居民感到“无所谓”；无采暖房间内，近 50%的居民对室内热环境“不太满意”，35%的居民感到“无所谓”，仅有 13%的居民对室内环境满意。

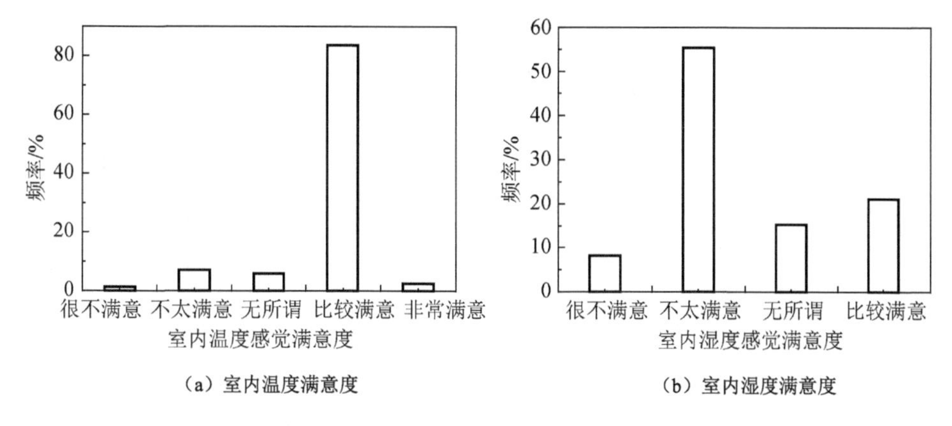

（a）室内温度满意度　（b）室内湿度满意度

图 5.23　城市居民室内温湿度满意度

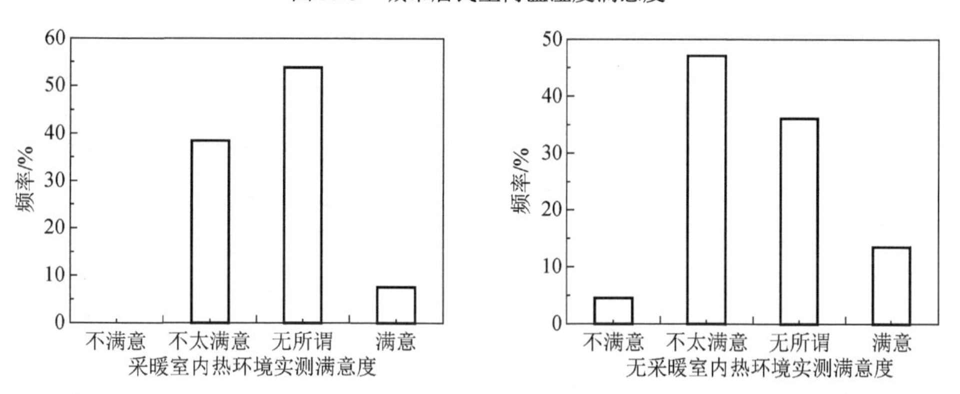

图 5.24　农村居民室内温湿度满意度

5.4.2　夏季

5.4.2.1　平均热感觉

对夏季城市住宅白天和晚上的热感觉进行统计分析，见图 5.25。城市居民白天和晚上的热感觉主要集中在“稍暖”（+1）、“中性”（0）、“稍凉”（−1）之间，白天近 75%的居民热感觉分布在“稍凉”（−1）和“中性”（0）之间，晚上 80%以上的居民热感觉分布在“中性”（0）和“稍暖”（+1）之间。整体而言，95%以上的居民对室内平均温度 27.5℃是可以接受的，但是居民晚上的热感觉较白天热感觉向较热一侧偏移。调查发现，造成这种结果的可能原因为白天居民在家中感到热时，会开空调降温，并且近 50%的居民将空调的温度设定在 24℃以下，而到了晚上室外温度降低后，居民会适当升高空调温度或关闭空调使用电风扇以及开窗通风。

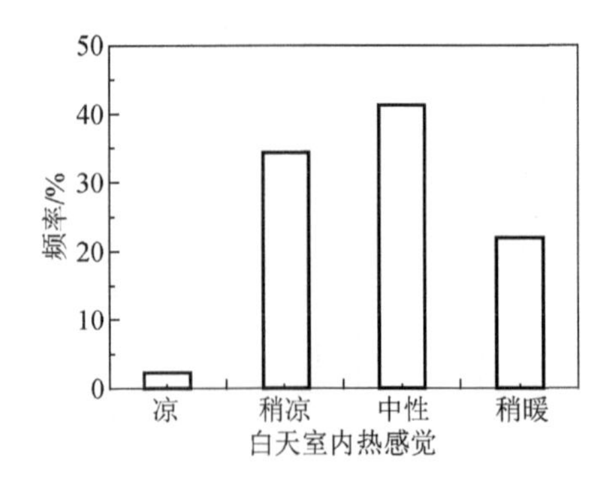

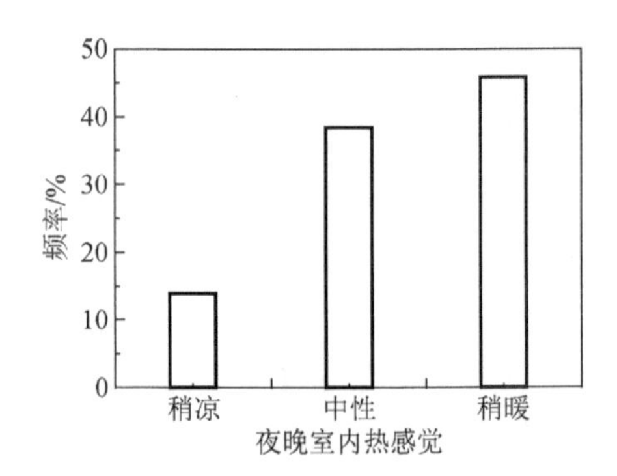

图 5.25　城市居民室内实测热感觉分布

夏季农村地区居民采用的乘凉设备为电风扇，无空调的使用，在所调查的 37 户住宅中 36 户居民使用了电风扇作为乘凉设备。对夏季农村居民的热感觉进行统计，得到图 5.26。居民对室内热环境的热感觉为“适中”（0）时的频率最高，约占总数的 70%，约有 92%的投票值在“中性”（0）与“稍暖”（+1）之间，即约 92%的居民对室内平均温度为 27.0℃的热环境是可以接受的。农村地区居民仅采用电风扇来降温缓解夏季炎热，但是热感觉投票值在可接受的范围（−1、0、+1）内占较大比例，这说明农村居民对其所处的热环境较为满意。

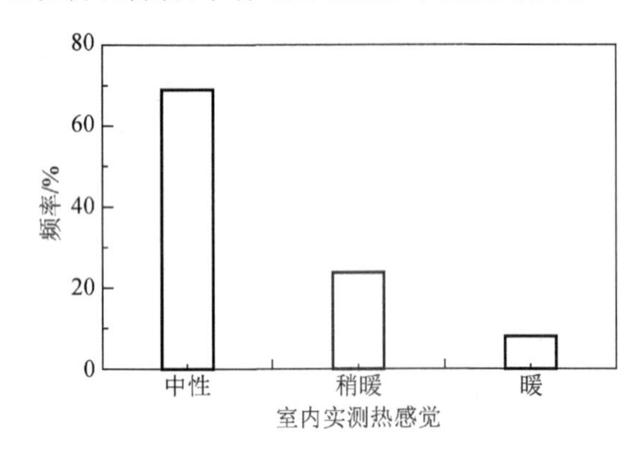

图 5.26　农村居民室内实测热感觉分布

5.4.2.2　热中性温度

对城市居民，将夏季受试者的平均热感觉投票值 MTS 和室内平均温度进行统计，见图 5.27。

平均热感觉 MTS 与室内平均温度的回归方程为

$$\mathrm{MTS}=0.2295t_a-6.1895 \quad (R^2=0.1924,\ P<0.001) \tag{5.5}$$

当 MTS=0 时，由公式（5.5）可求得城市地区居民夏季的热中性温度，热中性温度为 27.0℃，这与城市住宅夏季室内平均温度 27.5℃相接近。

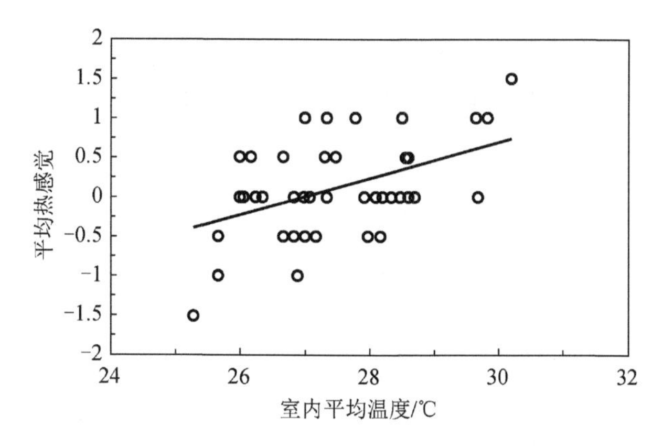

图 5.27 城市居民夏季人体热感觉与室内温度的相关性

对农村居民的平均热感觉投票值 MTS 与室内平均温度进行统计，得到的散点和回归方程如图 5.28 和式（5.6）所示为

$$MTS=0.1779t_a-4.5883 \qquad (R^2=0.2675，P<0.001) \qquad (5.6)$$

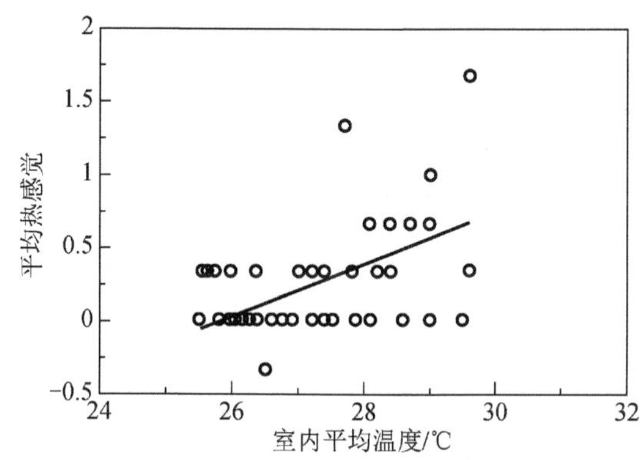

图 5.28 农村居民夏季人体热感觉与室内温度的相关性

当 MTS=0 时，得到农村地区居民的热中性温度为 25.8℃，比室内平均温度 27.0℃低 1.9℃。居民对较热的室内环境采取了开电风扇、减少衣物、开门窗等适应措施来调节自身热平衡，适应较热的室内环境。

5.4.2.3 期望温度

采用与冬季期望温度同样的统计分析方法，对城市和农村居民夏季热期望进行求解，两线的交点即可得到城市和农村居民夏季的期望温度，见图 5.29 和图 5.30。

计算可得城市住宅居民夏季室内期望温度为 26.7℃，低于热中性温度（27.0℃）。从图 5.29 中可以看出，城市居民的冷不满意率（热感觉投票值为−3、−2）较高，最高可达到 50%，热不满意率（热感觉投票值为+2、+3）为 0，造成这种结果的可能因素为在夏季城市住宅内，居民采用空调制冷时将空调温度设定的较低，这不仅使居民在室内感到不舒适，还造成了大量的空调用能浪费。

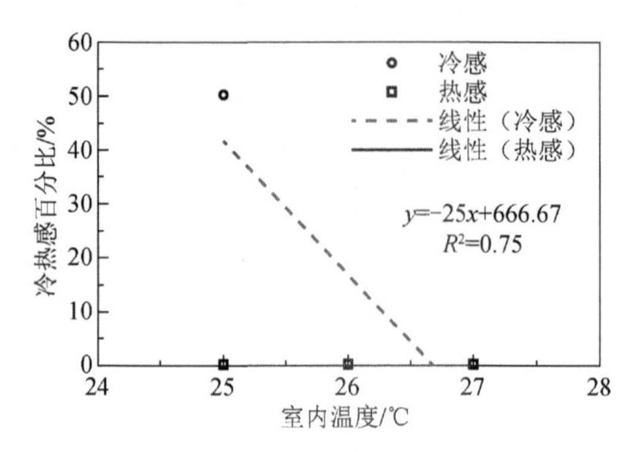

图 5.29　城市居民夏季期望温度的求解

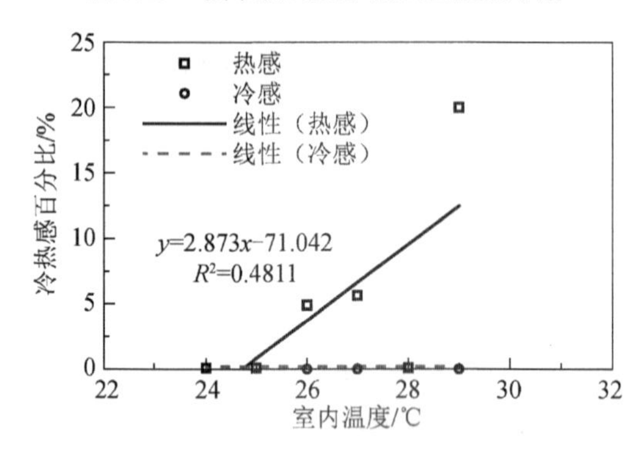

图 5.30　农村居民夏季期望温度的求解

通过计算得到夏季农村地区居民的期望温度为 25.0℃，比热中性温度 25.8℃低。居民的冷不满意率（热感觉投票值为−3、−2）为 0，热不满意率（热感觉投票值为+2、+3）随温度的升高而增大。这是由于在农村，夏季居民的乘凉设备有限仅为电风扇，当室外温度较高时，电风扇降温不能满足居民对热环境的要求。

5.4.2.4　可接受温度范围

对城市居民的直接热接受能力进行统计分析后发现，夏季近 70%的居民对热环境感到满意。对农村居民的热接受能力的直接调查发现，夏季 72%的居民对其住宅的室内热环境感到满意。也就是说，近 72%的农村居民对其室内热环境是可以接受的。

将城市居民的夏季室内热感觉投票值进行统计得到的实测热不可接受投票百分比与对应的室内温度进行分析，得到夏季热不可接受率见图 5.31。

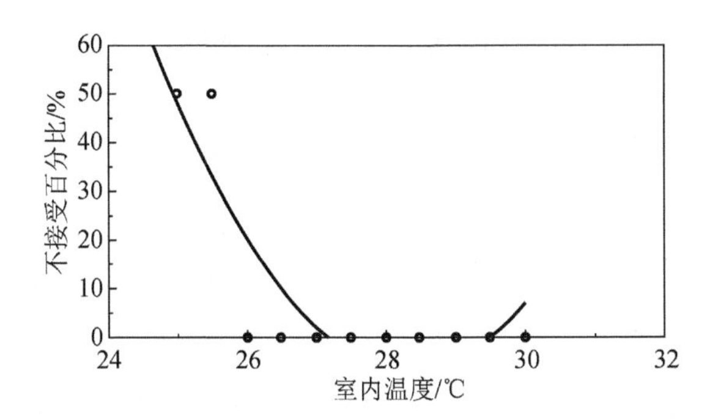

图 5.31　城市居民夏季热不可接受投票率

城市居民夏季热不可接受率（PD）与室内温度的回归方程为

$$PD=4.8951t_a^2-277.41t_a+3923.8 \quad (R^2=0.7641, P<0.001) \tag{5.7}$$

当热不接受率为 20%时，求得 80%城市居民的夏季热可接受室内温度范围为 26.0～30.7℃。从图 5.31 中及回归方程可以得知，当室内温度为 28.3℃时，热不接受率最低，达到了室内最佳舒适温度，并且比室内平均温度 27.5℃高出 0.8℃。由此可以看出，在城市夏季，如果居民将室内温度适当升高约 1℃，不仅能够得到更舒适的热环境，而且能够降低空调能耗。

对农村居民夏季的热不可接受投票百分比与对应的室内温度进行分析，得到夏季热不可接受率如图 5.32 所示。

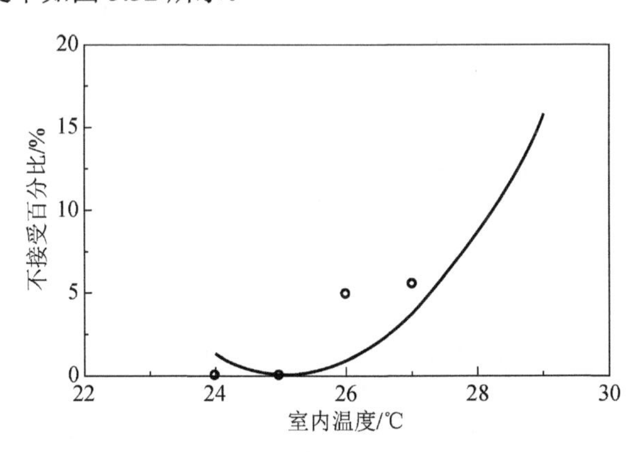

图 5.32　农村居民热不可接受投票率

从图 5.32 中可以得出，农村居民夏季热不可接受率 PD 与室内温度的回归方程为

$$PD=1.0317t_a^2-51.80t_a+650.49 \quad (R^2=0.6134) \tag{5.8}$$

当室内温度为 25.1℃时，热不接受率达到最低，为室内最佳舒适温度，比室内平均温度 27.0℃低 1.9℃，满足 80%的居民夏季可接受室内温度范围为 20.7～

29.5℃。由此可知，农村居民对夏季热环境的适应性，包括行为上如开电风扇、打开门窗、洗澡、喝凉开水等，心理上根据以往经验对热环境已经有充分的心理准备，以及生理上的适应等，使得农村居民的可接受温度范围更宽。

5.4.2.5　热环境满意度

对城市居民的主观满意度和空调房间内居民的主观舒适度进行调查，如图 5.33 和图 5.34 所示。在所调查的城市居民中，52%的居民对室内热环境“比较满意”，14%的居民觉得“无所谓”，31%的居民认为“不太满意”。对空调房间舒适度的调查结果表明：35%的居民觉得在空调房间内“比较舒适”，甚至有 14%的居民认为“舒适”，同时 30%的居民觉得“无所谓”，有 22%的居民认为在空调房间内“有些不舒适”。究其不舒适原因，发现居民普遍认为空调房间内换气不足，室内空气不新鲜，同时部分居民认为空调的制冷效果不好，室温降不下来，但是有少数居民觉得空调制冷使得全身发冷。

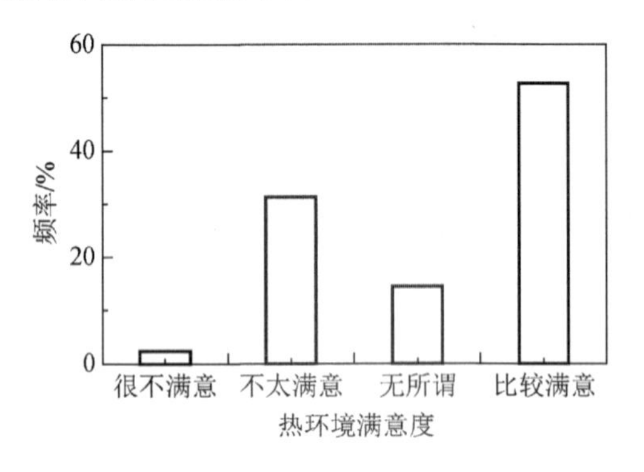

图 5.33　城市热环境主观满意度调查统计

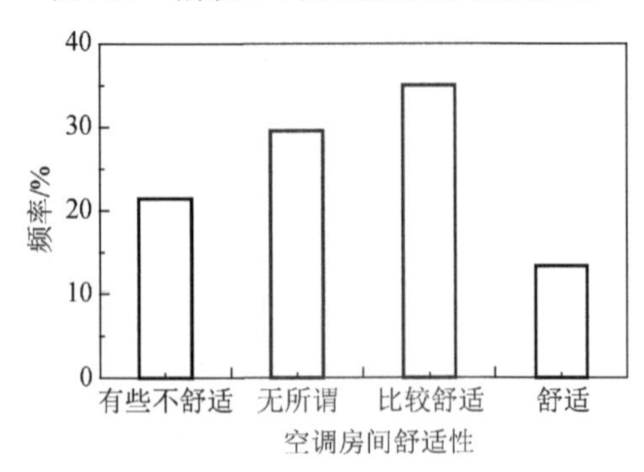

图 5.34　城市夏季空调房间内舒适度调查统计

对农村地区夏季居民室内热环境的满意度进行统计归纳，如图 5.35 所示。居民对于室内热环境的主观评价为：夏季 34%的居民对其住宅的室内热环境感到“比较满意”，30%居民感觉“不太满意”，38%居民感觉“无所谓”。

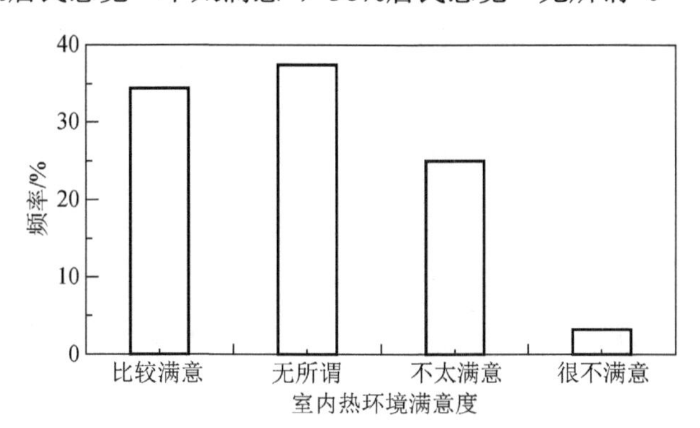

图 5.35　农村室内热环境的满意度统计分析

5.4.3　热舒适的对比分析

5.4.3.1　中性温度对比分析

将分析得到的城市和农村居民的热中性温度归纳如下，见表 5.6。冬季城市居民的热中性温度为 17.0℃，比室内平均温度 20.3℃低 3.3℃，城市住宅冬季采暖能耗较大。而农村居民的热中性温度为 11.6℃，高于室内平均温度 5.2℃，这说明农村居民对热环境有较强的适应性。

表 5.6　居民热中性温度对比

地区	冬季		夏季	
	中性温度/℃	室内温度/℃	中性温度/℃	室内温度/℃
城市	17.0	20.3	27.0	27.5
农村	11.6	5.2	25.8	27.0

夏季城市居民的热中性温度为 27.0℃，这与城市住宅夏季室内平均温度 27.5℃相接近，说明对于实际的室内温度居民是可以接受的。农村居民的热中性温度为 25.8℃，比室内平均温度 27.0℃低 1.9℃，说明了居民对热环境的适应性。

总的来说，城市居民的热中性温度高于农村居民的热中性温度，城市居民适应了采暖空调房间内的环境温度，热中性温度接近实际的室内温度，但是在农村自然通风条件下，居民采取了一系列的适应性措施来适应变化较大的室内温度。

5.4.3.2　期望温度对比分析

对城市和农村居民的期望温度进行归纳，见表 5.7。

表 5.7　居民期望温度　（单位：℃）

	冬季	夏季
城市	17.4	26.7
农村	12.7	25.0

由表 5.7 可知，城市居民冬季室内期望温度为 17.4℃，高于热中性温度 17.0℃；农村居民的期望温度为 12.7℃，高于热中性温度 11.6℃。夏季城市居民的期望温度为 26.7℃，低于热中性温度 27.0℃；农村地区夏季居民的期望温度为 25.0℃，比热中性温度 25.8℃低。

由此可以看出，寒冷地区居民冬季所期望的温度都要高于热中性温度，而夏季期望温度要低于热中性温度。有学者指出，人们愿意接受的热环境并不是恰好等于中性温度，寒冷地区的人们所期望的热环境可能偏向于稍暖和的那一侧，而生活在较热地区的人们的期望温度可能偏向于较为凉爽的一侧，这与本书调查结果相一致。

5.4.3.3　可接受温度范围

将城市和农村居民调查得到的热不接受率与室内温度绘制在同一张图上进行比较，如图 5.36 和图 5.37 所示。

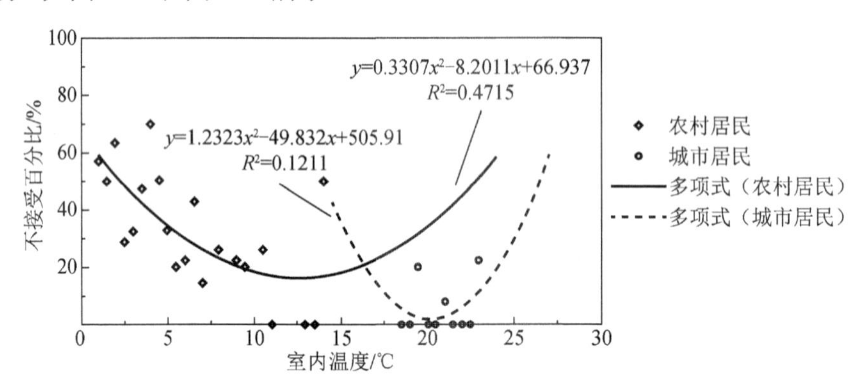

图 5.36　冬季居民热不接受率对比

从图 5.36 中可以看出，冬季满足 80%居民的可接受室内温度，城市居民的温度范围整体比农村居民的高，城市居民为 16.4～24.0℃，农村居民为 9.0～15.8℃。当城市住宅室内温度达到 20.2℃，居民热不接受率最低，此时室内空气温度达到最佳的舒适温度，与室内平均温度 20.3℃接近。当农村住宅室内温度为 12.4℃时，热不接受率最低，达到居民的最佳舒适温度状态，这比室内平均温度 5.2℃高得多。由此可知，农村居民对寒冷气候的适应性比城市居民强。城市住宅冬季均进行采暖，居民对采暖室内温度已经习惯并且有一定的依赖性，而在农村受经济条件制

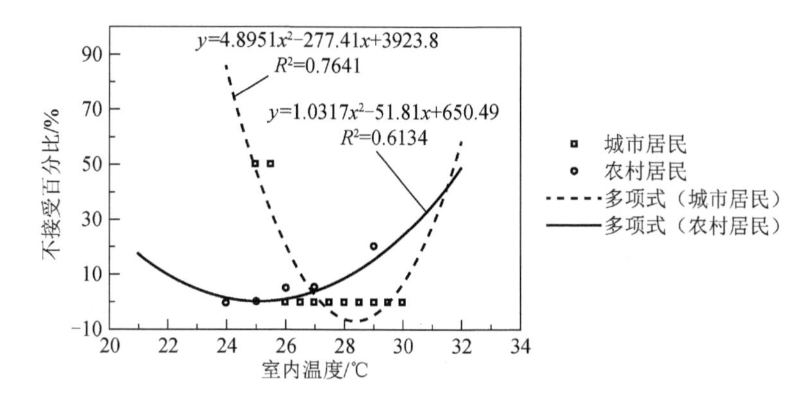

图 5.37　夏季居民热不接受率对比

约，部分居民家冬季无采暖设备或有采暖设备但不使用，而有采暖的住宅采暖设备相当简陋如煤炉，多数有采暖居民家仅在冬季最冷几日使用煤炉采暖，因此有、无采暖住宅室内平均温度均较低，仅相差 1.7℃，室内热环境普遍较差。这就形成了农村居民对室内热环境较强的适应性，当感觉到冷时，会多穿衣物保温或者多喝热水、增加活动量进行取暖。

图 5.37 给出了夏季城市和农村居民 80%可接受室内温度范围的对比，满足 80%的城市居民可接受室内温度范围为26.0～30.7℃，而农村居民为20.7～29.5℃，夏季农村居民 80%可接受室内温度范围较城市居民更偏向于温度较低的区域。农村住宅室内温度为 25.1℃时，热不接受率最低，比室内平均温度 27.0℃低 1.9℃。当城市住宅室内温度为 28.3℃时，热不接受率最低，但是比室内平均温度 27.5℃高出 0.8℃，这说明如果居民将室内温度升高 0.8℃时，室内温度是能够接受的，并且能够降低空调能耗。在农村住宅自然通风的条件下，居民采取了很多适应性手段适应室内较热环境，而在城市空调房间内，居民更多地依靠空调降温。

从图 5.36 和图 5.37 还可以看出，城市采暖空调房间 80%的居民可接受的室内温度均要高于农村自然通风房间，而农村居民的可接受温度范围均比城市居民宽泛，说明农村居民对热环境的适应性较强。

5.5　城市和农村适应性热舒适的对比

5.5.1　实测热感觉投票与预测热感觉投票

5.5.1.1　冬季

预计平均热感觉指标 PMV 指标是建立在 Fanger 热舒适方程的基础上的一种热舒适评价指标，而实测的平均热感觉投票值 MTS 是居民对热环境的实际热感觉投票的反应。将确定 PMV 所需的参数：室内空气温度、空气流速（冬季室内空气流速较小，平均值在 0.1m/s 以下，这里假定为 0.06m/s）、相对湿度、平均辐射温度（由于实验条件限制，这里假定平均辐射温度与室内空气温度相等）、人体新陈代谢率（坐姿，1.2met）及服装热阻等代入 PMV 计算程序，并把所得到的 PMV 值与实测的 MTS 值画在一张图上，分别得到城市和农村冬季实测 MTS 和预测 PMV 之间的关系图，见图 5.38 和图 5.39。可以看出，不管城市或者农村，冬季实测热感觉都比预测热感觉向更暖一侧偏移。

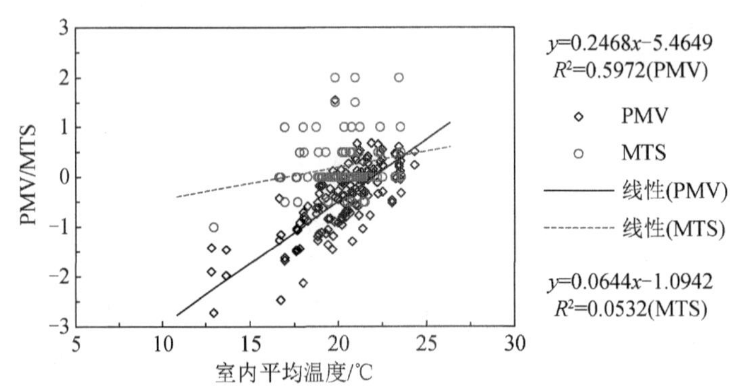

图 5.38　城市居民冬季实测 MTS 与预测 PMV

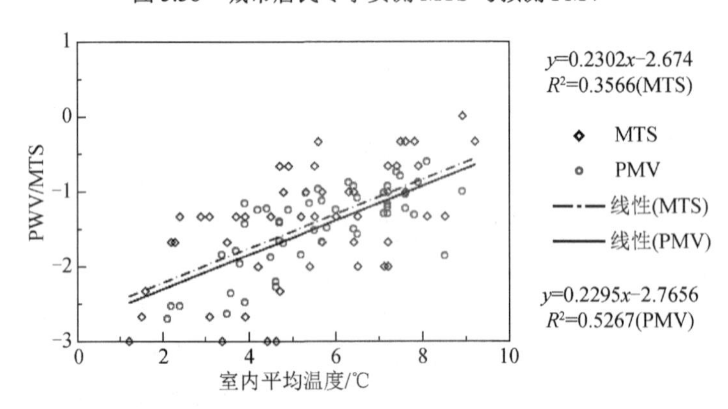

图 5.39　农村居民冬季实测 MTS 与预测 PMV

为了进一步验证预测 PMV 和实测 MTS 之间的差异，将冬季城市和农村的 PMV 和 MTS 的分布频率分别作在同一张图上，如图 5.40 所示。从两图中可以看出，在冬季的现场研究中，实测的热感觉比预测热感觉向较暖方偏移，居民实际的舒适温度范围比理论预测的要宽。

5.5.1.2　夏季

将影响人体热感觉的各参数代入 PMV 计算程序，得到 PMV 值，并与现场调查所得到实测 MTS 值画在一张图上，分别得到夏季城市和农村居民实测 MTS 和预测 PMV 的关系式，如图 5.41 所示。

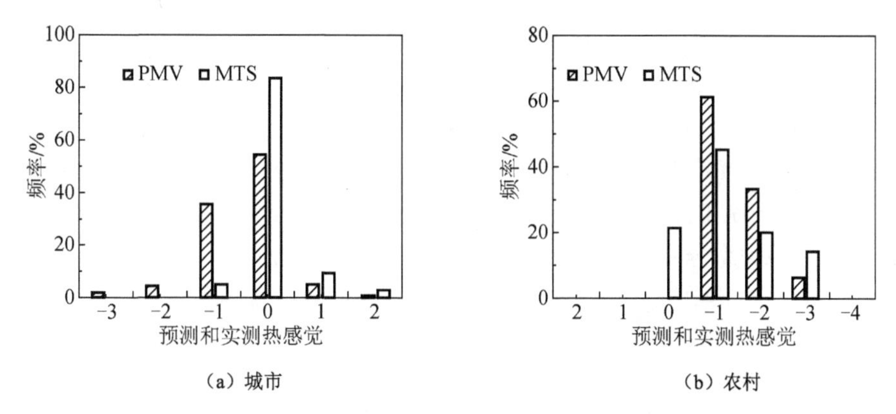

（a）城市　　（b）农村

图 5.40　城市和农村居民冬季预测 PMV 与实测 MTS 的分布情况对比

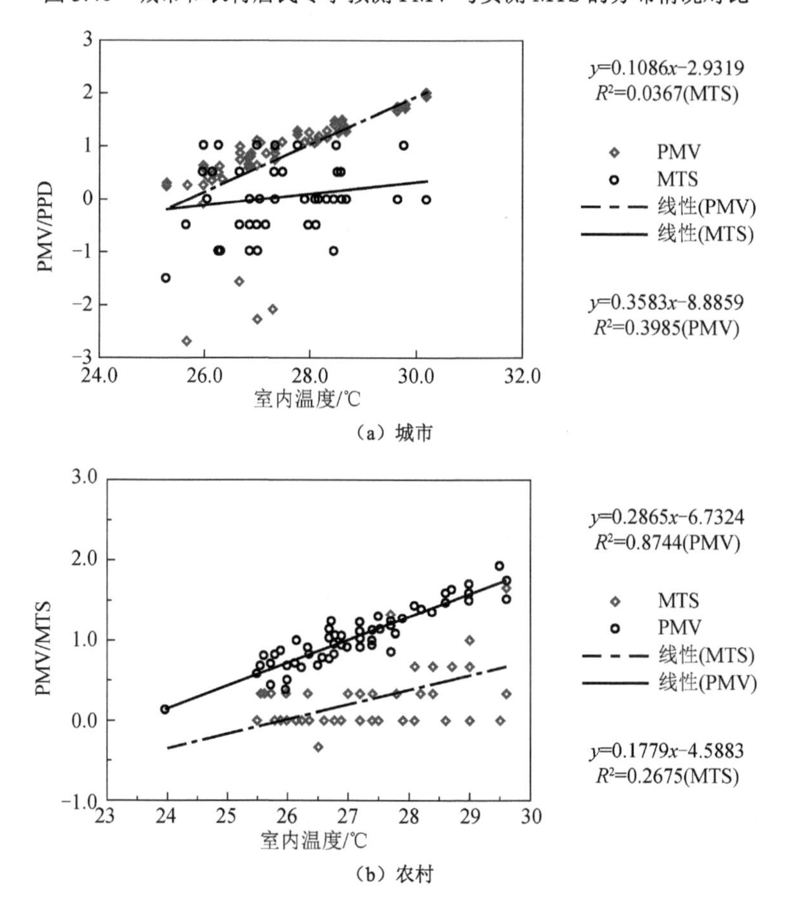

（a）城市

（b）农村

图 5.41　夏季居民实测 MTS 与预测 PMV

从图中可以看出，当 PMV=0 时，得到城市居民夏季的预测热中性温度为 24.8℃，低于实测得到的热中性温度（27.0℃），农村居民夏季的预测热中性温度为 23.5℃，而实测的热中性温度为 25.8℃，这说明不管城市还是农村，居民对实际的热环境有一定的适应性，在实际热环境中形成了一定的耐热性，对实际热环境有一定的承受能力，人体的舒适温度范围要比理论预测得到的宽。

统计预测热感觉投票百分比与实测热感觉投票百分比，并将它们画在同一张图上，分别得到城市住宅和农村住宅夏季实测平均热感觉 MTS 和预计平均热感觉指标 PMV 的关系分布图，见图 5.42。在夏季的现场研究中，不管城市还是农村居民，实测的热感觉投票值比预测热感觉投票值向较冷方偏移，即在实际的室内温度范围内，由理论预测得到的 PMV 值整体比实际测试得到的 MTS 值高，居民实际的舒适温度范围比理论预测的要宽。调查发现，长期居住在此地的居民已经适应了当地气候，并且通过采用一些主动调节措施，对夏季的室内热环境有较强的承受能力。

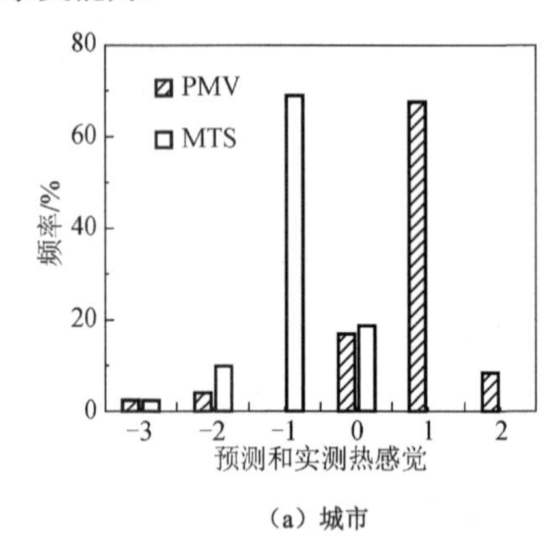

（a）城市

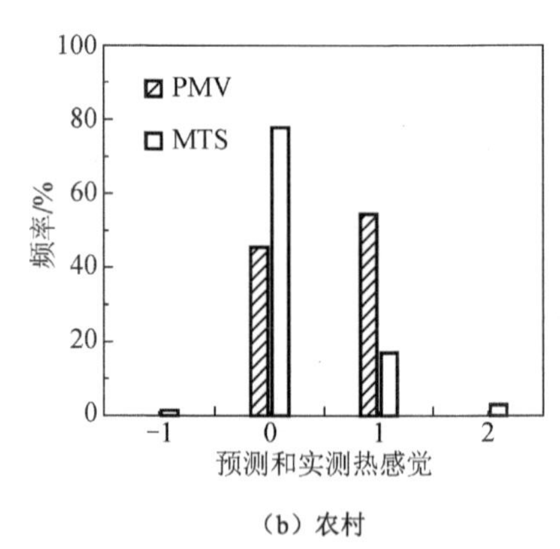

（b）农村

图 5.42　城市和城市居民夏季理论 PMV 与实测 MTS 的分布情况对比

5.5.2　实测热感觉投票与实测不满意率

5.5.2.1　冬季

将城市和农村人群平均热感觉 MTS 与相应的实测不满意率 PD 分别进行统计，结果见图 5.43。

城市居民冬季热感觉投票值分布在−1～+2，主要分布在−1～+1 范围内。当居民的热感觉投票值在“暖”（+2）时，实测不满意率 PD 加剧上升，最高达到 50%，而在可接受区域（−1、0、+1）内时，居民均感到满意。当实测不满意率 PD=0 时，平均热感觉 MTS=−0.04，这说明居民对实际的热环境都有一定的适应性，同时说明了在城市冬季集中供暖的情况下，室内供暖温度偏高，人们感觉较热时，不满意率会大大增加。这说明冬季城市住宅集中供暖的温度不宜过高，这样不仅浪费能源，还使得人们不舒适。

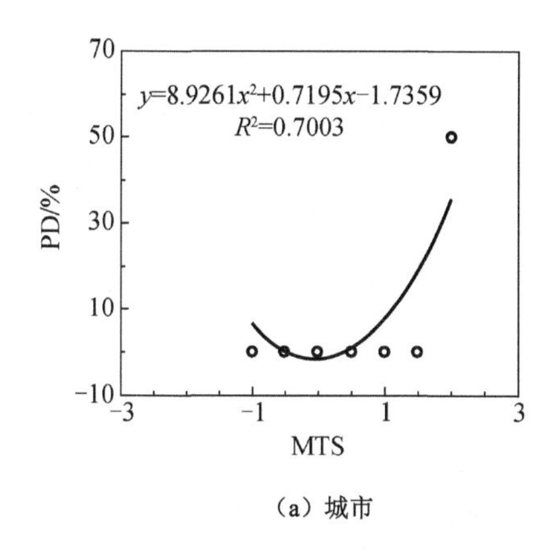

（a）城市

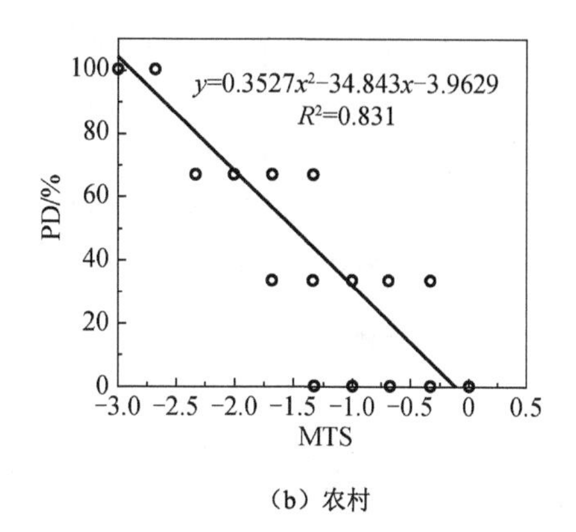

（b）农村

图 5.43　城市和农村地区冬季 MTS-PD 回归曲线

从图 5.43（b）中可以看出，农村居民冬季热感觉投票值普遍分布在较冷一侧，在−3～0。居民的热感觉投票值在可接受区域（−1、0、+1）之外时，实测不满意者的百分数 PD 最高达到 100%。这说明了农村冬季室内热环境较差，为了适应较差的室内热环境，长期居住在此的居民普遍采取多穿衣服、多喝热水等主动行为调节措施，已经从生理、行为和心理上适应了当地冬季较低的室内温度。

5.5.2.2　夏季

对城市居民夏季的平均热感觉 MTS 与相应的实测不满意率 PD 进行统计，见图 5.44（a）。可以看出，城市居民夏季热感觉投票值主要分布在−1、0、+1 的可接受区域之间，当热感觉投票值为“凉”（−2）时，实测不满意率就会迅速升高，达到 50%。这说明夏季室内温度过低，不仅浪费能源，还增加了人们的不舒适感。当实测不满意率 PD=0 时，平均热感觉 MTS=0.5，居民整体的热感觉向较热一侧偏移。但是，城市居民对夏季室内温度整体是可以接受的。

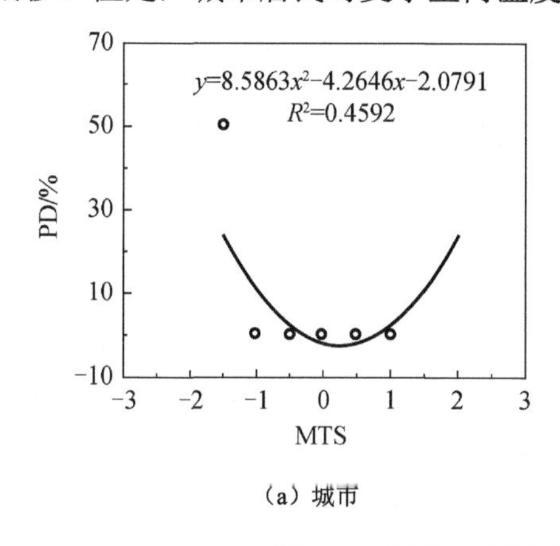

（a）城市

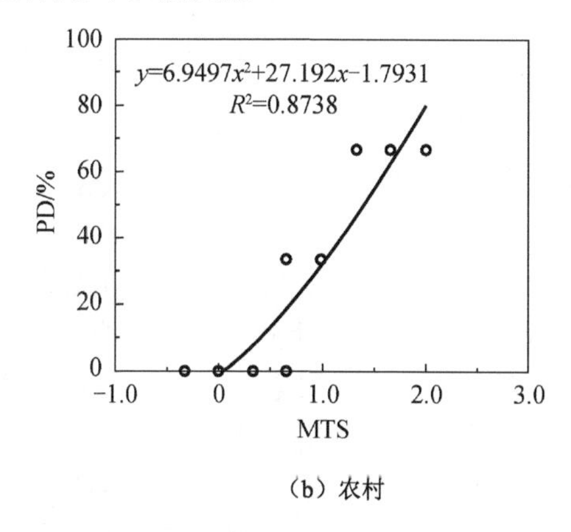

（b）农村

图 5.44　城市和农村地区夏季 MTS-PD 回归曲线

对农村居民夏季的平均热感觉 MTS 与实测不满意率 PD 进行统计，得到图 5.44（b）。从图中可以看出，农村居民夏季热感觉投票值主要分布在较热的一侧，当热感觉投票值在可接受区域（0、+1）外时，实测不满意率会迅速升高，最高可达到 70%。当实测不满意率 PD=0 时，平均热感觉 MTS=0。由此可知，农村夏季室内热环境较差，应当采取一定措施改善室内热环境。

5.5.3 平均热感觉与着衣量

5.5.3.1 冬季

服装热阻是影响人体热感觉与热舒适的主要参数之一。将城市居民和农村居民冬季的平均热感觉和着装情况进行统计，见图 5.45。为了适应周围环境的变化，人们通常采用改变服装热阻的方式来提高自身的热舒适程度。从图中可以看出，城市居民冬季室内的平均热感觉与服装热阻之间的线性关系并不显著（P=0.501>0.05）。这是由于城市住宅冬季集中供暖，室内热感觉大多都在人们可以接受的范围（−1，0，+1）之内，人们无需通过服装调节来适应热感觉的变化。

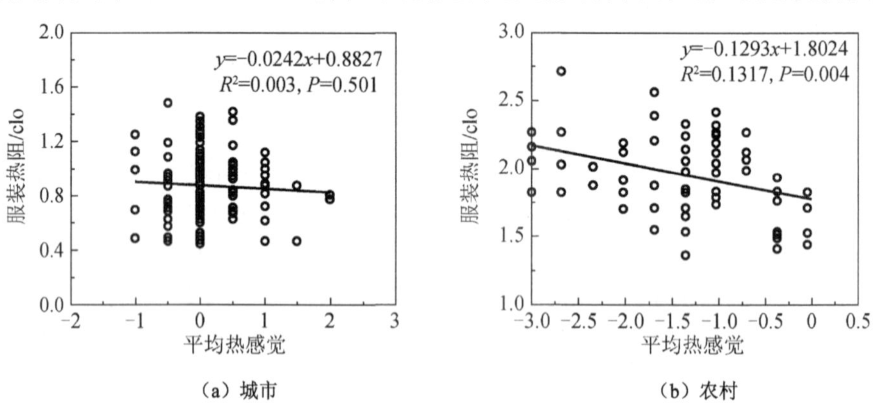

（a）城市　　（b）农村

图 5.45　城市和农村居民平均热感觉与服装热阻的线性拟合

调查发现，农村居民在冬季为了适应室内热环境普遍穿着大量衣物，因此对居民冬季的平均热感觉和着衣量进行统计，见图 5.45（b）。

人体对冬季过冷反应进行行为调节的主要方式体现在通过穿衣物来增加服装热阻、关闭门窗来调节室内空气流速和增强活动强度来改变新陈代谢量等。对现场调查问卷进行统计分析得到，农村地区居民冬季所采取的主动的行为调节措施中，86%的居民会采取增加着衣量的方式。为了适应农村地区较差的室内的热环境，该地区居民长期以来形成了一定的冬季穿衣习惯，从图 5.45（b）中可以看出农村居民在冬季的服装热阻值大多分布在 1.7～2.5clo，当感觉到寒冷时居民会增大着衣量，两者之间的线性关系具有统计学上的显著意义（P=0.004）。

5.5.3.2 夏季

对城市和农村居民夏季的平均热感觉和着装情况进行统计，见图 5.46。不管城市的空调还是农村的自然通风房间，居民的平均热感觉与服装热阻的相关性并不显著。这说明夏季，居民的着衣量普遍较少，服装热阻分布在 0.2～0.5clo，服装对热感觉的调节能力有限，居民自身热感觉的变化跟服装热阻并没有显著关系。

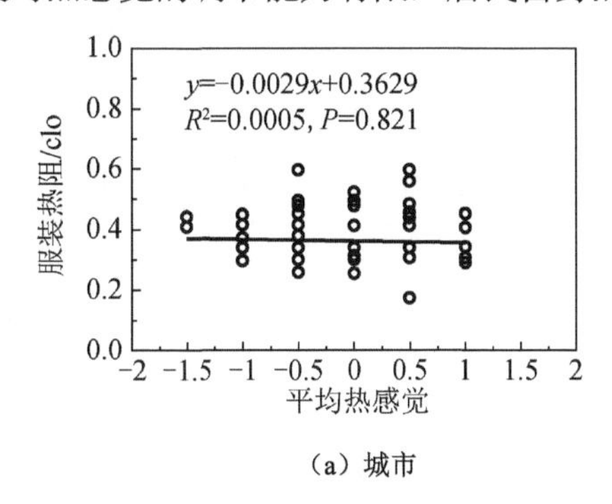

（a）城市

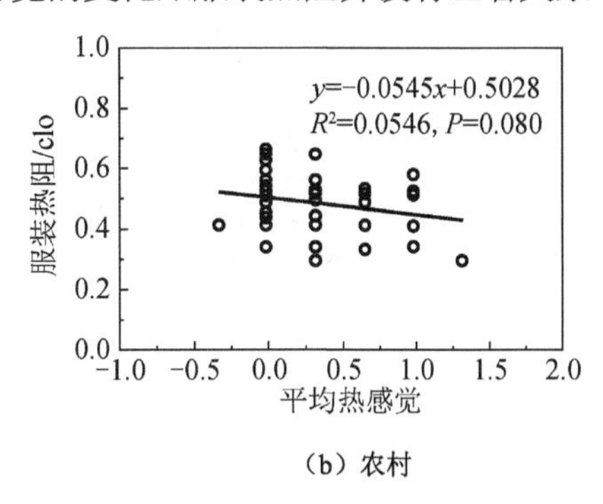

（b）农村

图 5.46 城市和农村居民夏季平均热感觉与服装热阻的关系

5.5.4 平均热感觉与室内温度

5.5.4.1 冬季

对于城市和农村居民，其平均热感觉 MTS 与室内平均温度的回归方程分别为

城市：$MTS=0.0644t_a-1.0942$ （$R^2=0.0466$，$P=0.008$） （5.9）

农村：$MTS=0.2302t_a-2.674$ （$R^2=0.3566$，$P<0.001$） （5.10）

方程的斜率也即回归系数，反映了被调查居民的热感觉对室内空气温度变化的敏感程度，城市和农村居民的斜率分别为 0.0644 和 0.2302，说明农村居民热感觉对温度的变化敏感程度约为城市居民的 4 倍，这是因为，城市冬季采用集中供暖，室内温度较为恒定，热感觉随室内温度的变化并不敏感。

5.5.4.2 夏季

城市和农村居民平均热感觉 MTS 与室内平均温度的回归方程分别为

城市：$MTS=0.1810t_a-4.9995$ （$R^2=0.1083$，$P=0.004$） （5.11）

农村：$MTS=0.1799t_a-4.5883$ （$R^2=0.2675$，$P<0.001$） （5.12）

城市和农村回归方程的斜率分别为 0.1810 和 0.1799，两者较为接近。不管城市还是农村居民来说，当温度升高或降低 5.5℃时，MTS 值会相应的增加或减小 1。与同为寒冷地区的北京（0.298/℃）[4]、天津地区（0.281/℃）[5]的调研结果相比西安地区的斜率较小，这说明西安地区城市居民对温度的敏感程度比北京、天津地区居民对温度变化的敏感程度低。

5.5.5　服装热阻与室内温度

5.5.5.1　冬季

分析城市居民和农村居民的着衣量与室内空气温度间的关系，见图 5.47。

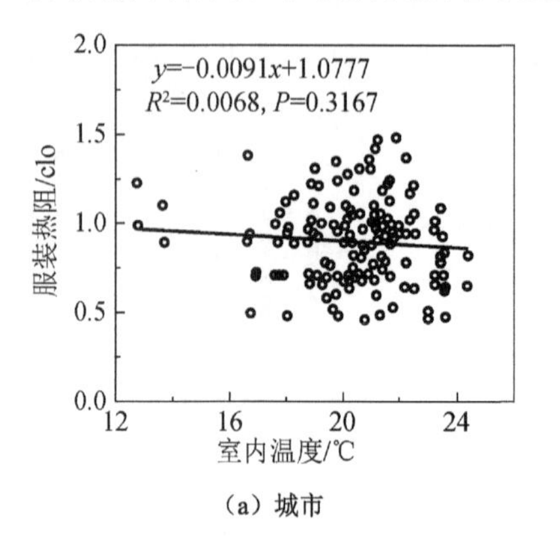

（a）城市

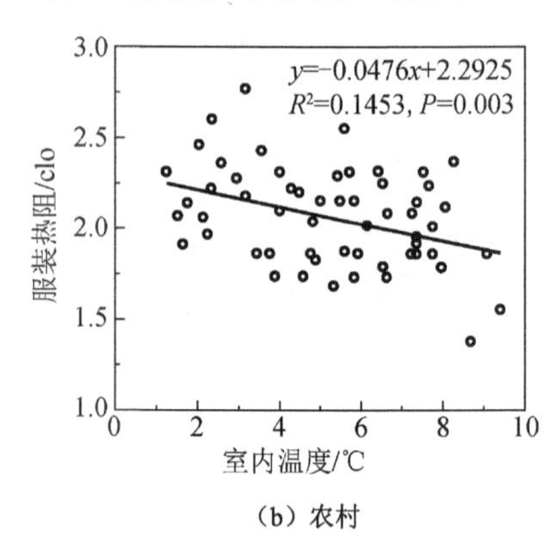

（b）农村

图 5.47　城市和农村居民冬季服装热阻与室内温度的相关性

在城市有集中供暖的住宅中，居民的平均服装热阻与室内平均温度的相关性并不具有统计学上的显著意义（P=0.3167），这可能是因为集中供暖的房间中，温度在人们感觉舒适的范围内，因而服装的变化与温度之间关系不大。但增加或减少着衣量是农村地区居民的一种重要的行为调节措施。当室内采暖条件有限时，农村居民会根据室内温度的变化来相应的增加或减少衣物，以适应室内的热环境，达到自己的热平衡。因此，农村居民的服装热阻与室内温度之间存在一定相关性（P=0.003）。

5.5.5.2　夏季

分析城市居民和农村居民的着衣量与室内空气温度间的关系，见图 5.48。

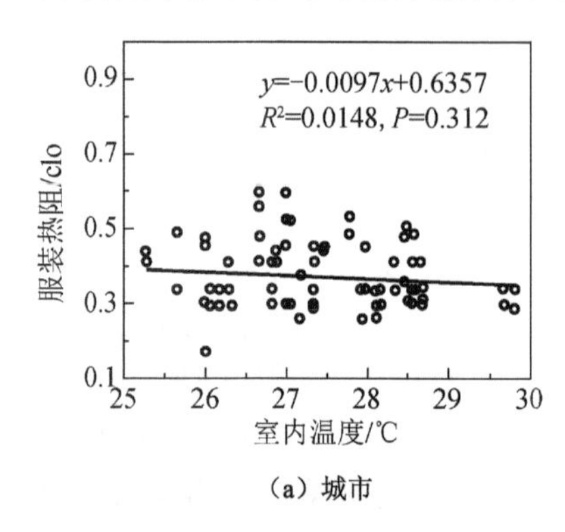

（a）城市

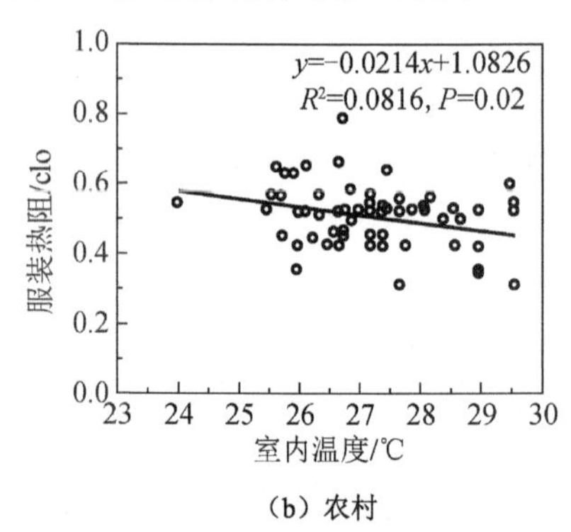

（b）农村

图 5.48　城市和农村居民夏季服装热阻与室内温度的相关性

在空调房间内，城市居民的服装平均热阻与室内平均温度不具有相关性（P=0.312），经调查发现，当居民感到室内较热时，主要的调节手段为降低空调温度。相反，对于农村的自然通风房间来说，农村居民的服装平均热阻随室内平均温度的变化较为明显（P=0.02），当室内温度较高时，居民会减少衣物来适应室内热环境。即便在夏季，调节着衣量也是农村地区居民的一种重要调节措施。

5.5.5.3　服装热阻和室内外温度的关系

将城市和农村居民的服装热阻分别与其全年的室内外温度进行回归分析，得到表 5.8 和图 5.49。

表 5.8　城市和农村居民服装热阻和室内外空气温度的关系

地域	回归方程	R^2	P
城市	I_d=−0.054t_a+1.9438	0.4410	<0.001
	I_d=−0.0146t_{out}+0.8456	0.5540	<0.001
农村	I_d=−0.0661t_a+2.3149	0.9061	<0.001
	I_d=−0.0545t_{out}+1.9549	0.9114	<0.001

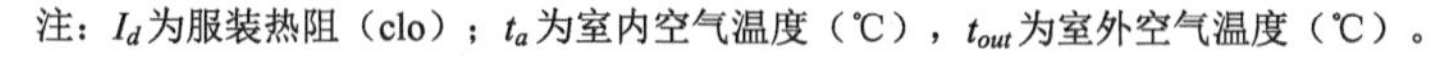
注：I_d为服装热阻（clo）；t_a为室内空气温度（℃），t_{out}为室外空气温度（℃）。

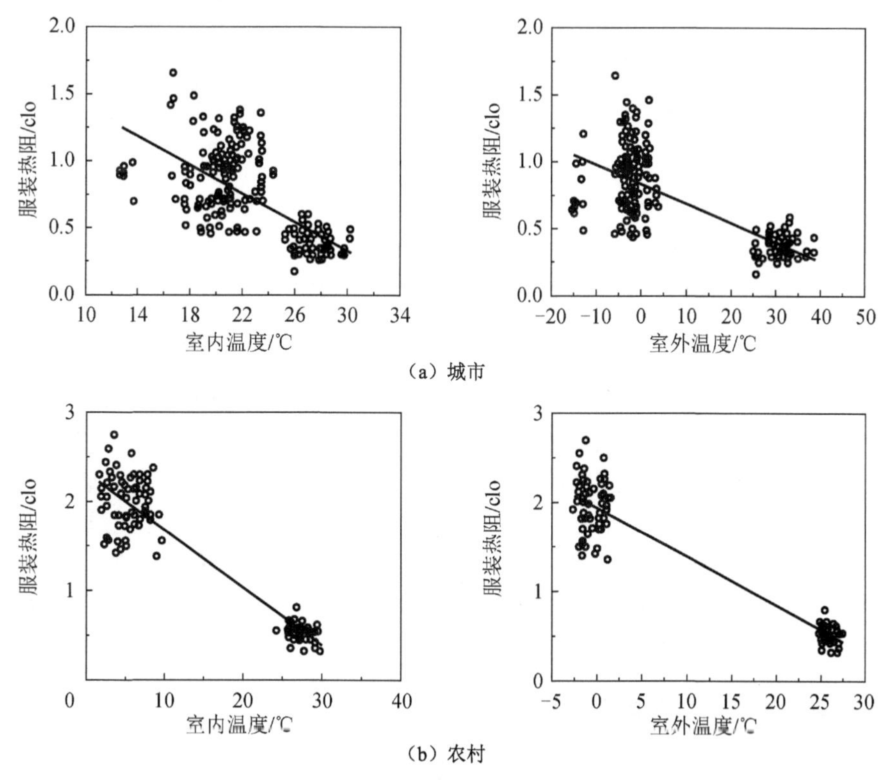

图 5.49　城市和农村居民服装热阻和室内外温度的关系

不管城市居民还是农村居民，服装热阻和全年室内外空气温度的相关性均具有统计学上的显著意义（$P<0.001$）。说明居民的着装量随季节温度的变化而变化，改变着衣量的大小是补偿温度变化的主要适应性调节措施。改变着装量是人们适应不同的室内外环境的一种重要的调节措施。

5.5.6　热中性温度与服装热阻

分析城市居民和农村居民的平均热中性温度与服装热阻间的关系，分别见表 5.9 和图 5.50。

表 5.9　城市和农村居民平均热中性温度和服装热阻的关系

地域	回归方程	R^2	P
城市	$t_n=-8.1775I_d+28.783$	0.3995	<0.001
农村	$t_n=-10623I_d+31.241$	0.8094	<0.001

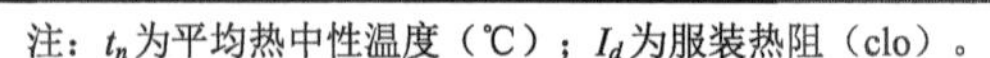
注：t_n为平均热中性温度（℃）；I_d为服装热阻（clo）。

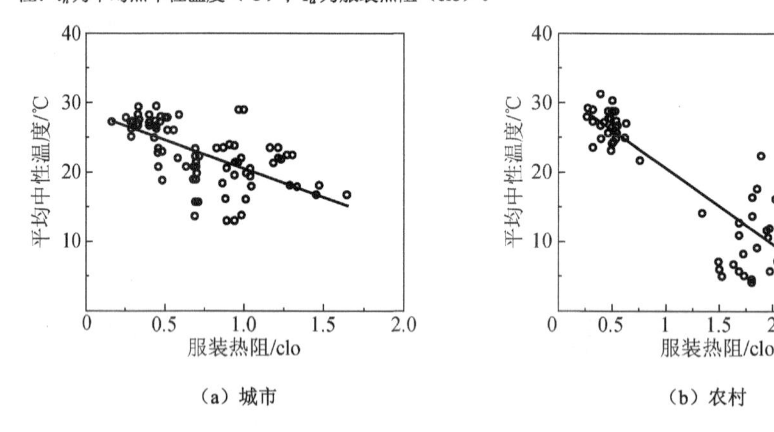

图 5.50　城市和农村居民平均中性温度和服装热阻之间的关系

可以看出，不管城市还是农村，居民的热中性温度和服装热阻之间的相关性具有显著的统计学意义（$P<0.001$），两者呈反比的关系，这就是说当居民感到热的时候就会减少衣物，感到冷的时候会增加衣物来适应此时热环境，通过增加或减少衣物，来调节自身热平衡，从而达到一种新的舒适状态。可见增减着衣量是人们在现实生活中适应热环境的一种重要自主调节措施。农村居民的决定系数为 0.8094，城市居民为 0.3995，可见农村居民更容易采用增加或减少衣物这种行为调节措施来满足舒适要求。

5.5.7　热中性温度与室内温度

对城市居民和农村居民的平均热中性温度和室内温度的关系进行分析，见表 5.10 和图 5.51。

表 5.10　城市和农村居民平均热中性温度和服装热阻的关系

地域	回归方程	R^2	P
城市	T_n=0.9727t_a+0.606	0.8792	<0.001
农村	T_n=0.7857t_a+5.0151	0.8857	<0.001

注：T_n为平均热中性温度（℃）；t_a为室内空气温度（℃）。

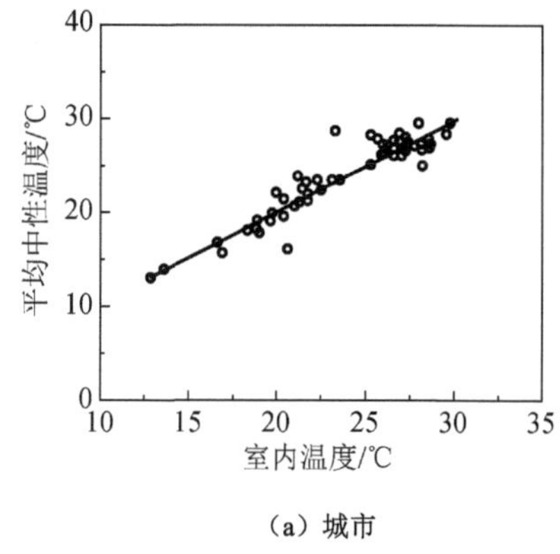

（a）城市

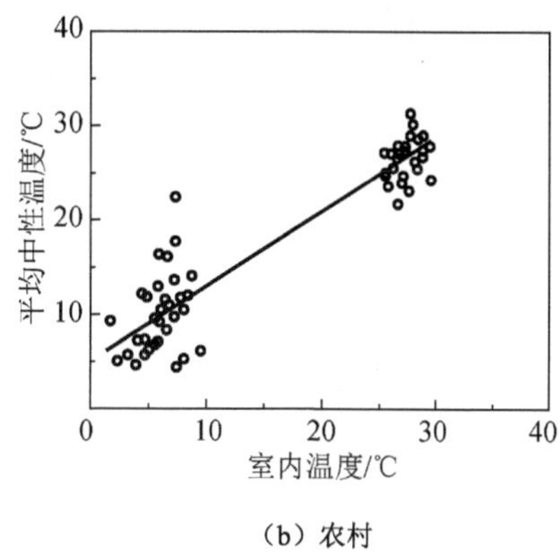

（b）农村

图 5.51　城市和农村居民平均中性温度和室内温度的关系

可以看出平均热中性温度与室内空气温度存在较强的线性相关性（P<0.001），居民的中性温度随室内温度的升高而升高，降低而降低。当室内温度改变 1℃时，城市居民的平均热中性温度将改变约 1 个标度，农村居民的平均热中性温度改变约 0.8 个标度。城市居民的平均热中性温度随温度的变化更为敏感，由此也可以看出，农村居民对环境的适应性比城市居民强。

5.6　热适应模型对比分析

5.6.1　城市居民的热适应模型

根据 Humphreys 等人提出的热适应模型的回归形式为

$$T_n=at_{out}+b \tag{5.13}$$

式中：T_n为中性温度（℃）；t_{out}为室外平均空气温度（℃）。

对热中性温度和室外平均温度进行回归，得到的公式（5.14），即为寒冷地区城市住宅热舒适热适应模型［图 5.52 和式（5.14）］。

$$T_n=0.2125t_{out}+20.477 \quad (R^2=0.6544，P<0.001) \tag{5.14}$$

从图 5.52 中可以看出，平均热中性温度与室外温度间为正比关系，平均中性温度随室外温度的升高而升高，降低而降低，两者之间存在较强的线性关系（R^2=0.6544，P<0.001）。

由于人们的热适应性是有一定范围的，在这里采取了 ASHRAE 热舒适区域的确定原则，即满足 80%人群热舒适满意度的要求来确定舒适区域的上、下限。也就是说，将室内热环境的不接受投票百分率不超过 20%作为确定热中性温度上、下限的依据，即热适应模型的上、下限。将城市全年的室内平均温度与热不接受百分比进行统计（图 5.53），在不接受投票百分率不超过 20%的条件下，平均热中性温度的范围在 16.0～28.2℃。由此，得到寒冷地区城市居民的热适应模型为

$$\begin{cases} T_n = 0.2125 t_{out} + 20.477 \\ 16.0 < T_n < 28.2 \end{cases} \quad (R^2=0.6544) \qquad (5.15)$$

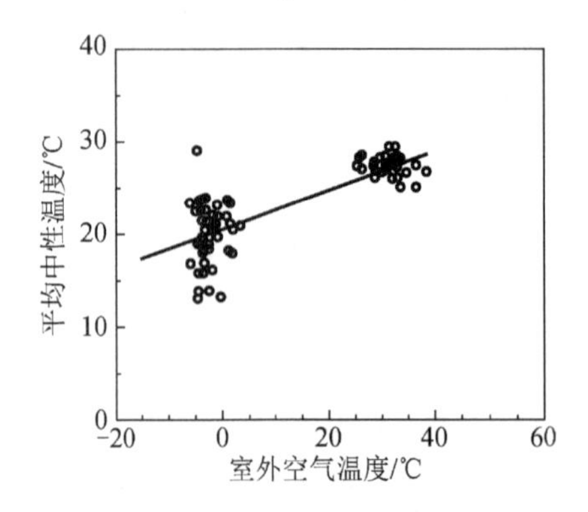

图 5.52　城市居民的热适应模型

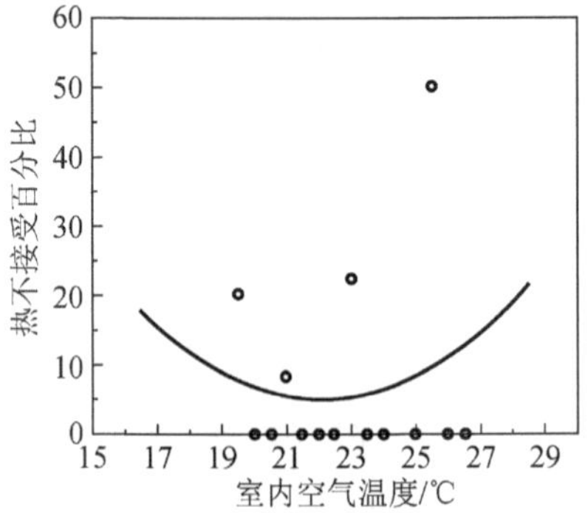

图 5.53　城市居民 80%可接受温度范围的求解

5.6.2　农村居民的热适应模型

对农村居民的平均热中性温度与室外温度进行统计，见图 5.54，两者的回归方程为

$$T_n=0.6301 t_{out}+9.7972 \quad (R^2=0.8858,\ P<0.001) \qquad (5.16)$$

该方程即为寒冷地区农村居民的热适应模型。由方程的斜率可知，室外温度每改变 1℃，其热中性温度将改变 0.6℃，可见居民的热中性温度随室外温度的变化较为敏感，并且可以通过室外气候来预测室内热舒适温度。该方程与 Humphreys 的研究结果 $T_n=11.9+0.534t_{out}$ 相比，较为接近，并且方程较为简单，便于实际工程应用。

为了确定热适应模型的上、下限，将室内平均温度与热不接受百分比进行统计，见图 5.55，两者的回归方程为

$$PD=0.1474T_n^2-5.9063T_n+64.775 \quad (R^2=0.4600,\ P<0.001) \qquad (5.17)$$

当不接受投票百分率为 20%，也就是 80%的居民可以接受的温度范围为 10.1～29.9℃。由此，得到寒冷地区农村居民的热适应模型为

$$\begin{cases} T_n = 0.6301 t_{out} + 9.7972 \\ 10.1 < T_n < 29.9 \end{cases} \quad (R^2=0.8858) \qquad (5.18)$$

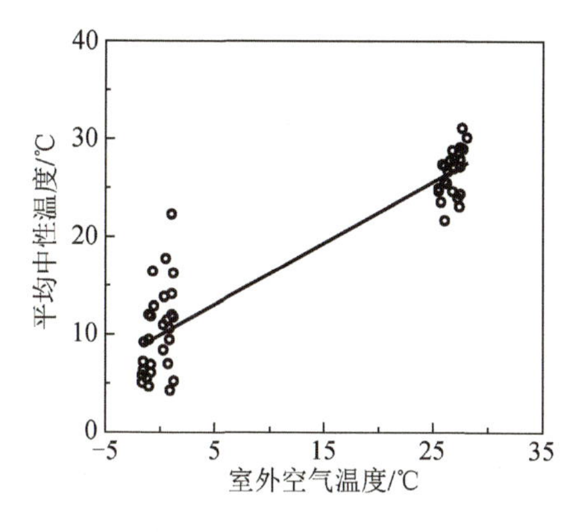

图 5.54　农村居民的热适应模型

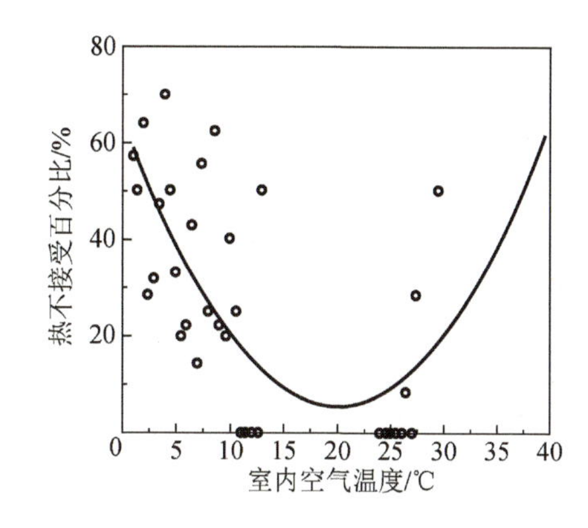

图 5.55　农村居民 80%可接受温度范围的求解

对寒冷地区城市住宅人体热舒适和农村住宅人体热舒适进行对比分析，结果表明：在冬季期望温度均高于热中性温度，而在夏季期望温度低于热中性温度，城市的热中性温度高于农村的热中性温度；城市居民的舒适温度受室内温度的影响较大，而农村居民的热舒适温度则受室外气候的影响较大；对比城市和农村居民的热舒适适应性模型发现，农村的舒适模型相关系数值大于城市模型，农村居民对室内温度的变化比城市居民敏感；城市居民 80%可接受温度下限要高于农村居民，但农村居民的可接受温度范围比城市居民宽；以上分析表明农村居民对环境的适应性较城市居民强。

参 考 文 献

[1] 黄莉，朱颖心，欧阳沁，等. 北京地区农宅供暖季室内热舒适研究[J]. 暖通空调，2011, 41（6）: 83-86.
[2] 高翔翔，胡冗冗，刘加平，等. 北方炕民居冬季室内热环境研究[J]. 建筑科学, 2010, 26（2）: 37- 40.
[3] 金虹，赵华，王秀萍. 严寒地区村镇住宅冬季室内热舒适环境研究[J]. 哈尔滨工业大学学报，2006，38（12）：2108-2111.
[4] 夏一哉. 赵荣义，江亿. 北京市住宅建筑热舒适研究[J]. 暖通空调，1999（2）：1-5.
[5] 吕芳. 热舒适与建筑节能[硕士学位论文][D]. 天津：天津大学，2000.

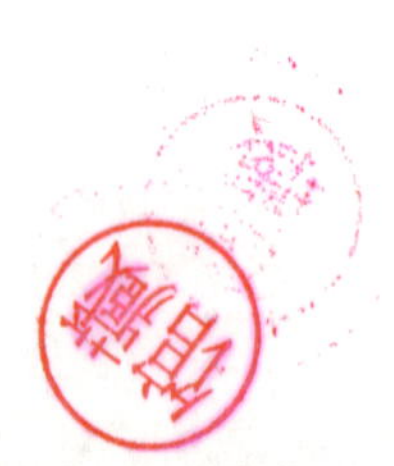